"十三五"江苏省高等学校重点教材（编号：2019-2-057）

中国机械工程学科教程配套系列教材
教育部高等学校机械类专业教学指导委员会规划教材

机械工程导论
（第2版）

主　编　袁军堂
副主编　殷增斌　汪振华
参　编　陈　刚　童一飞　黄　雷

清华大学出版社
北　京

内容简介

《机械工程导论》是"十三五"江苏省高等学校重点教材，也是教育部高等学校机械类专业教学指导委员会规划教材。本教材在第1版的基础上，参照中国机械工业联合会编制的《机械工业"十四五"规划》及《中华人民共和国国民经济和社会发展第十四个五年规划和2035年远景目标纲要》对机械类专业高级专门人才培养提出的新要求，对教材内容、结构等进行了修订和完善。第1章增加了我国机械工业发展现状、存在的问题、发展目标和发展战略；第3章补充了力学、数学、材料在机械工程应用的内容介绍；第6章对6.3节"机械电子工程的研究领域"进行了修订；新增了第8章智能制造工程专业的人才培养目标、毕业要求、课程体系和研究领域。教材系统地介绍了机械工程学科的发展历史、发展现状、发展趋势和研究领域，新时代机械工程师知识、能力和素质的基本要求，机械工程、车辆工程、智能制造工程、工业工程专业的课程体系和毕业要求。教材共10章，依次为：绪论、机械工程师、机械工程的相关交叉学科、机械设计及理论、机械制造及其自动化、机械电子工程、车辆工程、智能制造工程、工业工程和机械类专业工程教育认证。

本书可作为机械类专业导论课程的配套教材和普通高等院校机械类专业学生的入门教材，也可作为其他专业学生学习机械工程知识的教学用书或参考读物。

图书在版编目(CIP)数据

机械工程导论/袁军堂主编. —2版. —北京：清华大学出版社，2021.9(2024.8 重印)
中国机械工程学科教程配套系列教材　教育部高等学校机械类专业教学指导委员会规划教材
ISBN 978-7-302-58966-2

Ⅰ. ①机…　Ⅱ. ①袁…　Ⅲ. ①机械工程－高等学校－教材　Ⅳ. ①TH

中国版本图书馆CIP数据核字(2021)第173281号

责任编辑：冯　昕
封面设计：常雪影
责任校对：赵丽敏
责任印制：杨　艳

出版发行：清华大学出版社
网　　址：https://www.tup.com.cn，https://www.wqxuetang.com
地　　址：北京清华大学学研大厦A座　**邮　　编**：100084
社 总 机：010-83470000　**邮　　购**：010-62786544
投稿与读者服务：010-62776969，c-service@tup.tsinghua.edu.cn
质量反馈：010-62772015，zhiliang@tup.tsinghua.edu.cn
印 装 者：三河市龙大印装有限公司
经　　销：全国新华书店
开　　本：185mm×260mm　**印　　张**：17.5　**字　　数**：422千字
版　　次：2020年8月第1版　2021年9月第2版　**印　　次**：2024年8月第7次印刷
定　　价：69.80元

产品编号：094571-01

中国机械工程学科教程配套系列教材
教育部高等学校机械类专业教学指导委员会规划教材

编 委 会

丛书序言

PREFACE

我曾提出过高等工程教育边界再设计的想法，这个想法源于社会的反应。常听到工业界人士提出这样的话题：大学能否为他们进行人才的订单式培养。这种要求看似简单、直白，却反映了当前学校人才培养工作的一种尴尬：大学培养的人才还不是很适应企业的需求，或者说毕业生的知识结构还难以很快适应企业的工作。

当今世界，科技发展日新月异，业界需求千变万化。为了适应工业界和人才市场的这种需求，也即是适应科技发展的需求，工程教学应该适时地进行某些调整或变化。一个专业的知识体系、一门课程的教学内容都需要不断变化，此乃客观规律。我所主张的边界再设计即是这种调整或变化的体现。边界再设计的内涵之一即是课程体系及课程内容边界的再设计。

技术的快速进步，使得企业的工作内容有了很大变化。如从20世纪90年代以来，信息技术相继成为很多企业进一步发展的瓶颈，因此不少企业纷纷把信息化作为一项具有战略意义的工作。但是业界人士很快发现，在毕业生中很难找到这样的专门人才。计算机专业的学生并不熟悉企业信息化的内容、流程等，管理专业的学生不熟悉信息技术，工程专业的学生可能既不熟悉管理，也不熟悉信息技术。我们不难发现，制造业信息化其实就处在某些专业的边缘地带。那么对那些专业而言，其课程体系的边界是否要变？某些课程内容的边界是否有可能变？目前不少课程的内容不仅未跟上科学研究的发展，也未跟上技术的实际应用。极端情况甚至存在有些地方个别课程还在讲授已多年弃之不用的技术。若课程内容滞后于新技术的实际应用好多年，则是高等工程教育的落后甚至是悲哀。

课程体系的边界在哪里？某一门课程内容的边界又在哪里？这些实际上是业界或人才市场对高等工程教育提出的我们必须面对的问题。因此可以说，真正驱动工程教育边界再设计的是业界或人才市场，当然更重要的是大学如何主动响应业界的驱动。

当然，教育理想和社会需求是有矛盾的，对通才和专才的需求是有矛盾的。高等学校既不能丧失教育理想、丧失自己应有的价值观，又不能无视社会需求。明智的学校或教师都应该而且能够通过合适的边界再设计找到适合自己的平衡点。

我认为,长期以来,我们的高等教育其实是“以教师为中心”的。几乎所有的教育活动都是由教师设计或制定的。然而,更好的教育应该是“以学生为中心”的,即充分挖掘、启发学生的潜能。尽管教材的编写完全是由教师完成的,但是真正好的教材需要教师在编写时常怀“以学生为中心”的教育理念。如此,方得以产生真正的“精品教材”。

教育部高等学校机械设计制造及其自动化专业教学指导分委员会、中国机械工程学会与清华大学出版社合作编写、出版了《中国机械工程学科教程》,规划机械专业乃至相关课程的内容。但是“教程”绝不应该成为教师们编写教材的束缚。从适应科技和教育发展的需求而言,这项工作应该不是一时的,而是长期的,不是静止的,而是动态的。《中国机械工程学科教程》只是提供一个平台。我很高兴地看到,已经有多位教授努力地进行了探索,推出了新的、有创新思维的教材。希望有志于此的人们更多地利用这个平台,持续、有效地展开专业的、课程的边界再设计,使得我们的教学内容总能跟上技术的发展,使得我们培养的人才更能为社会所认可,为业界所欢迎。

是以为序。

2009年7月

第2版前言

FOREWORD

《机械工程导论》紧扣课程目标，紧贴工程教育认证标准，教材内容符合教学大纲要求，满足机械类专业学生入学后的第一门专业入门课的教学需要，被多所高校选作"机械工程导论"课程的配套教材或教学参考书。进入新时代，国家确定并全力推进制造强国战略，智能制造是建设制造强国的主攻方向，国家"十四五"规划对机械工程技术发展和人才培养提出了新的要求，教材内容需要与时俱进；教材使用过程中，许多同仁也对教材修订提出了宝贵的意见和建议。教材第2版在第1版的基础上对结构进行了适当调整，对部分内容进行了修改或增删，增加了我国机械工业发展现状、"十四五"及中长期发展目标和发展战略，把智能制造单列为第8章。

本次主要修订内容如下：

(1) 增加了1.4节"我国机械工业发展现状、存在的问题、发展目标和发展战略"，系统介绍了我国"十三五"时期机械工业取得的主要成绩，目前存在的主要问题、面临的形势和挑战，"十四五"机械工业发展目标、中长期发展目标及战略任务。

(2) 对2.3节"机械工程师培养"内容进行删减和替换，使之更精练。

(3) 重新编排了3.1节～3.3节和3.6节内容，修订了力学、数学、材料等学科基础知识的介绍及在机械工程中应用的内容；增加了人文与科技发展辩证关系的介绍；根据其内容修订了3.1节～3.3节和3.6节的三级标题。

(4) 6.3.1节中补充了机器人分类；6.3.3节中增加了MEMS系统组成、器件以及在航空航天、生物医药中应用的介绍。

(5) 增加了"智能制造工程"专业相关内容，单独列为第8章，主要介绍了智能制造工程专业人才培养目标、毕业要求、课程体系及研究领域，并把5.6.5节智能制造的内容合并到第8章。

(6) 纠正了第1版中的个别文字及印刷错误，进一步提高了教材撰写的规范性。

本次修订工作由南京理工大学袁军堂教授主持完成。教材第1章由袁军堂负责修订，第2、3、6章由殷增斌负责修订，黄雷、袁军堂编写了第8章。袁军堂、殷增斌负责统稿。

本教材的修订得到了江苏省教育厅重点教材建设项目的资助，修订过程中参考并引用了许多专家和学者的研究成果,部分内容和图片来源于网络,未一一进行标注,同济大学提供了智能制造工程专业人才培养方案,在此表示衷心感谢。

机械工程学科涉及的知识面非常广泛,加之编者水平所限,教材中难免有欠妥之处,恳请读者提出宝贵意见。

袁军堂

2021年7月

前　言
FOREWORD

机械是高等工科院校开办最早的四大工科专业之一。机械工程是以有关的自然科学和技术科学为理论基础，结合生产实践中积累的技术经验，研究和解决在开发、设计、制造、安装、运用和修理各种机械中的全部理论和实际问题的一门应用学科。机械是现代社会进行生产和服务的五大要素（人、资金、能量、材料、机械）之一，机械制造业是国民经济的装备部，国民经济各部门的生产水平、产品质量和经济效益等在很大程度上取决于机械制造业所提供的装备的技术性能、质量和可靠性。机械工程的每一次技术革命和技术创新都推动了人类文明发展和社会进步。

21 世纪以来，以人工智能为主导，智能化、网络化、信息化为标志的第四次工业革命的浪潮正在兴起，机械工程也发生了全面深刻的变化。机械工程与信息技术、人工智能、大数据、传感技术、生物技术、纳米技术、新材料、文化等交叉、渗透、融合，各种新的设计方法、制造技术、控制理论，如智能制造、3D 打印、智能机器人、物联网、无人驾驶、生物制造、纳米制造、绿色制造等不断推陈出新。在这种背景下，对于机械类专业学生来说，了解机械工程的发展历程、发展现状和发展趋势，认识所学专业涉及的课程和研究领域，明确新时代机械工程师应具备的知识结构与能力显得尤为重要。

《机械工程导论》是机械类专业导论课程的配套教材，不涉及过深的专业内容，力求内容精练、深入浅出。除介绍机械工程所涉及的基本知识外，大量融入现代机械设计、先进制造、车辆工程和工业工程的最新发展成果，希望初学者通过学习对机械类专业有一个全面的认识，对今后的从业领域有所了解，提升专业认同感，提高专业学习的积极性和主动性，明确自己新时代的奋斗目标，增强责任感、使命感。

教材共分 9 章，由袁军堂教授担任主编，殷增斌副教授、汪振华副教授担任副主编，陈刚副教授、童一飞教授参编。编写分工如下：袁军堂编写第 1、9 章，殷增斌编写第 2、3、6 章，汪振华编写第 4、5 章，陈刚编写第 7 章，童一飞编写第 8 章。全书由袁军堂、殷增斌统稿。

《机械工程导论》可作为普通高等院校机械类专业学生的入门教材，也可作为其他专业学生学习机械工程知识的教学用书或参考读物。

教材编写完成后，华中科技大学吴波教授、同济大学吴志军教授、湖南大学杨旭静教授、海军工程大学崔汉国教授、东南大学倪中华教授共同对教材进行了审定，对书稿的完善提出了许多宝贵意见和建议；湖南大学机械与运载工程学院提供了车辆工程专业培养方案、毕业要求及课程体系案例，在此表示衷心的感谢。

教材编写过程中参考并引用了许多专家和学者的研究成果，部分内容和图片来源于网络，未一一进行标注，在此一并致以谢意。

机械工程学科涉及的知识面非常广泛，加之编者水平所限，教材中难免有欠妥之处，恳请读者提出宝贵意见。

2020年3月

目　录
CONTENTS

第 1 章

绪　论

1.1 机械工程发展简史

1.1.1 基本概念

1. 机械

机械(machine),源自希腊语 mechine 及拉丁文 mecina,原指“巧妙的设计”。作为一般性的机械概念,可以追溯到古罗马时期。古罗马建筑师马可·维特鲁威在其著作《建筑十书》中给出了最早的关于机械的定义(图 1.1):“机械就是把木材结合起来的装置,主要对于搬运重物发挥效力。”

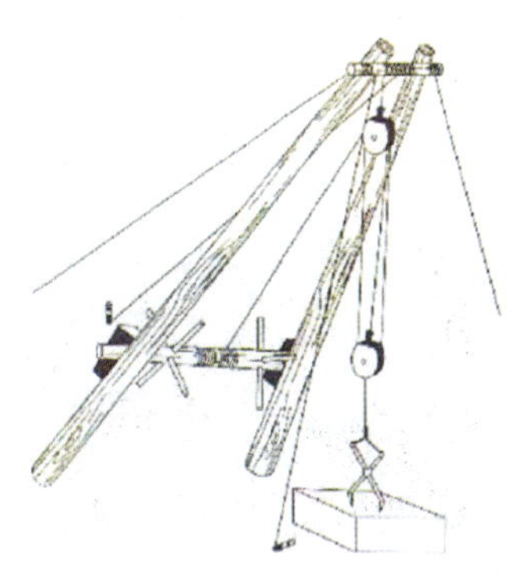

图 1.1 可马·维特鲁威定义的机械(起重机)

随着社会的发展,机械的定义也发生了变迁。20 世纪后,机械为机器和机构的泛称,是将已有的机械能或非机械能转换成便于利用的机械能,以及将机械能变换为某种非机械能或用机械能来做一定工作的装备或器具。如图 1.2 所示,目前机械分为三类。第一类机械包括风力机、水轮机、汽轮机、内燃机、电动机、气动马达、液压马达等,统称为动力机械;第二类机械包括发电机、热泵、液压泵、压缩机等,统称为能量变换机械;第三类机械是利用人、畜或动力机械所提供的机械能以改变工作对象(原料、工件或工作介质)的物理状态、性质、结构、形状、位置等,如制冷装置、造纸机械、粉碎机械、物料搬运机械等,统称为工作机械。

在中国,“机械”中“机”的原意是局部的关键,“械”的原意是某一具体的器械或器具,这两个字连在一起,便构成了一般性的机械概念。

(a) 航空发动机

(b) 发电机

(c) 数控机床

图 1.2 现代机械示例

2. 机械工程

机械工程是以有关的自然科学和技术科学为理论基础，结合生产实践中积累的技术经验，研究和解决在开发、设计、制造、安装、运用和修理各种机械中的全部理论和实际问题的一门应用学科。根据《学位授予和人才培养学科目录(2011年)》，机械工程“一级学科”包括四个“二级学科”(或称为“专业”)，分别是机械设计及理论、机械制造及其自动化、机械电子工程、车辆工程。

机械工程的服务领域很广，现代产业、工程领域以及人们日常生活中都需要应用机械。总的来说，现代机械工程有五大服务领域。

(1) 研制和提供能量转换机械，包括将热能、化学能、原子能、电能、流体压力能和天然机械能转换为适合于应用的机械能的各种动力机械，以及将机械能转换为所需要的其他能量(电能、热能、流体压力能、势能等)的能量转换机械，如图1.3所示。

(a) 内燃机

(b) 潮汐发电机

(c) 风力发电机

图1.3 能量转换机械示例

(2) 研制和提供用以生产各种产品的机械，包括应用于第一产业的农、林、牧、渔业机械和矿山机械(图1.4)，以及应用于第二产业的各种重工业机械和轻工业机械。

(a) 挖掘机

(b) 矿石运输车

(c) 盾构机

图1.4 工业机械示例

(3) 研制和提供从事各种服务的机械，包括交通运输机械，物料搬运机械，办公机械，医疗器械，通风、采暖和空调设备，除尘、净化、消声等环境保护设备等(图1.5)。

(a) 高铁

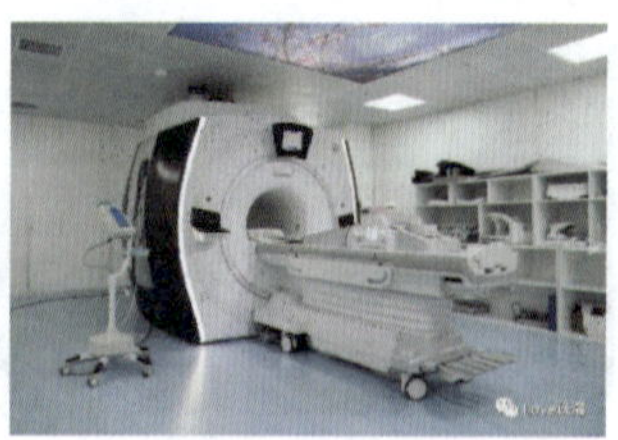

(b) 医用CT

(c) 中央空调

图1.5 服务机械示例

(4) 研制和提供家庭和个人生活中应用的机械，如洗衣机、电冰箱、钟表、照相机、运动器械等(图 1.6)。

(a) 洗衣机　(b) 电冰箱　(c) 跑步机

图 1.6　家用机械示例

(5) 研制和提供各种机械化武器，如图 1.7 所示。

(a) 歼-20隐身战斗机　(b) 99A主战坦克　(c) 055型万吨驱逐舰

图 1.7　武器装备示例

1.1.2　古代机械

人类与动物的区别在于能够制造和使用工具。根据所使用工具的材料不同，古代人类相继经历了石器时代、青铜时代和铁器时代。

大约 200 万年前，人类学会了制造和使用简单的木制和石制工具，石刀、石斧、石锤、木棒等，如图 1.8 所示。石器时代持续了上百万年。

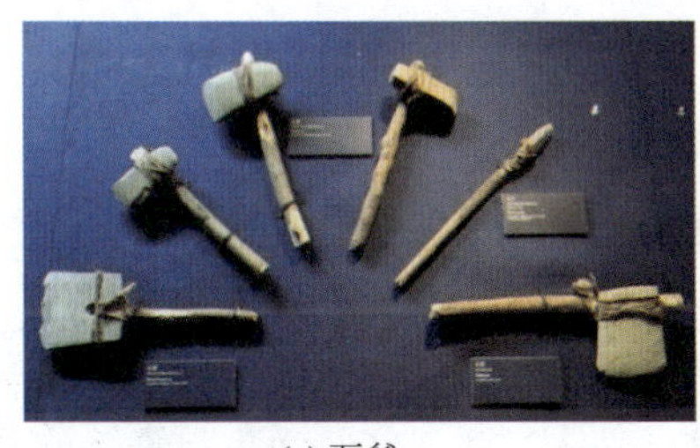

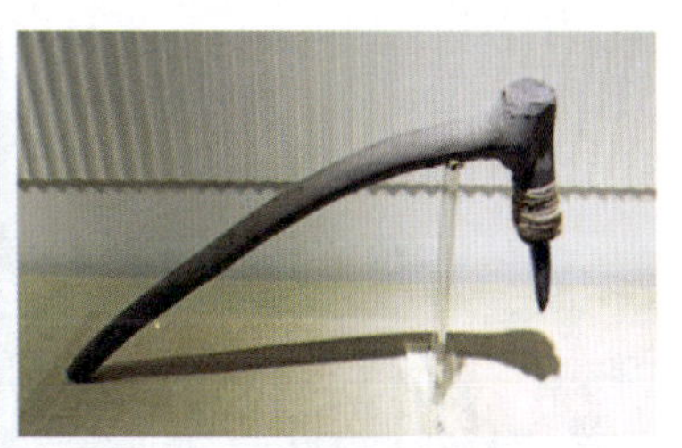

(a) 石斧　(b) 锄头

图 1.8　古代工具

大约 15000 年前，人类学会了制作和使用简单的机械，如杠杆、滑轮、轮轴、斜面、螺旋、尖劈等，开始了农耕和畜牧。

公元前 5000 年左右，埃及开始冶炼铜，并用铜制造工具和武器。公元前 1400 年左右，小亚细亚半岛上的赫梯王国掌握了冶炼铁的技术，最早大量地生产铁，并在很多场合用铁代替了铜。自远古一直到第一次工业革命以前,木材也始终是制造工具甚至机器的主要材料。

古代机械的发展与人类文明的发展同步,主要集中在希腊、罗马、埃及、中国四个地区。图1.9为中国古代机械。

(a) 古代起重机

(b) 东汉时期鼓风机——水排机构

图1.9 中国古代机械

公元前600年至公元400年,是希腊古典文化的繁荣期,产生了一批著名的哲学家和科学家。对简单机械进行归纳的任务就是由古希腊学者阿基米德、希罗完成的,图1.10和图1.11所示为阿基米德螺旋输水机和古希腊攻城机械。但随着公元5世纪西罗马帝国的灭亡,希腊和罗马的古典文化归于沉寂,欧洲进入发展缓慢的中世纪。

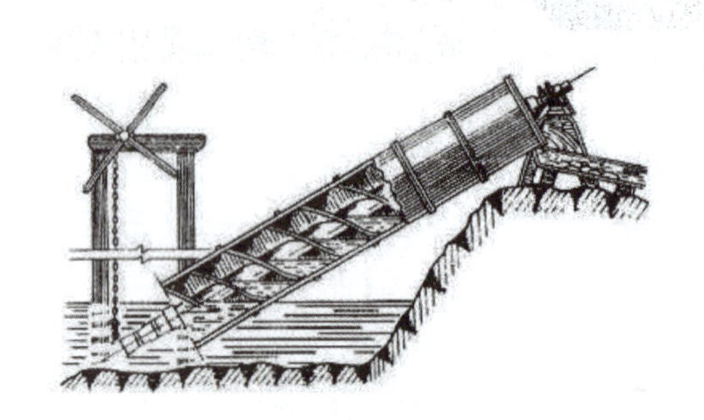

图1.10 阿基米德螺旋输水机

图1.11 古希腊攻城机械

埃及使用工具最早,创造了杠杆、滑轮、螺旋等六种“简单机械”(图1.12)。这些简单机械是后来机械发展的根基。

图1.12 古埃及使用原木和杠杆搬运建造金字塔的石块

公元后,埃及从创造的前沿淡出,而中国则进入了黄金时代。古代中国的机械发明和工艺技术种类多、涉及领域广、水平高,涌现出一批卓越的发明家,在世界上长期居于领先地位。但明朝中后期开始实行“闭关锁国”政策，到清朝则更变本加厉，隔断了中外科技文化的交流，阻碍了资本主义萌芽的发展。

古代机械的发明首先是为了人类的衣食住行：农耕、灌溉、谷物处理、纺织、车与舟。为了农业，要懂得天象，这就出现了观测天象的仪器；由于狩猎和族群之间斗争的需要，就出现了武器；为了冶炼金属，就出现了鼓风机。

铸造、锻造、退火和淬火技术与金属的使用和冶炼相伴而生。在古罗马时代，已经使用了落锤。公元前 1300 年，埃及出现了原始的切割木制工件的车床，同时中国古代的铸造技术也已发展到很高的水平。

古代机械的产生是一些能工巧匠依靠直觉和灵感创造出来的，它来源于实践，而缺少科学理论的指导。近代和当代所创造的一些机构和机器，如车床、汽轮机、水轮机、螺旋输送机在古代已有雏形，虽然十分简陋，但其原理与今天的机械是相通的。古代机械使用人力、畜力、水力和风力作为动力，没有先进的动力是古代机械发展缓慢的原因之一。

1.1.3 近代机械工程

公元 14—16 世纪，在意大利首先出现了资本主义生产方式的萌芽，地理大发现为世界市场的出现准备了条件。经济基础的变化带来了上层建筑的变革：在几百年间，欧洲陆续发生了文艺复兴等一系列的思想解放运动，继之以英国、法国等国家发生的资产阶级革命，世界进入近代。

达·芬奇(图 1.13)开始了近代机械科技的研究。瑞士的钟表制造业是近代机械工业的序幕。

17 世纪，牛顿(图 1.14)创立了经典力学，它是近现代力学和机械工程发展的科学基础。

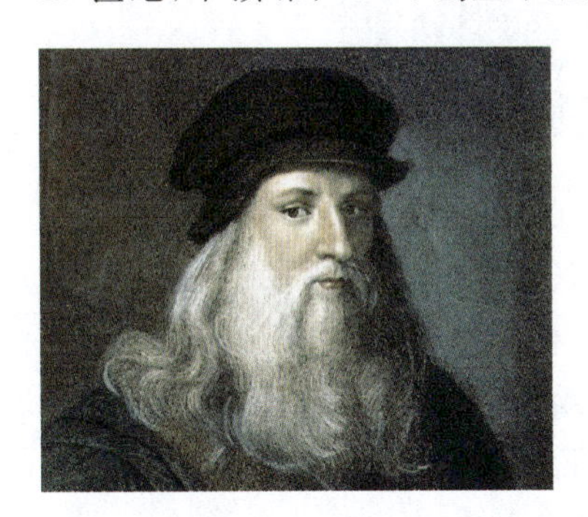

图 1.13 达·芬奇

图 1.14 牛顿

在 18 世纪中叶开始的第一次工业革命中，出现了使用机器进行生产的热潮。瓦特在前人工作的基础上，改进、发明了蒸汽机，如图 1.15 所示，为人类提供了空前强大的动力，并出现了以铁路和轮船为代表的交通运输革命。大型的、集中的工厂生产系统取代了分散的手工业作坊。近代的车床、镗床、刨床、铣床发明，机械制造业在英国诞生。机械工程的发展在第一次工业革命的进程中起着主导作用。

18 世纪末，机械工程高等教育首先在法国发展起来，这推动了 1834 年机构运动学被承认为一个独立的学科。随着机械工业的壮大，1847 年，英国机械工程师学会从民用工程师

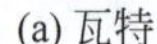
(a) 瓦特

(b) 蒸汽机

图 1.15 瓦特和蒸汽机

学会中独立出来,机械工程作为工程技术中的一个独立领域得到了正式的承认。

19 世纪中叶,发生了第二次工业革命。随着电力的广泛应用,世界进入了电气时代(图 1.16);随着新型炼钢法的出现,世界进入了钢铁时代。奥托发明内燃机,推动了以汽车和飞机为代表的新的交通运输革命。水轮机、汽轮机、燃气轮机、喷气式发动机等动力机械大发展,采矿、冶金、化工、轻工等各工业部门广泛地实现了机械化和电气化。通用机床走向成熟,各种精密机床、专用机床快速发展。机械工程的发展在第二次工业革命的进程中起着骨干作用。

图 1.16 电力与第二次工业革命

在两次工业革命中,机械开始向高速化、轻量化、精密化、自动化方向发展。伴随着这一发展趋势,形成了机构学、机械设计学、机械动力学等机械基础学科。金属切削刀具的材料,从工具钢发展到高速钢、硬质合金和陶瓷,切削速度不断提高,在这一过程中,建立了金属切削理论和机械精度理论。动力机械、各种生产机械的理论也都获得了飞跃发展。近代的机械工程学科在 19 世纪上半叶诞生,到 20 世纪上半叶基本形成。

泰勒提出的科学管理制度和福特首创的大批量生产模式,从 20 世纪初开始在一些国家广泛推行,对机械工业的发展起到了巨大的推动作用。

在第一次工业革命中,发明机器的主要是工匠、机械师,他们依靠的是在实践中积累起来的经验;而在第二次工业革命中,科学家走在了工程师的前面,理论开始发挥指导作用。

1.1.4 现代机械工程

19 世纪末至 20 世纪 30 年代发生了新物理学革命,这是现代科技发展的科学基础。第二次世界大战(简称"二战")催生了电子计算机、火箭和原子能三大技术。"二战"后,世界大范围的和平形成了有利于经济和科技发展的大环境,第三次技术革命兴起。前两次工业革命都首先是动力革命,而第三次技术革命是以电子计算机技术统领的,以航天技术、生物技术、新材料技术和新能源技术为核心领域的一次信息化革命(图1.17)。

图1.17 计算机与第三次工业革命

在和平的环境中形成了更大的世界市场,激烈的竞争推动着机械产品不断地改进、提高和创新。机械工业和机械科技获得了全面的发展,其规模之大、气势之宏、水平之高,都是前两次技术革命所远远不能比拟的。

新时期,很多机械产品进一步向高速、重载、大功率方向发展;同时,对机械的轻量化、可靠性、精密性、经济性提出了更为苛刻的要求。人们在机器的外观、色彩和式样方面的追求也更高,降低机器对环境的不良影响也成为新时期对机械产品的新要求。

由于对产品多样化和个性化的追求,以及竞争的加剧导致的买方市场的形成,从20世纪60年代起,机械工业由大批量生产模式开始向多品种、小批量生产模式转变。

新技术革命的各个核心领域向机械领域提供了新技术、新材料、新能源;同时,这些领域也向机械领域提出了研制所需要的新设备的要求。无论是给予,还是索取,都是对机械科技发展的推动。新物理学革命以来物理、数学的进展,提供了新的理论基础、强大的计算手段。新时期的机械设计与机械制造呈现了全新的面貌。机械工程学科得到全面大发展。

现代设计方法形成,它包含计算机辅助设计、优化设计、可靠性设计、动态设计、创造性设计、绿色设计等许多具体方法。提出现代设计方法的目的:一是要向市场推出具有优良甚至超等性能的产品;二是要向市场快速地推出适应不同要求的多样化、个性化产品。在新时期,机械设计摆脱了经验和半经验设计阶段,向快速化、自动化、可视化和智能化迈进。

先进制造技术形成,其核心是以计算机技术为统领,提高生产率、提高精度、提高制造过程的自动化程度。从机械控制的自动化、电气控制的自动化发展到计算机数字控制的自动化,数控机床和加工中心的广泛使用,特种加工技术的发展和应用,直至无人车间和无人工厂,切削速度和加工精度在不断地提高。适应材料技术的进步,难加工材料的切削加工技术和特种加工技术发展起来。增材制造技术的出现,将使未来的制造模式发生巨大的变化。

机械正走向全面自动化、网络化、智能化。控制工程理论、计算机技术与机械技术相结合,在机械工程中产生了一个新的学科——机械电子工程,出现了一批机电一体化产品。特别是现代汽车、高速铁路车辆、飞机、航天器、大型发电机组、IC制造装备、机器人、精密数控机床和大型盾构掘进机械等复杂机电系统,其机械结构复杂,动力学行为复杂。它们处于机械设计与制造领域的最高端,很多新方法、新技术出于这些高端领域的需要而产生,随后才向一般机械制造领域扩散。

新时期的机械设计向机械学理论提出了新的课题,断裂力学、多体力学、数值方法等领域的进步为机械学理论的发展注入了新的活力。包含机构学、机械强度学、机械传动学、摩擦学、机械动力学、机器人学和微机械学的现代机械学理论取得空前的发展。

1.2 机械工程与社会发展

根据国家统计局《三次产业划分规定》(国统字[2003]14号),制造业属于第二产业,是指将制造资源(物料、能源、设备、工具、资金、技术、信息和人力等),按照市场要求,通过制造过程,转化为可供人们使用和利用的工业品与生活消费品的行业,包括农副食品加工业、金属制品业、通用设备制造业、专用设备制造业、通信设备、计算机及其他电子设备制造业等30个大类。

机械制造业是制造业的重要组成部分,是指从事各种动力机械、起重运输机械、农业机械、冶金矿山机械、化工机械、纺织机械、机床、工具、仪器、仪表及其他机械设备等生产的行业。

机械制造业是国民经济的装备部,国民经济各部门的生产水平、产品质量和经济效益等在很大程度上取决于机械制造业所提供的装备的技术性能、质量和可靠性。中华人民共和国成立以来,特别是改革开放40年来,中国装备制造业取得了令人瞩目的成就。从总量规模看,中国现已位居世界领先位置,跻身世界装备制造业大国行列。

1.2.1 机械对人类社会发展的两面性

从远古到现代社会、从猿到人,由于人类生存和生活的需要、社会生产发展的需要,以及探索科学技术的需要,甚至战争的需要,机械及机械工程由粗糙到精密,由简单到复杂,由低级幼稚到自动化、智能化。机械工程的发展促进了人类社会进步和现代文明的建立。

机械工程是现代社会进行生产和服务的五大要素(人、资金、能量、材料和机械)之一,并且能量和材料的生产还必须有机械的参与。任何现代产业和工程领域都需要应用机械,例如农业、林业、矿山等需要农业机械、林业机械、矿山设备;冶金和化学工业需要冶金机械、化工机械;纺织工业需要纺织机械;食品加工工业需要食品加工机械;房屋建筑和道路、桥梁、水利等工程需要工程机械;电力工业需要动力机械;交通运输业需要各种车辆、船舶、飞机等;各种商品的计量、包装、储存、装卸需要各种相应的工作机械。就是人们的日常生活,也越来越多地应用各种机械,如破碎机、汽车、自行车、缝纫机、钟表、照相机、洗衣机、电冰箱、空调机、吸尘器,等等。

机械工程成为以有关的自然科学和技术科学为理论基础,结合在生产实践中积累的技术经验,研究和解决在开发、设计、制造、安装、运用和修理各种机械中的全部理论和实际问题的一门应用学科。各个工程领域的发展都要求机械工程有与之相适应的发展,都需要机械工程提供所必需的机械。某些机械的发明和完善,又导致新的工程技术和新的产业的出现和发展。例如大型动力机械的制造成功,促成了电力系统的建立;机车的发明,导致了铁路工程和铁路事业的兴起;内燃机、燃气轮机、火箭发动机等的发明和进步以及飞机和航天器的研制成功,导致了航空、航天工程和航空、航天事业的兴起;高压设备(包括压缩机、反应器、密封技术等)的发展,导致了许多新型合成化学工程的成功。机械工程在各方面不断提高的需求的压力下获得了发展动力,同时又从各个学科和技术的进步中得到了改进和创新的能力。

机械对人类社会的影响十分显著，无论哪一个时代，可以说如果没有机械，就不会有那个时代的发展，就不会有那个时代的崛起，就不会有那个时代的兴盛，这是大多数人的观点。但任何事物都有它的两面性，这是辩证唯物主义的观点，经过历史的检验，这样的观点显然是正确的，因此，机械也存在它的两面性，机械既能给我们创造幸福，同时也会给我们带来灾难。

现代社会，机械给我们的生活带来了极大的便利。汽车是 20 世纪机械工程的主要贡献之一；在航空航天方面，飞机的出现使我们仅用几个小时就能远渡重洋；而在探索宇宙上，机械更是发挥了不可或缺的作用，比如阿波罗登月计划中，推力高达 3.34×10^7 N 的三级运载火箭、指令与服务舱、登月舱是三项关键的工程开发；丰富廉价的能源是支撑经济发展和社会繁荣的重要因素，电能的传送改变了全球数亿人的生活方式和生活质量；农业机械化则在农业生产发展中起主力军作用，是增加农民收入及改善农民生活的基础，是乡风文明的保障，是改善农村面貌的重要手段，提高了农产品的市场竞争力；集成电路、空调等冷藏系统进入了家家户户，提高了人类的生活质量；而生物工程应用工程的原理、分析方法和设计手段制造出的人造器官、人工关节和生物材料等帮助病人延续生命、恢复活力。

但是，机械的迅速发展和社会进一步工业化也给人类社会带来了负面影响。工业化产生了很多对环境有害的物质，带来了生态的污染、环境的破坏，破坏了自然原有的平衡；机械工具的进步，使人类的欲望空前膨胀，人们利用技术尽情地向自然攫取，无所节制，完全不考虑后果，地球已经伤痕累累。随着科技的飞速发展，机械被广泛应用于战争，与冷兵器时代相比，应用机械化武器杀伤力更大。为寻求战略平衡，各个国家大力发展各种各样杀伤力更大的武器装备，人类坐在火药桶上生活，稍有不慎，就会被自己制造的武器消灭殆尽。

1.2.2　机械工程的伟大成就

1. 汽车

经过 100 多年的不断改进、创新，凝聚了人类的智慧和匠心，并得益于石油、钢铁、铝、化工、塑料、机械设备、电力、道路网、电子技术与金融等多种行业的支撑，汽车成为今日这样具有多种型式、不同规格，广泛用于社会经济生活多个领域的交通运输工具。自 1970 年以来，全球汽车数量几乎每隔 15 年翻一番，2013 年全球汽车产量 8738 万辆，据预测至 2020 年年底世界范围汽车保有量将达 20 亿辆。得益于亨利 · 福特提出的基于加工和装配流水线的大量生产方式(图 1.18)，汽车进入了寻常百姓家。

(a) 车身焊接

(b) 特斯拉汽车装配

图 1.18　汽车制造流水线

大量生产方式的生产模式下,劳动力也像零件一样是“互换”的,不仅在车间,而且在技术部门也最大限度地利用了分工的思路;组织结构纵向一体化,不靠采购关系,所有零件厂内自制,以保证交货期;为了保证零件的互换性,大量采用自动化、半自动化机床,多数只生产一种零件,按零件工艺排列机床;产品质量高、产量大、成本大幅度下降、组装简单、修理方便;生产线是移动或连续组装,装配工时大大减少,单件生产模式下装配一辆汽车需要500~600min,而在大量生产模式下装配一辆汽车仅需5~8min,甚至不到3min。

进入20世纪80年代,汽车逐渐步入电子化、智能化,新兴的电子技术取代汽车原来单纯的机电液操纵控制系统以适应对安全、排放、节能日益严格的要求。最初有电子控制的燃油喷射、点火、排放、防抱死制动、驱动力防滑、灯光、故障诊断及报警系统等,90年代以后,陆续出现了智能化的发动机控制、自动变速、动力转向、电子稳定程序、主动悬架、座椅位置、空调、刮水器、安全带、安全气囊、防碰撞、防盗、巡航行驶等智能化自动控制系统。汽车新技术的推出并不能完全避免汽车使用过程中对环境的污染,所以绿色能源逐渐会是汽车的首选,新能源汽车和电动汽车技术将是一个主要的发展方向(图1.19和图1.20)。日本是电动汽车技术发展速度最快的少数几个国家之一,特别是在混合动力汽车产品发展方面,日本居世界领先地位。目前汽车产业链各个层面都在研发节能技术,通用、福特、大众、戴姆勒-克莱斯勒、丰田、本田等汽车制造商都在积极研制可以利用无线电技术充电的小型电动汽车。

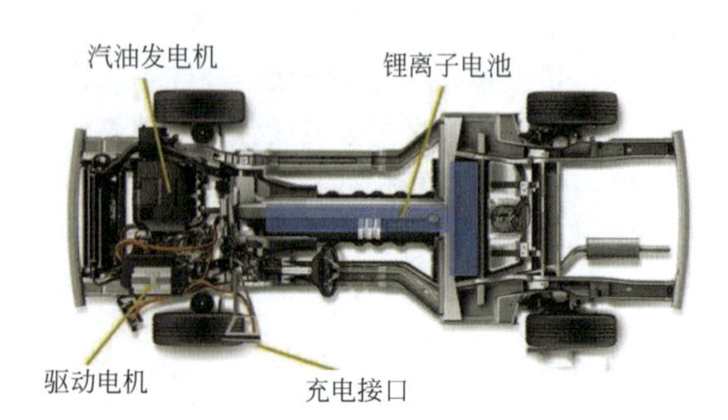

图1.19 插电混合动力汽车

图1.20 特斯拉Model X电动汽车

2. 飞机

自飞机发明以来,它已日益成为现代文明不可缺少的运载工具,深刻地改变和影响着人们的生活。飞机的发明也使航空运输业得到了空前发展。由于发明了飞机,人类环球旅行的时间大大缩短了。

1903年,美国莱特兄弟设计制造的飞机试飞成功,这是世界上首次实现重于空气的航空器的有动力、可操纵的飞行。20世纪70年代出现的宽机身客机大大提高了载客能力,由以前客机的100~150人增加到350~500人。代表性的机型有美国的波音747、空客A380(图1.21)。英国、法国合作的协和超音速客机则是历史上第一种投入运营的超音速客机,但从商业角度讲并不成功。20世纪80年代初研制的中程客机的特点是省油、低噪声和机载设备先进,代表性机型有美国的波音757、波音767和欧洲的A310等。

飞机在现代战争中的作用惊人,不仅可以用于侦察、轰炸,而且在预警、反潜、扫雷等方

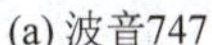
(a) 波音747

(b) 空客A380

图 1.21 大型客机

面也极为出色。在“二战”中，飞机的速度达到 750km/h，轰炸机载弹量可达 10t 左右。20 世纪 40 年代中期以后，发动机由活塞式发展到喷气式，飞机的飞行性能显著提高；80 年代飞机的升限已超过 30000m，最大速度超过三倍音速，航程超过 20000km，最大载质量超过 100t。现在的战斗机还具有隐身性能，如美国的 F-22 战斗机和 B-2 轰炸机(图 1.22)。

(a) F-22战斗机

(b) B-2轰炸机

图 1.22 隐身战斗机

3. 载人航天

载人航天技术是人类航天史上的重大突破。载人航天起始于 1961 年 4 月 12 日加加林乘坐东方号飞船进入地球轨道。时至今日，许多国家都有了自己的航天员，俄罗斯、美国和中国的载人航天器承载着众多国家的航天员前往太空，载人航天器从单一的飞船发展到巨大的太空站。已经实施和正在实施的载人航天计划包括：苏联的东方、上升、联盟、礼炮、和平；美国的水星、双子星、阿波罗、哥伦比亚号、亚特兰蒂斯号、奋进号等；美国、欧洲航天局联合的航天飞机；美国、俄罗斯、欧洲航天局、日本、加拿大合作的国际航天站；中国的神舟、天宫(图 1.23)。

载人航天是集国家政治、军事、科技实力为一体的高难度系统工程。要真正把人送入太空乃至使人长时期在太空生活，必须要突破三大技术难题：①大推力的运载火箭技术，把非常重的航天器送上近地轨道；②卫星安全返回技术；③良好的环境控制和生命保障系统技术。

美国国家航空航天局(NASA)在 1961—1972 年期间执行的载人登月项目，动用了 40 万人，参加工程的有 2 万家企业、200 多所大学和 80 多个科研机构，耗资 254 亿美元，先后 16 次成功发射，执行 11 次载人任务、6 次成功载人登月，12 名宇航员登月。这是迄今为止人类唯一登陆过的异星探索项目，是最大规模的太空探索工程，也是 20 世纪人类最宏伟的工程之一，如图 1.24 所示。

图 1.23　神舟飞船与天宫二号对接

图 1.24　人类首次登上月球

近几年载人航天正向商业航天发展,商业航天的最大意义是经济性。开启商业航天一个最重要的标志就是美国 Space X 公司成功研制了可回收式中型运载火箭——猎鹰 9 号(Falcon 9)火箭。"猎鹰 9 号"于 2010 年 6 月 4 日完成首次发射,于 2015 年 12 月 21 日完成首次回收。"猎鹰 9 号"一级火箭的回收技术以着陆支架、姿态控制技术、推进剂交叉供应和高效发动机为亮点。"猎鹰 9 号"火箭可通过主发动机三次点火制动减速来控制火箭的下落速度,由 1300m/s 减速为 2m/s。"猎鹰 9 号"可回收火箭的成功试射,对太空探索领域来说将有重要的探索意义,通过该火箭的自主返回技术,它将大幅缩减太空旅行的费用,发射成本将降低 99%。图 1.25 为"猎鹰 9 号"火箭的发射与回收。

(a) "猎鹰9号" 火箭

(b) 一级火箭回收

图 1.25　"猎鹰 9 号"火箭与一级火箭回收

北京时间 2016 年 4 月 9 日凌晨 4 时 52 分,"猎鹰 9 号"搭载着龙飞船顺利升空,一级火箭助推器分离之后,再次尝试难度极高的海上回收任务。在此前多次尝试失败后,一级火箭稳稳降落在名为"我依然爱你"的海上平台,完成历史性突破。对"猎鹰 9 号"海上回收成功,太空探索技术公司创始人、首席执行官埃隆·马斯克欢呼:"这是通往星空的又一步。"美国商业太空飞行协会发表声明说,快速可重复使用的火箭是更经济可行的未来太空飞行的关键,其回收成功是在这个领域"迈出的一大步"。美国空间新领域基金会说,这次降落不仅将对航天产业产生影响,也将对未来的人类创新产生影响。

4. 发电技术

电的发现和广泛使用是第二次科技革命的结果,同时也是第三次科技革命的资本。电的发现给人类生活带来很多方便,人们的衣食住行都离不开电。电的发现和应用极大地节省了人类的体力劳动和脑力劳动。电使人类实现能量的获取、转化和传输,同时,电的出现是电子信息技术的基础。电的发现可以说是人类历史的革命，由它产生的动能现在每天都在源源不断地释放。如果没有电，人类的文明现在还会在黑暗中摸索。

发电即利用发电动力装置将水能、化石燃料（煤炭、石油、天然气等）的热能、核能以及太阳能、风能、地热能、海洋能等转换为电能。20 世纪末发电多用化石燃料，但化石燃料的资源不多，日渐枯竭，人类已渐渐较多地使用可再生能源（水能、太阳能、风能、地热能、海洋能等）来发电。

根据英国石油公司的《世界能源统计年鉴 2020》数据得出，2019 年全球总发电量 27005TWh，其中化石燃料和核能发电占 72.7%，水力发电占 15.9%（图 1.26），风力发电占 5.9%，光伏发电占 2.8%，生物质发电占 2.2%，地热、聚热和海洋能发电占 0.4%。在全球发电份额中，水力发电仅次于燃煤发电和燃气发电，是再生能源发电的“领头羊”，远比风力和太阳能发电量多。2019 年，中国水力发电量（1269.7TWh）居世界之首，占全球水力总发电量（4222.2TWh）的 30.1%，其次为巴西、加拿大。

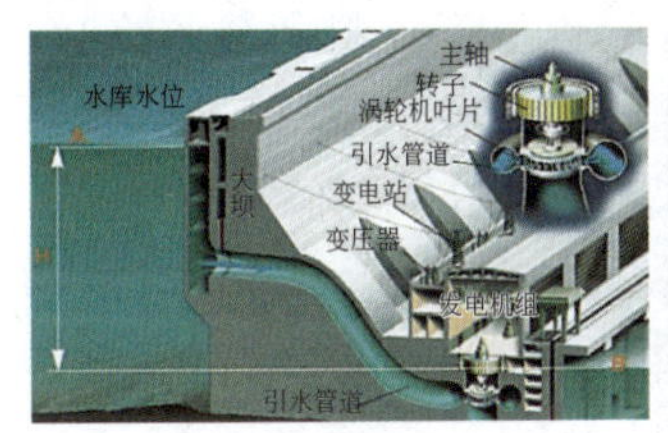

(a) 水力发电示意图

(b) 水轮发电机

(c) 发电站内部

图 1.26　水力发电机组

我国是世界上最大的水力发电生产国，我国装机量连续多年排名第一，三峡水电站也当之无愧地成为世界第一大的水电站。该发电站采用了 32 台弗兰西斯水轮机（Francis turbines），每台功率 700MW，另外还有两台 50MW 涡轮机发电，装机容量共计 22500MW。装机容量是世界上最大的核电站——日本柏崎刈羽核电站（Kashiwazaki-Kariwa，7965MW）的两倍多。

发电动力装置按能源的种类分为火电动力装置、水电动力装置、核电动力装置及其他能源发电动力装置。火电动力装置由锅炉、汽轮机和发电机（惯称三大主机）及其辅助装置组成。水电动力装置由水轮发电机组、调速器、油压装置及其他辅助装置组成。核电动力装置由核反应堆、蒸汽发生器、汽轮发电机组及其他附属设备组成。

5. 农业机械

美国是世界上农业最发达、技术最先进的国家之一。美国人口 4 亿，拥有 300 万个农场，然而农业从业人员仅仅 500 万，平均不到两个人拥有一个农场，年产值 3000 亿美元农产品，近 90%用于出口。在美国，面积仅占全美面积 4.4%的加州，由于规模化的种植方式、无人能敌的机械化水平、最完善的研发推广服务体系，生产出了美国 54%的水果，产值占到了全美水果总产值的 67%；生产出了全美 51%的蔬菜，产值占到了全美蔬菜总产值的 58%；创造了巨大的出口创汇效益。

美国最早实现粮食生产机械化，如图 1.27 所示。20 世纪 60 年代后期，粮食生产机械化水平得到提高，耕地、整地、播种、田间管理、收获、干燥等全都实现了机械化生产。

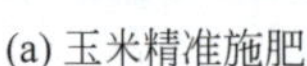

(a) 玉米精准施肥

(b) 机械远程控制

(c) 犁地机

图 1.27　美国现代农业机械

20 世纪 70 年代初,美国的棉花、甜菜等从种植到收获可以完全不用人工,实现全面机械化生产,在工厂化禽畜饲养、设施农业、农产品加工、种植业等方面一直保持着世界先进水平,大大地提高了农业劳动生产率。农业机械化有效地促进了美国农业的快速发展,美国成为世界上第一农产品出口大国。

美国工业为农业提供了大量农业机械、化肥、农用飞机等先进生产资料和装备,使美国出口产业中总有农业一席之地,并且一直处于主要地位。美国约翰迪尔公司、凯斯万国公司、福特公司等大型跨国农机公司生产的农业机械生产率高,性能先进,标准化、系列化、通用化程度高,制造质量好,使用可靠、方便,舒适性好,在世界各地使用广泛,深受用户欢迎。

近几年,美国在谷物联合收割机、喷雾机、播种机等农业装备上开始采用卫星全球定位系统监控作业等高新技术。农业出现了向精准农业方向发展的趋势。

6. 大规模生产集成电路

集成电路是一种微型电子器件或部件,采用一定的工艺,把一个电路中所需的晶体管、电阻、电容和电感等元件及布线互连一起,制作在一小块或几小块半导体晶片或介质基片上,然后封装在一个管壳内,成为具有所需电路功能的微型结构。

20 世纪,电子工业发展的卓越技术是集成电路、计算机内存芯片和微处理器的微型化,机械工程行业为集成电路的制造做出了关键性的贡献。1972 年,英特尔公司首次出售的老式 8008 处理器有 2500 个晶体管,英特尔当前的工作处理器有超过 20 亿个晶体管,如图 1.28 所示。集成电路生产流程主要包括:制作晶圆,晶圆涂膜,晶圆光刻显影、蚀刻,离子注入,晶圆测试,封装。大约需要 400 多道工序、工艺复杂且技术难度非常高。机械工程师研制加工装备,优化加工工艺,采用先进的材料以及温度控制和振动隔离措施,将集成电路的制造推进到纳米级尺度上。同样的制造技术也可以用来生产微米或纳米尺度的其他机器。由于采用了这些技术,机器的移动部件可以做得非常小,小到让人类的眼睛难以觉察,只能在显微镜下观察到,可以制造出单个齿轮,并把它装配到尺寸不大于一粒花粉的传动装置中。

(a) 英特尔处理器

(b) 大规模集成电路

图 1.28　集成电路

7. 空调和制冷

美国工程院与 30 多家美国专业工程协会一起评出了 20 世纪对人类社会生活影响最大的 20 项工程技术成就，制冷空调技术名列第十，理由是：“制冷空调技术成为人们的健康、运输、食品保鲜不可缺少的设施，人们可以在地球上最冷和最热的地方工作和生活。”可以说，制冷空调技术对人类社会的文明进步产生了巨大的推动作用。

制冷系统由四个基本部分即压缩机、冷凝器、节流部件、蒸发器组成。由铜管将四大件按一定顺序连接成一个封闭系统，系统内充注一定量的制冷剂。以制冷为例，压缩机吸入来自蒸发器的低温低压的制冷剂气体压缩成高温高压的制冷剂气体，然后流经热力膨胀阀(毛细管)，节流成低温低压的制冷剂气液两相物体，然后低温低压的制冷剂液体在蒸发器中吸收来自室内空气的热量，成为低温低压的制冷剂气体，低温低压的制冷剂气体又被压缩机吸入。室内空气经过蒸发器后，释放了热量，空气温度下降。图 1.29 为制冷原理与螺杆制冷机。

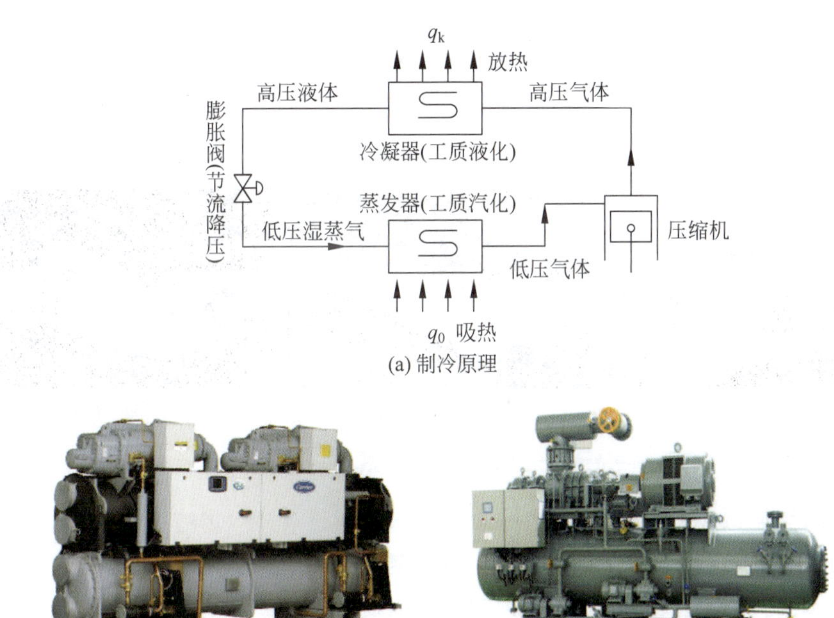

(a) 制冷原理

(b) 螺杆制冷机

图 1.29 制冷原理与螺杆制冷机

在现代社会，制冷技术已经几乎渗透到各个生产技术、科学研究领域，并在改善人类的生活质量方面发挥巨大作用。生活中，制冷广泛用于食品冷加工、冷藏、冷藏运输，舒适性空气调节，体育运动中制造人工冰场等；建筑工程中，利用制冷实现冻土开采土方；现代医学也离不开制冷，如深低温冷冻骨髓和外周血干细胞、手术中的低温麻醉等；在冶金行业中，对钢的低温处理，使金相组织内部的奥氏体转变为马氏体，改善钢的性能；在机械制造中，为精密和超精密加工提供必要的恒温恒湿环境，对材料进行低温处理，利用低温进行零件间的过盈配合等；农牧业中，对农作物的种子进行低温处理等；制冷技术还在尖端科学领域如微电子技术、新型材料、宇宙开发、生物技术的研究和开发中起着举足轻重的作用。

8. 高速铁路

高速铁路,简称高铁,是指设计标准等级高、可供列车安全高速行驶的铁路系统。其概念并不局限于轨道,更不是指列车。高铁级铁路的基础设施设计速度范围是250～350km/h,列车初期运营速度不低于200km/h。中国高速铁路涵盖了200、250、300和350km/h四种速度等级。到2019年年底,中国铁路营业里程达到13.9万km以上,其中高铁3.5万km,居世界第一。

目前世界上拥有高铁的国家共有16个。如图1.30所示,全球十大高铁系统包括:①中国CRH。2016年7月1—15日,我国自行设计研制、全面拥有自主知识产权的中国标准动车组,在郑州—徐州高速铁路进行了综合试验,成功实现420km/h两车交会及重联运行的目标,这也是世界上最高速的动车组交会试验。②日本新干线。日本是世界高铁的创始国,新干线技术成熟,运行稳定,安全性较高。列车运行车速可达到270km/h或300km/h,在进行高速测试时,曾创下443km/h的最高纪录。③法国TGV。早在1955年法国人就创造了331km/h的世界纪录。④德国ICE。德国也是世界高铁大国,赫赫有名的ICE是以德国为中心的高速铁路系统及高速铁路专用列车系列。⑤西班牙AVE子弹火车。⑥意大利高速铁路。⑦韩国KTX。⑧英国HST。⑨土耳其高铁。⑩中国台湾THSR。

(a) 中国CRH

(b) 日本新干线

(c) 法国TGV

图1.30 高速铁路

高速铁路之所以受到广泛青睐,在于其本身具有显著优点:①缩短了旅客旅行时间,产生了巨大的社会效益;②对沿线地区经济发展起到了推进和均衡作用;③促进了沿线城市经济发展和国土开发;④沿线企业数量增加使国税和地税相应增加;⑤节约能源和减少环境污染。高铁系统不仅方便了我们的出行方式,在一个国家战略考量上也占有相当大的分量。利用高铁输送部队,既是紧跟铁路发展形势、对最新运输手段的充分利用,又能提高快速机动的能力。未来随着高铁不断发展连通更多地区,其庞大的铁路网和快速直达的便利性将对长距离的兵力调动产生十分积极的作用。

9. 工程机械

工程机械是装备工业的重要组成部分。概括地说,凡土石方施工工程、路面建设与养护、流动式起重装卸作业和各种建筑工程所需的综合性机械化施工工程所必需的机械装备,统称为工程机械,如图1.31所示。它主要用于国防建设工程、交通运输建设、能源工业建设和生产、矿山等原材料工业建设和生产、农林水利建设、工业与民用建筑、城市建设、环境保护等领域。

人类采用起重工具代替体力劳动已有悠久历史。历史记载公元前1600年前后,中国已

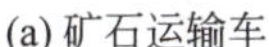

(a) 矿石运输车　　(b) 超大型挖掘机　　(c) 大型吊车

图 1.31　大型工程机械

使用桔槔和辘轳。前者为一起重杠杆，后者是手摇绞车的雏形。在古代埃及和罗马，起重工具也有较多应用。近代工程机械的发展，始于蒸汽机发明之后，19 世纪初，欧洲出现了蒸汽机驱动的挖掘机、压路机、起重机等。此后由于内燃机和电机的发明，工程机械得到较快的发展。我国工程机械涵盖 18 大类产品，包括挖掘机械、铲土运输机械、工程起重机械、工业车辆、压实机械、路面机械、桩工机械、混凝土机械、钢筋及预应力机械、装修机械、凿岩机械、气动工具、铁路路线机械、市政工程与环卫机械、军用工程机械、电梯与扶梯、工程机械专用零部件、其他专用工程机械等。

10. 医疗器械

医疗器械是指直接或者间接用于人体的仪器、设备、器具、体外诊断试剂及校准物、材料以及其他类似或者相关的物品，包括所需要的计算机软件。医疗器械的目的是疾病的诊断、预防、监护、治疗或者缓解，损伤的诊断、监护、治疗、缓解或者功能补偿，生理结构或者生理过程的检验、替代、调节或者支持，生命的支持或者维持，妊娠控制，以及通过对来自人体的样本进行检查，为医疗或者诊断目的提供信息。

生物医学工程领域在医疗器械上的最大成就，在 1960 年以前是 X 射线成像、人工肾脏、心电图、心脏起搏器、心脏除颤仪等，在 20 世纪 60 年代是超声设备、人工心脏瓣膜、人工晶体、人工血管、血液透析机等，在 20 世纪 70 年代是 CT(计算机断层扫描)、人工关节、气囊导管、内窥镜等，在 20 世纪 80 年代是 MRI(核磁共振)、激光治疗、心脏支架、免疫分析仪器等，从 20 世纪 90 年代到现在是基因分析设备(如 PCR 等)、PET-CT(正电子发射 CT)、分子诊断设备、手术机器人等，如图 1.32 所示。21 世纪之前的 50 年，上述医疗器械给医学带来的变革是无法用言语描述的。人类从来没有这么认清楚过自己的身体，也从来没有发现人体有那么多未解之谜。

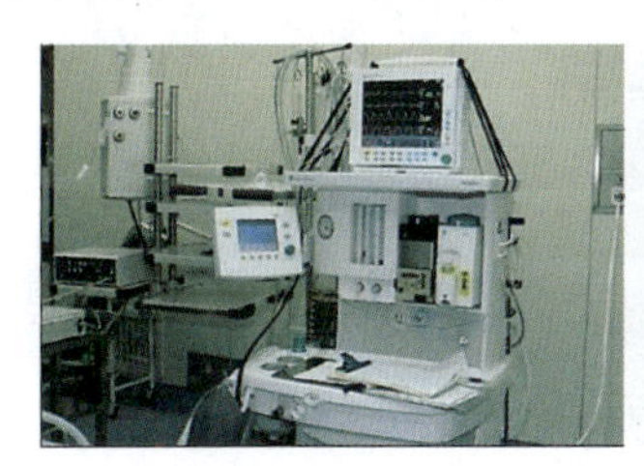

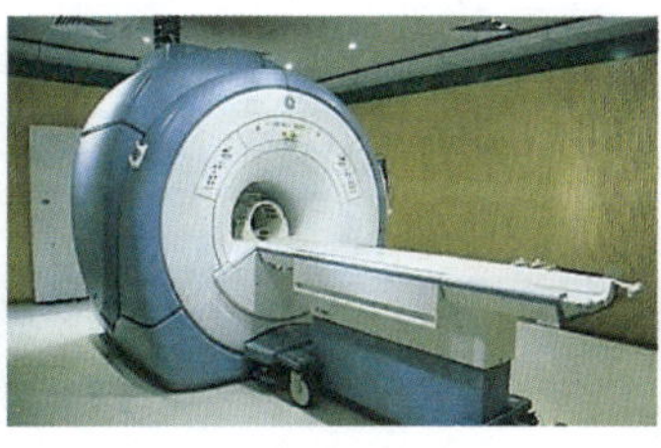

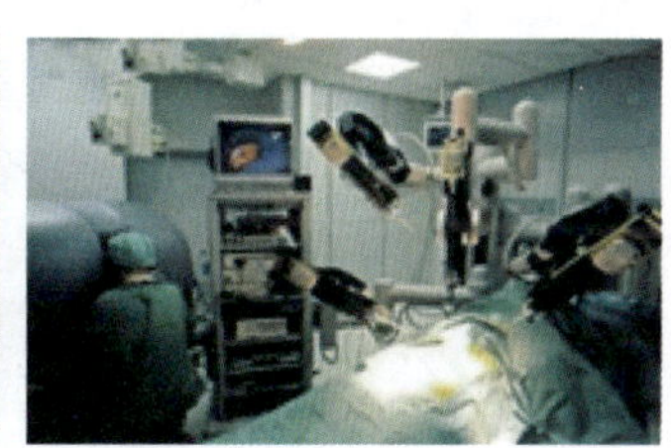

(a) 呼吸机　　(b) 核磁共振仪　　(c) “达·芬奇”手术机器人

图 1.32　医疗器械

11. 数控机床

数控机床是数字控制机床(numerical control machine tool)的简称,是一种装有程序控制系统的自动化机床(图1.33)。数控机床较好地解决了复杂、精密、小批量、多品种的零件加工问题,是一种柔性的、高效能的自动化机床,代表了现代机床控制技术的发展方向。数控机床是由美国发明家约翰·帕森斯在20世纪50年代发明的。随着电子信息技术的发展,世界机床业已进入了以数字化制造技术为核心的机电一体化时代,其中数控机床就是代表产品之一。数控机床是制造业的加工母机和国民经济的重要基础。它为国民经济各个部门提供装备和手段,具有无限放大的经济与社会效应。

图1.33 德玛吉数控机床

数控机床与传统机床相比,具有以下特点:

(1) 柔性高。在数控机床上加工零件,主要取决于加工程序,它与普通机床不同,不必制造和更换许多模具、夹具,不需要经常重新调整机床。因此,数控机床适用于所加工的零件频繁更换的场合,亦即适合单件、小批量产品的生产及新产品的开发,从而缩短了生产准备周期,节省了大量工艺装备的费用。

(2) 加工精度高。数控机床的加工精度一般可达0.05~0.1mm,最高可达纳米级。

(3) 加工质量稳定。加工同一批零件,在同一机床,在相同加工条件下,使用相同刀具和加工程序,刀具的走刀轨迹完全相同,零件的一致性好,质量稳定。

(4) 生产率高。数控机床可有效地减少零件的加工时间和辅助时间。数控机床移动部件的快速移动和定位及高速切削加工,极大地提高了生产率。另外,与加工中心的刀库配合使用,可实现在一台机床上进行多道工序的连续加工,减少了半成品的工序间周转时间,提高了生产率。

(5) 改善劳动条件。操作者要做的只是程序的输入和编辑、零件装卸、刀具准备、加工状态的观测、零件的检验等工作,劳动强度大大降低。

(6) 便于实现生产管理现代化。数控机床的加工,可预先精确估计加工时间,对所使用的刀具、夹具可进行规范化、现代化管理,易于实现加工信息的标准化。

12. 现代武器

在冷兵器时代,武器的技术水平很低,都是单兵使用的器械。随着科学技术的发展,武器的功能、类别、结构越来越复杂，机械化、自动化、信息化程度越来越高，威力也越来越大。以机械动力为主要驱动力，以火力、机动力、防护力为主要战术技术指标的各种装备统称为机械化武器装备，如图 1.34 所示。

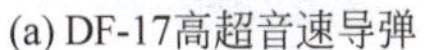

(a) DF-17高超音速导弹

(b) 直-20多用途直升机

(c) 山东号航空母舰

图 1.34　现代武器

现代战争使用的机械化武器包括：①陆战兵器，如轻型坦克、主战坦克、扫雷坦克、自行火炮等；②海战兵器，如航空母舰、战列舰、巡洋舰、驱逐舰、护卫舰、导弹艇、鱼雷艇、扫雷舰、补给舰、布雷舰、两栖攻击舰、两栖指挥舰、船坞登陆舰、坦克登陆舰、直升机母舰、常规潜艇、攻击型核潜艇、弹道导弹核潜艇、舰载机等；③空战兵器，如武装直升机、运输直升机、搜救直升机、侦查直升机、反潜直升机、预警直升机、战斗机、攻击机、战斗轰炸机、轻型轰炸机、重型轰炸机、远程战略轰炸机、运输机、预警机、电子战飞机、巡逻机、反潜机等。

1.3　机械工程技术的发展趋势

21 世纪，能源信息技术与制造技术的融合，使得工业的社会形态不断发生变化(经济全球化、信息大爆炸、资源受环境约束等)，并引发了相应的工业革命。制造业进入第四次工业革命，制造系统正在由原先的能量驱动型转变为信息驱动型，要求制造系统表现出更高的智能。

为了紧跟第四次工业革命的步伐，使我国尽快由制造大国迈向制造强国，2015 年 5 月 19 日，我国发布了《中国制造 2025》，提出“三步走”战略。第一步：到 2025 年迈入制造强国行列；第二步：到 2035 年整体达到世界制造强国阵营中等水平；第三步：到 2049 年综合实力进入世界制造强国前列。《中国制造 2025》指出我国未来十年重点发展新一代信息技术产业、高档数控机床和机器人、航空航天装备、海洋工程装备及高技术船舶、先进轨道交通装备、节能与新能源汽车、电力装备、农机装备、新材料、生物医药及高性能医疗器械十大重点领域，如图 1.35 所示。

《中国机械工程技术路线图(第二版)》给出了 21 世纪机械工程技术的发展趋势。

1. 绿色

进入 21 世纪，绿色低碳生产与生活方式深入人心，保护地球环境、保持社会可持续发展已成为世界各国共同关心的议题。2015 年 4 月 25 日，国务院发布《关于加快推进生态文明建设的意见》，坚持以人为本、依法推进，坚持节约资源和保护环境的基本国策，把生态文明建设放在突出的战略位置，协同推进新型工业化、信息化、城镇化、农业现代化和绿色化。

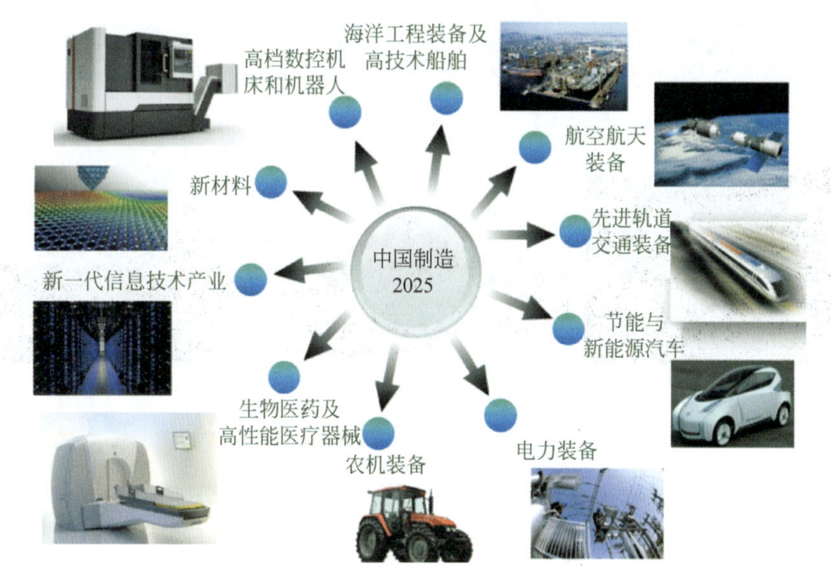

图1.35 《中国制造2025》重点发展领域

我国制造工艺综合能耗水平与工业发达国家相比存在较大差距，我国每吨铸件铸造工艺能耗比国际先进水平高80%，每吨锻件锻造工艺能耗高70%，每吨工件热处理工艺能耗高47%。焊接材料可产生大量的焊接烟尘，是典型的高污染材料，我国焊接材料产量超过世界总产量的50%，焊条应用比重高达50%左右，而日本仅为15%。机床作为制作加工系统主体，能耗大、能效低。据统计，机床使用过程消耗的能源占其整个生命周期消耗能源的95%，机床在使用阶段的碳排放占其生命周期碳排放的82%。机床在整个生命周期中真正用于加工的仅占15%。

机械工程技术绿色发展体现在以下五个方面：

(1) 产品设计绿色化。在产品设计阶段将环境影响和预防污染措施纳入设计中，着重考虑产品环境属性，并将其作为设计的主要目标。同时，产品设计时重点考虑绿色低碳材料的选择、产品轻量化、产品易拆卸以及可回收性设计、产品全生命周期评价。

(2) 制造工艺及装备绿色化。以源头削减污染物产生为目标，革新传统生产工艺及装备，通过优化工艺参数、工艺材料，提升生产过程效率，降低生产过程中辅助材料的使用和排放。用高效绿色生产工艺技术装备逐步改造传统制造流程，广泛应用清洁高效精密成形工艺、高效节材无害焊接、少无切削液加工技术(图1.36)、清洁表面处理工艺技术等，有效实现绿色生产。

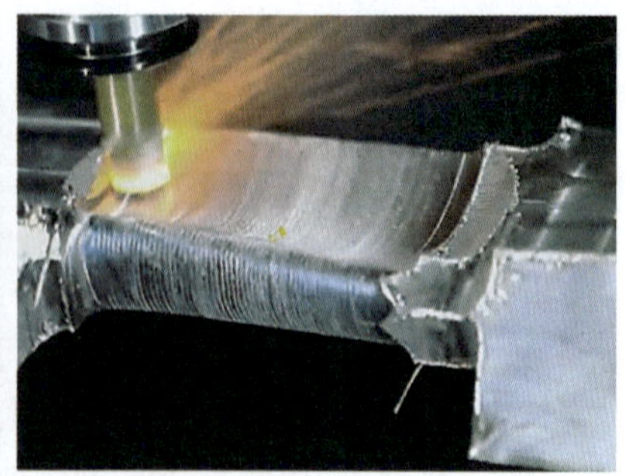

图1.36 镍基高温合金叶片高速干切削

(3) 处理回收绿色化。发展以无毒无污染为目标的绿色拆解技术;发展以废旧零部件为对象的再制造技术;建立产品再资源化体系,通过回收再资源化技术,提高产品再资源化率。在航空发动机、燃气轮机、机床、工程机械等领域广泛应用,大型成套设备及关键零部件的再制造技术。图 1.37 为航空发动机钛合金斜流整体叶轮损伤修复。

图 1.37 航空发动机钛合金斜流整体叶轮损伤修复

(4) 制造工厂绿色化。制造工厂及生产车间向绿色、低碳升级,实现原料无害化、生产洁净化、废物资源化、能源低碳化,形成可复制拓展的工厂绿色化模式。统筹应用节能、节水、减排效果突出的绿色技术和设备,提高绿色低碳能源使用比率,加强可再生资源利用和分布式供能。

(5) 绿色制造绩效评估。针对制造过程污染预防与能源效率进行监控、管理。建立污染预防与能效评估方法、评估数据库、评估工具、评估标准以及专业评估团队。

2. 智能

20 世纪 50 年代诞生的数控技术以及随后出现的机器人技术和计算机辅助设计技术,开创了数字化技术用于制造活动的先河,也满足了制造产品多样化对柔性制造的要求;传感技术的发展和普及,为大量获取制造数据和信息提供了便捷的技术手段;人工智能技术的发展为生产数据与信息的分析和处理提供了有效的方法,给制造技术增添了智能的翅膀。

智能制造技术是面向产品全生命周期中的各种数据与信息的感知与分析,经验与知识的表示与学习以及基于数据、信息、知识的智能决策与执行的一门综合交叉技术,旨在不断提高生产的灵活性,实现决策优化,提高资源生产率和利用效率,如图 1.38 所示。复杂、恶劣、危险、不确定的生产环境,熟练工人的短缺和劳动力成本的上升呼唤着智能制造技术与智能制造的发展和应用。可以预见,21 世纪将是智能制造技术获得大发展和广泛应用的时代。

智能制造具有以下六大特征:

(1) 自律能力。具有能获取与识别环境信息和自身信息,并进行分析判断和规划自身行为的能力。

(2) 人机交互能力。智能制造是人机一体化的智能系统。人在制造系统中处于核心地位,同时在智能装置的配合下,更好地发挥出人的潜能,使人机之间表现出一种平等共事、相互理解、相辅相成、相互协作的关系。

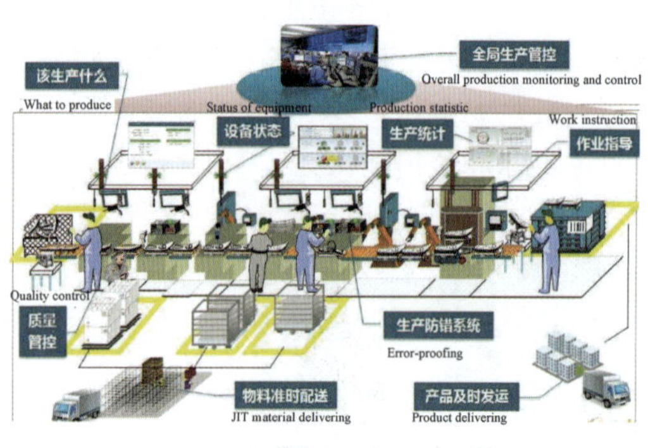

(a) 制造流程

(b) 智能制造车间

图 1.38 智能制造

(3) 建模与仿真能力。以计算机为基础,融信息处理、智能推理、预测、仿真和多媒体技术为一体,建立制造资源的几何模型、功能模型、物理模型,模拟制造过程和未来的产品,从感官和视觉上使人获得完全如同真实的感受。

(4) 可重构与自组织能力。为了适应快速多变的市场环境,系统中的各组成单元能够依据工作任务的需要,实现制造资源的即插即用和可重构,自行组成一种最佳、自协调的结构。

(5) 学习能力与自我维护能力。能够在实践中不断地充实知识库,具有自学习功能。同时,在运行过程中具有故障自诊断、故障自排除、自行维护的能力。

(6) 大数据分析处理能力。通过整合、分析制造工艺数据、制造设备数据、产品数据、订单数据以及生产过程中产生的其他数据,能够使生产控制更加及时准确,生产制造的协同度和柔性化水平显著增强,真正实现智能化,如图 1.39 所示。

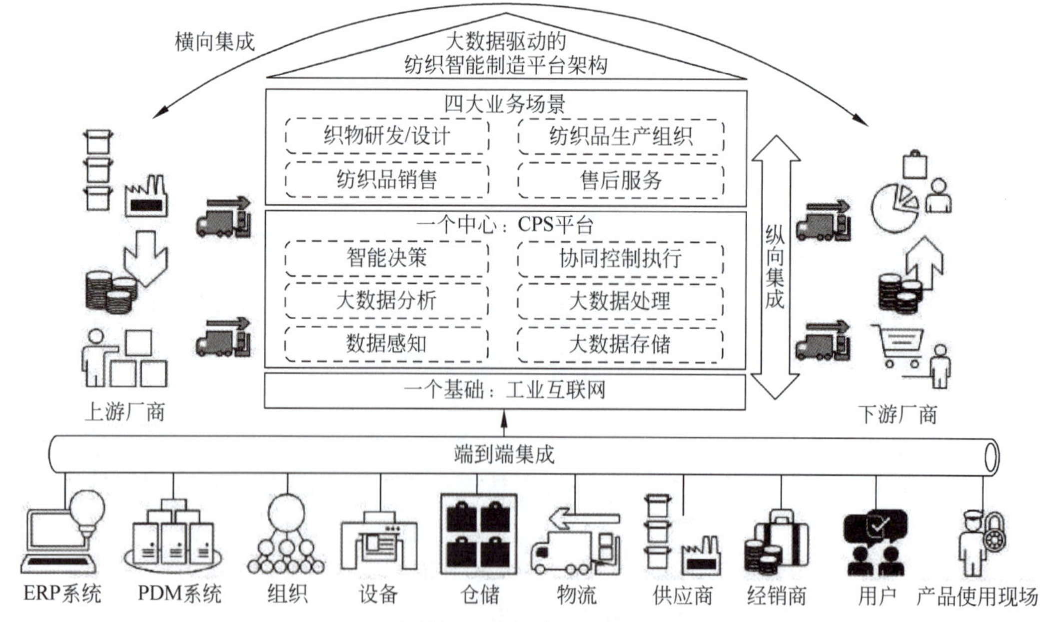

图 1.39 大数据驱动的纺织智能制造平台架构

3. 超常

现代基础工业、航空、航天、电子制造业的发展，对机械工程技术提出了新的要求，促成了各种超常态条件下制造技术的诞生。目前，工业发达国家已将超常制造列为重点研究方向，在未来 20～30 年间将加大科研投入，力争取得突破性进展。人们通过科学实践，将不断发现和了解在极大、极小尺度，或在超常制造外场中物质演变的过程规律以及超常态环境与制造受体间的交互机制，向下一代制造尺度与制造外场的超常制造发起挑战。超常制造的发展方向主要体现在以下六个方面：

(1) 巨系统制造。如航天运载工具(图 1.40)、10 万 kW 以上的超级动力设备、数百万吨级的石化设备、数万吨级的模锻设备、新一代高效节能冶金流程设备等极大尺度、极复杂系统和功能极强设备的制造。

图 1.40　大型重载运输车

(2) 微纳制造。对尺度为微米和纳米量级的零件和系统的制造，如微纳电子器件(图 1.41)、微纳光机电系统(图 1.42)、分子器件、量子器件、人工视网膜、医用微机器人、超大规模集成电路的制造。

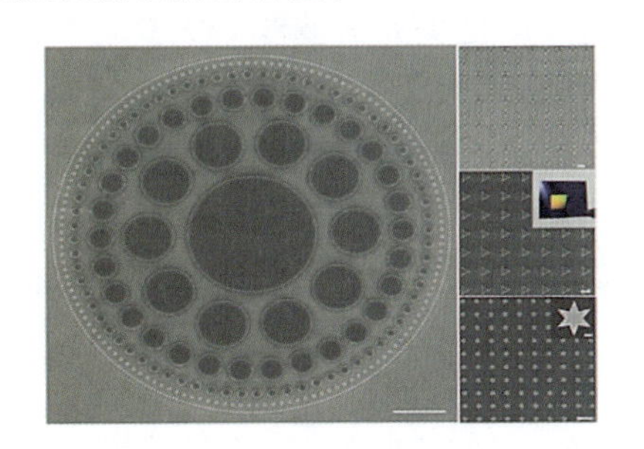

图 1.41　电子束微纳加工

图 1.42　集成电路制造

(3) 超常环境下及超常环境下服役的关键零部件的制造。如在超常态的强化能场下，进行极高能量密度的激光、电子束、离子束等强能束制造；航空发动机高温单晶叶片的制造(图 1.43)；太空超高速飞行器耐高温、低温材料的加工制造(图 1.44)；超高压深海装备零部件的制造；增材制造装备在太空环境下的安装及使用等。

(4) 超精密制造。对尺寸精度和形位精度优于亚微米级、粗糙度优于几十纳米的零件的超精密加工。如高速摄影机和自动检测设备的扫描镜，大型天体望远镜的反射镜，激光核聚变用的光学镜，武器的可见光、红外夜视扫描系统，导弹、智能炸弹的舵机执行系统。

图 1.43 单晶叶片制造

图 1.44 高超音速飞行器

(5) 超高速加工。采用超硬材料的刃具和超高速切磨削加工工艺，利用高速控机床和加工中心，通过提高切屑速度和进给速度来提高材料切除率，获得较高的加工精度、加工质量以及加工效率，如在大型或重型零件的切削加工中进行超高速切削技术。

(6) 超常材料零件的制造。采用数字化设计制造技术(并行设计制造技术)，同时完成零件内部组织结构和三维形体的制造，制造出具有“超常复杂几何外形及内部结构”和“超常物理化学等功能”的超常材料零件(理想材料零件)，实现零件材料的“非均质”的梯度功能。

4. 融合

随着信息、新材料、生物、新能源等高技术的发展以及社会文化的进步，新技术、新理念与制造技术的融合，将会形成新的制造技术、新的产品和新型制造模式，以致引起技术的重大突破和技术系统的深度变革。例如，照相机问世后100多年，其结构一直没有根本改变，直到1973年日本开始“电子眼”的研究，将光信号改为电子信号，推出了不用感光胶片的数码相机。此后日本、德国相继加大研制力度，不断推出新产品，使数码相机风靡全世界，形成了一个巨大的产业。又如，2009年年底美国投资超过100亿美元的波音787梦幻客机试飞成功，其机身80%由碳纤维复合材料和钛合金材料制造，大大减轻了飞机质量，减少了油耗和碳排放，引起全世界关注。美国苹果电脑公司在信息产品市场上异军突起，在2019财年间，总收入2701.49亿美元，净利润552.91亿美元。苹果公司依靠其绝佳的工业设计技术，在智能手机和平板电脑等产品中融入文化、情感要素，深得广大消费者特别是青少年消费者的青睐。

在未来机械工业的发展中，将更多地融入各种高技术和新理念，使机械工程技术发生质的变化。就目前可以预见到的，将表现在以下几个方面：

(1) 制造工艺融合。车铣镗磨复合加工、激光电弧复合热源焊接、冷热加工等不同工艺通过融合，将出现更高性能的复合机床和全自动柔性生产线；激光、数控、精密伺服驱动、新材料与制造技术相融合，将产生更先进的快速成形工艺；基于增材、减材、等材的复合加工技术，将使得金属零件的直接快速成形、修复和改性成为可能。图1.45为复合加工机床。

(2) 与信息技术融合。以物联网、大数据、云计算、移动互联网等为代表的新一代信息技术与机械工程技术的融合，应用到了机械设计、制造工艺、制造流程、企业管理、业务拓展等各个环节，涌现出机械工程技术的新业态模式。一方面，信息网络技术使企业间能够在全

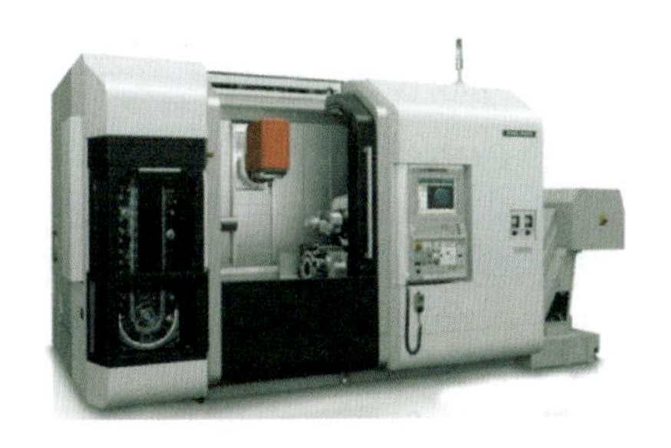

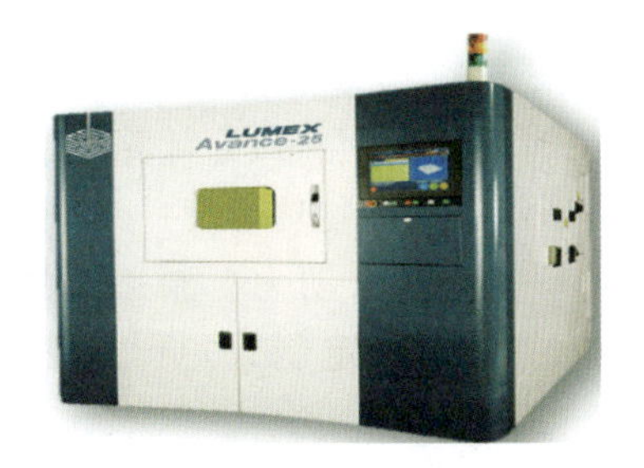

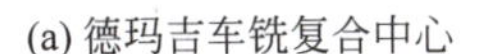

(a) 德玛吉车铣复合中心　　(b) 松浦机械增减材复合机床

图 1.45　复合加工机床

球范围内迅速发现和动态调整合作对象，整合优势资源，在研发、制造、物流等各产业链环节实现全球分散化生产；另一方面，制造技术与大数据的融合，可以精准快速响应用户需求，提高研发设计水平。将大数据融入可穿戴设备、家居产品、汽车产品的功能开发中，将推动技术产品的跨越式创新。

（3）与新材料融合。先进复合材料、电子信息材料、新能源材料、先进陶瓷材料、新型功能材料（含高温超导材料、磁性材料、金刚石薄膜、功能高分子材料等）、高性能结构材料、智能材料等将在机械工业中获得更广泛的应用，并催生新的生产工艺。

（4）与生物技术融合。模仿生物的组织、结构、功能和性能的生物制造，将给制造业带来革命性的变化。今后，生物制造将由简单的结构和功能仿生向结构、功能和性能耦合方向发展。制造技术与生命科学和生物技术的融合，制造出人造器官，逐步实现生物的自组织、自生长等性能，帮助人们恢复某些器官的功能，从而延长寿命，提高生活质量。图 1.46 为 3D 打印出的人体活体组织。

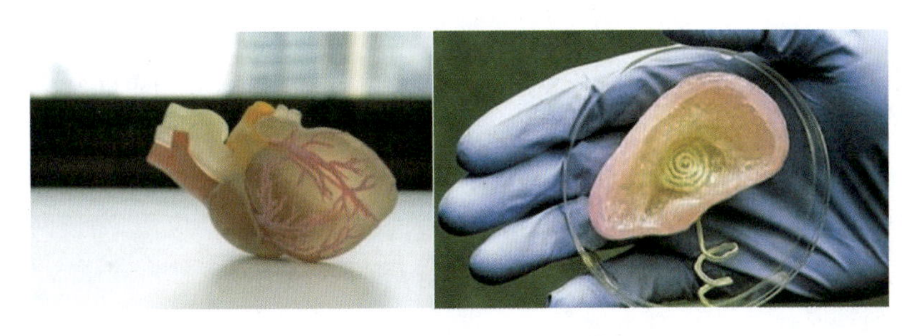

图 1.46　3D 打印出的人体活体组织

（5）与纳米技术融合。纳米材料表征技术水平将进一步提高，新的光学现象很有可能被发现，导致新光电子器件的发明，对纳米结构的尺寸、材料纯度、位序以及成分的精确控制将取得突破性进展，相应的纳米制造技术将会同步前进。

（6）人机融合。人、机器与产品将会充分利用信息技术和制造技术的融合，实现实时感知、动态控制以及深度协同。

（7）文化融合。知识与智慧、情感与道德等因素将更多地融入产品设计、服务过程，使汽车、电子通信产品、家用电器、医疗设备等产品的功能得以大幅度扩展与提升，更好地体现人文理念和为民生服务的特性。

5. 服务

进入21世纪,全球宽带、云计算、云存储、大数据的发展为制造文明进化提供了创新技术驱动和全新信息网络物理环境。全球市场多样化、个性化的需求、资源环境的压力等成为制造文明转型新的需求动力。制造业将从工厂化、规模化、自动化为特征的工业制造文明,向多样化、个性化、定制式,更加注重用户体验的协同创新、全球网络智能制造服务转型。

目前,制造服务业态已在众多行业领域逐渐渗透,制造服务技术将成为机械工程技术的重要组成部分,为支撑产品的全价值链服务。支撑服务型制造的机械工程技术将呈现出以下发展趋势:

(1) 个性化。满足个性化需求的小批量定制生产日益明显,更加注重用户体验。企业从“产品导向”转向“客户导向”,从挖掘客户更深层次的需求出发,提升产品的内涵以及提高产品的市场竞争力。图1.47为私人定制的汽车外观和内饰。

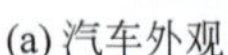

(a) 汽车外观

(b) 汽车内饰

图1.47 私人定制的汽车外观和内饰

(2) 集成化。机械工程技术服务以产品全生命周期为目标,应用范畴从以产品为中心向以服务为中心的技术服务集成转变。覆盖策划咨询、系统设计、产品研发、生产制造、安装调试、故障诊断、运行维护、产品回收及再制造等范畴,通过技术集成达到服务功能的集成。

(3) 增值化。现代物流系统的普遍采用、射频识别技术的推广应用、高速网络与装备系统的结合、通信技术与工程项目的结合,使得工程技术与服务以多种形式融合与再造,向产品价值链两端延伸。

(4) 智能化。随着互联网、云计算、大数据、物联网等新一代信息技术与工程技术的综合集成应用,基于智能制造产品、系统和装备的智能技术服务模式逐渐拓展。制造全过程的大数据提取、分析及应用与工程技术全面融合,催生出智慧战略服务、网络智能设计、远程分析诊断支持等智能服务。图1.48为汽车充电和远程医疗服务。图1.49为智能银行服务柜台。

(5) 全球化。随着信息网络技术与先进制造技术的深度融合,绿色智能设计制造、新材料与先进增材减材制造工艺、生物技术、大数据与云计算等技术创新引领全球制造业向绿色低碳、网络智能、超常融合、共创分享为特点的全球制造服务转变。可以说,世界已跨入个性化需求拉动的数字化、定制式制造服务。

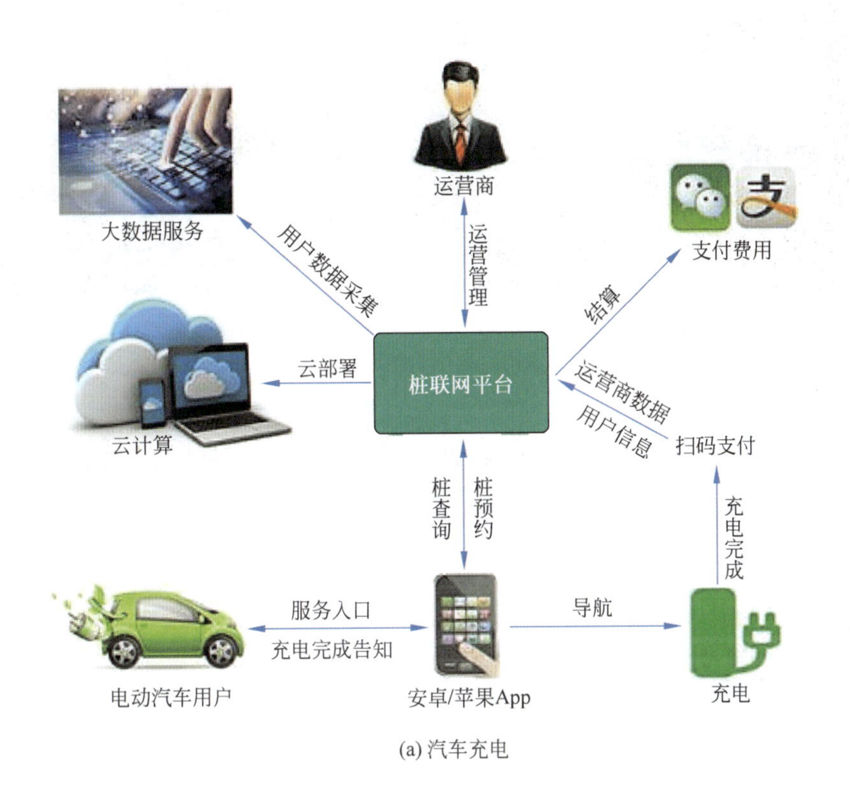

(a) 汽车充电

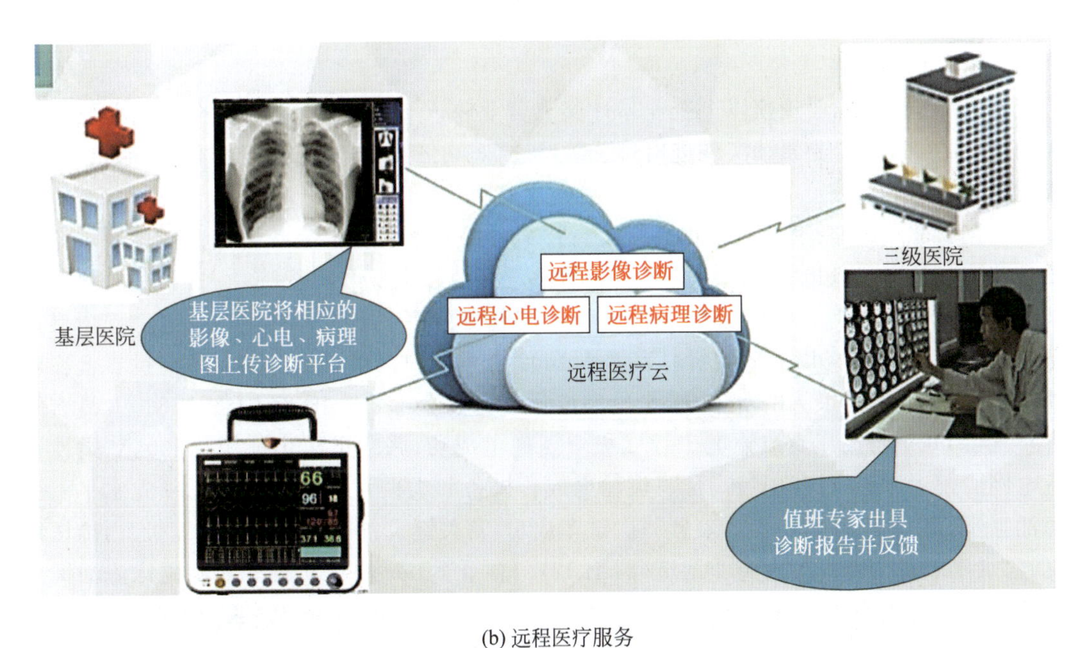

(b) 远程医疗服务

图 1.48　汽车充电和远程医疗服务

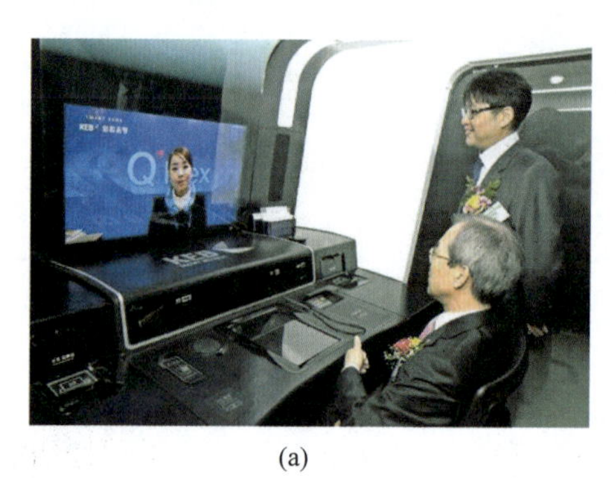

(a)

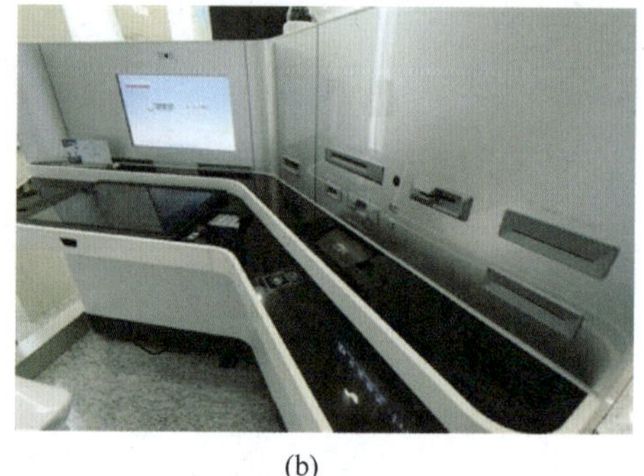

(b)

图 1.49 智能银行服务柜台

1.4 我国机械工业发展现状、存在的问题、发展目标和发展战略

“十三五”时期，机械工业要以提高质量和效益为中心，以问题为导向，围绕“强基固本、锤炼重器、助推智造、服务民生”四大发展重点，努力实现我国机械工业“由大到强”的目标。五年来，我国机械工业经济运行总体平稳，产业规模持续增长，创新发展不断推进，产业基础有所增强，转型升级步伐加快，为完成中国制造强国战略目标打下了坚实的基础。

1.4.1 机械工业“十三五”时期取得的主要成就

2020年，机械工业规模以上企业累计实现营业收入22.85万亿元，占全国工业营业收入的21.5%，机械工业累计实现进出口总额超过7800亿美元，为国民经济稳增长做出了重要贡献。

在创新驱动战略推动下，一批具有较高技术含量的重大技术装备实现突破发展。自主设计建造的第三代核电“华龙一号”全球首堆——福清核电5号机组成功并网发电，核心零部件全部实现国产制造(图1.50)。自主三代核电“国和一号”(CAP1400)示范工程项目设备国产化率达到85%以上。装机总容量达1600万千瓦的白鹤滩水电站为目前世界上在建规模最大、单机容量最大的水电站，水电站的设备制造全部实现国产化(图1.51)。昌吉—古泉±1100kV特高压直流输电工程双极全压通电成功，张北可再生能源±500kV柔性直流电网的投运，标志着我国特高压直流输电成套设备和柔性直流电网居国际领先水平。中海油惠州石化120万t/年乙烯装置一次试车成功，其关键设备——裂解气压缩机、丙烯压缩机、乙烯压缩机全部由国内企业制造(图1.52)。总重2400t的260万t/年沸腾床渣油锻焊加氢反应器创造了世界加氢反应器重量和制造工艺复杂性两项世界之最(图1.53)。国产10万m^3/h等级空分装置在神华宁煤投产，装置规模等级和各项性能指标均达到或超过了世界先进水平，装置成套设备以及大型空气透平压缩机组实现了国产化突破。工程机械实现了掘进机械整机系统集成技术的产业化应用，15m及以上超大直径泥水盾构和超小直径(≤4.5m)盾构实现了施工应用(图1.54)；700t超大型液压挖掘机、4000t级超大型履带起重机(图 1.55)、2000t 级全地面起重机、52000kN·m 大型动臂塔机等超大型起重机在大型矿山、大化工、核电、超高层建筑和超大型桥梁施工多个重大吊装领域得到运用。

图 1.50 “华龙一号”核电机组

图 1.51 白鹤滩水电站

图 1.52 百万吨级乙烯裂解气压缩机组

图 1.53 加氢反应器

图 1.54 直径 15m 盾构机“之江号”

图 1.55 4000t 级超大型履带起重机起吊现场

新能源装备快速发展,2016—2020 年,我国风电机组总产量达到 11296 万 kW,并开发应用了具有自主知识产权的 3MW 海上风电机组(图 1.56)。光伏设备总产量达到 21017 万 kW。2015 年以来我国新能源汽车产销量连续 5 年位居全球第一,已形成从原材料供应、动力电池、整车控制器等关键零部件研发生产到整车设计制造的完整产业链,电池电机电控等技术也取得明显进步,具备较强的产业基础和优势。2021年华为发布了高阶自动驾驶等五大智能汽车解决方案,包括HarmonyOS智能座舱、热管理解决方案、智能驾驶计算平台MDC 810、4D成像雷达、“华为八爪鱼”自动驾驶开放平台,如图1.57所示。图1.58为比亚迪“汉”电动车。自主品牌工业机器人销量由2015年的2.23万台增长到2019年的4.46万台,年均增速达19.0%,图1.59为新松工业机器人。

图1.56 海上风电机组安装

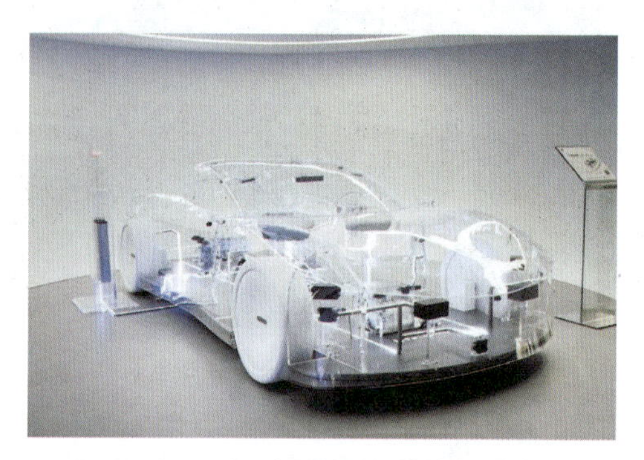

图1.57 华为智能汽车解决方案

图1.58 比亚迪“汉”电动车

图1.59 新松工业机器人

部分基础制造装备取得进展,若干零部件实现国产化,部分核心零部件“卡脖子”问题有所缓解。高档数控机床“平均故障间隔时间”(MTBF)实现了从500~1600h的跨越,部分达到国际先进的2000h,精度整体提高20%。我国主持修订的ISO 10791—7:2020《加工中心检验条件第7部分:精加工试件精度检验》国际标准已获国际标准化组织(ISO)批准并正式发布,实现了我国在高档数控机床检测领域国际标准“零”的突破。28m超重型数控单柱移动立式铣车床研制成功,解决了我国核电、水电领域关键超大型构件制造难题。图1.60为国产数控高档数控机床用于复杂产品加工。世界首台36000t超大六向模锻压机投入运行,有效解决船用核电主泵泵壳、低速机曲轴、压力管路元件等大型复杂结构件的制造难题(图1.61)。12m级卧式双五轴镜像铣机床、1.5万t航天构件充液拉深装备等填补国内空白。高端核级密封件系列产品实现国产替代。三峡升船机提升系统、海洋平台齿轮齿条升降传动装置、200km/h级高速客运机车和重载货运机车齿轮传动装置(图1.62)等高端齿轮产品已经基本满足配套需求。第三代轿车轮毂轴承单元(图1.63)技术水平达到国际先进水平,实现产业化并出口国外。重型燃气轮机不锈钢轮盘锻件、超超临界高中压转子锻件实现国产化。机器人用伺服电机、减速器、控制器等“三大件”的依赖进口问题正在扭转,部分产品进入产业化阶段。

图1.60 国产高档数控机床用于叶片加工

图1.61 使用36000t模锻压机锻压的工件

图1.62 变速器

图1.63 轮毂轴承

攻克了一批制约行业发展的关键共性技术。突破大型升船机复杂系统可靠性多元评价方法与长寿命高可靠服役策略、大模数重型齿条制造技术与寿命评价、升船机可靠性评价准则与工程验证技术，有力支撑三峡和向家坝两大世界级升船机安全可靠运行；研制出具备工况环境模拟能力的数控高速冲压设备可靠性试验装置；建立了12MW级风电叶片全尺寸结构测试平台，推动了我国大型海上及低风速风电的发展；研制出汽车AMT变速器智能化在线检测试验设备(图1.64)，有效提升了我国变速器制造水平。掌握了大型复杂复合材料构件数字化柔性高效精确成形关键技术；掌握了难加工合金构件波动式高质加工技术及装备，实现了新一代飞机、发动机难加工结构加工质量瓶颈问题的突破；掌握了具有完全自主知识产权激光焊接及激光-电弧复合焊接关键应用技术、工程技术与成套装备(图1.65)，解决了国防装备、超级起重机、全新一代轨道车辆等一批重大装备关键部件的焊接难题。

图1.64 汽车AMT变速器总成在线检测试验设备

图1.65 大吨位起重机伸臂激光-电弧复合焊接专机

机械工业转型升级步伐加快。数字化制造已在机械各领域大范围推广应用,机器人应用已覆盖国民经济130多个行业中类。服务型制造快速发展。一批机械企业紧抓发展机遇,向"产品+服务"的方向发展,提供越来越多的高附加值服务。绿色发展理念逐渐深入人心,绿色制造在机械各行业积极推广,取得了显著成效。

1.4.2 机械工业存在的问题

我国虽已成为世界机械制造大国,但从经济效益、生产效率、创新能力、技术水平、核心技术拥有量、关键零部件生产、高端产品占比、全球价值链分工地位、产品质量和知名品牌等各方面衡量,我国制造业"大而不强"。

我国机械工业平稳发展中也面临着挑战,主要表现在:①经济效益水平偏低。机械工业规模以上企业的利润总额在全国工业中的比重也有所下降,2020年利润总额占比为22.7%,比2015年下降2.5个百分点。②市场需求增长乏力。近年来,我国机械工业国内外市场需求、特别是中低端产品市场需求明显放缓。2015年,全国设备工器具购置投资同比增速高达10.2%,2018年下降至2.6%,反映出机械产品需求市场总体疲软的严峻态势,机械企业订货不足的问题越发突出。③经营压力普遍加大。"十三五"以来,我国机械工业原材料、用工等各项成本费用不断上升,而机械工业产品价格持续低位。

我国机械工业产业基础薄弱、产业链韧性不强的问题仍十分突出,与工业发达国家的水平差距依然较大,我国机械工业总体处于全球产业链的中低端,国际竞争力不强,在国际分工体系中缺少话语权,由于不掌握核心技术,很多技术标准处于被动跟随状态,国际话语权较弱,存在"卡脖子"和"断链"隐忧。

核心零部件依赖进口。一方面,高端轴承钢、高端液压铸件、高端涂料、关键绝缘材料、高性能密封材料、润滑油脂等关键基础材料大幅落后于国际先进水平,限制了各类零部件产品的自主创新和提档升级;另一方面,铸造、锻压、焊接、热处理及表面处理等基础制造工艺及装备发展滞后,直接影响到零部件的质量、寿命及可靠性水平。受制于关键基础材料、先进基础工艺和产业技术基础的落后,导致高端轴承、齿轮、液气密件、链传动及连接件、弹簧及紧固件、模具、传感器等基础零部件的自主化能力不足,难以满足主机发展需求而依赖进口。例如,高端数控机床自给率不足10%,30万kW及以上重型燃气轮机整机的核心设计技术尚未掌握,30t以上大型挖掘机用液压件国内还不能满足需要,农机装备用CVT变速和传感控制等关键核心技术对国外技术依存度高达90%以上。

除核心零部件依赖进口外,机械工业所需的各类工业软件、国民经济重点领域急需的一批重大短板装备等与国际先进水平存在明显差距。一是研发设计、经营管理、生产控制、运维服务等核心工业软件与系统受制于人问题十分突出。例如,在机床行业,机床工具研发设计所需高性能软件以及高档数控系统多被外资品牌垄断,存在经济与安全风险;汽车行业的产品设计和仿真软件、发动机和变速器等控制软件、工厂生产监控软件等基本依赖进口。二是一批服务于国民经济重点领域的专用生产设备及生产线、专用检测设备及系统等重大短板装备自给能力较差,对产业安全造成严重威胁。例如,在航空航天装备领域,大型精密钣金成形设备、大型复合材料构件制造设备等加工设备,以及高场强、高电平电磁兼容检测设备等专用检测系统均严重依赖进口;在机器人领域,精密减速器成套装备的研制与生产能力不足，致使高精度减速器尚不能实现大批量生产。

人才短缺问题仍突出。目前，不仅高层次研发人才缺乏，一线熟练技工，尤其是高级技工非常紧缺。相对于发达国家平均超过 35%的高级技工占比来看，中国这一比例仅为 5%。特别是既掌握先进制造技术、又熟悉新一代信息技术的复合型工程技术人才面临严重短缺。

1.4.3 机械工业发展目标

以习近平新时代中国特色社会主义思想为指导，深入贯彻落实党的十九大和十九届二中、三中、四中、五中全会精神，立足新发展阶段，贯彻落实制造强国战略部署，推动机械工业实现更高质量、更有效率、更可持续、更为安全的发展，建设机械工业现代化产业体系，为构建新发展格局提供有力的装备支撑。

到 2025 年，创新能力显著增强，产业基础高级化、产业链现代化水平明显提高，产业结构更加优化，在全球价值链中的地位稳步提升，迈入制造强国行列。一批先进制造基础共性技术取得突破，70%的核心基础零部件、关键基础材料实现自主保障，高端轴承、齿轮、液气密件、传感器等关键零部件的性能、质量及可靠性水平显著提高。铸造、锻压、焊接、热处理、表面工程等先进基础工艺及装备发展滞后的局面得到较大改观，部分基础工艺技术达到国际先进水平，基本满足国内装备制造业发展需求。工业设计软件、仿真软件、自动控制系统等的国产化率明显提升。若干用于生产制造重大技术装备和高端装备产品的专用生产设备、专用生产线及检测系统取得突破。若干先进制造核心技术取得突破，具有自主知识产权的重大技术装备自给率显著提高，事关国计民生和国防安全的重点领域关键装备“卡脖子”问题得到缓解。数字化生产设备联网率继续提升，智能制造模式不断丰富完善，重点产品的智能化程度达到国际平均水平。遴选培育出一批机械行业服务型制造先进企业、示范平台、典型项目，全行业服务收入占营业收入比重进一步提高。单位工业增加值能耗、物耗明显下降，主要污染物排放量持续减少。

到 2035 年，进入全球机械制造强国阵营中等水平。行业关键核心技术实现重大突破，在核心基础零部件、关键基础材料、先进基础工艺及装备、基础工业软件、专用生产及检测设备等方面实现突破发展。智能制造、绿色制造和服务型制造全面普及，基本建成机械工业现代化产业体系。

到 2049 年，综合实力进入世界制造强国前列。

1.4.4 机械工业发展战略

为实现 2035 年远景目标，“十四五”期间，机械工业应坚持系统观念，抢抓“国内大循环”机遇，继续深化供给侧结构性改革，加快推进产业优化升级；着力提升产业基础能力和产业链现代化水平，畅通国内大循环；实现更高水平对外开放，打造国际合作和竞争新优势。

全面提升自主创新能力。充分发挥企业技术创新主体作用；加快建立完善产业技术创新体系；培育梯次衔接的多层次人才队伍，重视“工匠精神”培育和“工匠队伍”建设，培养引进既懂专业技术，又具有国际视野、通晓国际规则的国际化人才。

统筹推进产业基础高级化。围绕机械工业产业基础最为薄弱的环节，实施机械工业产业基础再造工程,开展关键基础材料、核心基础零部件、先进基础工艺、产业技术基础、基础工业软件等的攻关。瞄准重大装备和高端装备发展的需求,解决轴承、齿轮、液压件、气动件、密封件及大型铸件等关键零部件发展滞后问题。提高集约化发展能力和水平。大力实施标准化战略。加强重点领域和基础公益类标准制定,培育发展先进团体标准,加快老旧落后标准更新,以标准链支撑产业链供应链。主动参与国际标准制定,加大标准外文版编制力度,不断提升国内外标准一致性水平,促进国内国际双循环。深入实施质量提升行动,推进"增品种、提品质、创品牌",不断提高产品和服务的科技人文含量,提高产品和服务质量。

提高产业链现代化水平。做大做强优势产业,巩固提升我国清洁高效发电、超高压输变电、大型冶金、石化成套、煤炭综采、工程施工机械、港口机械、高铁成套设备等优势产业的综合水平,从符合未来产业变革方向的整机产品入手,打造战略性全局性产业链,使其继续保持世界领先地位,不断增强产业的国际竞争能力。组织实施一批"攻尖"项目,集中行业优势力量解决"卡脖子"问题,避免产业链断裂。围绕重点领域创新发展和转型升级重大需求,深入实施重大短板装备专项工程,全面推进短板装备不断提档升级。推动产业链上下游协同发展,实现全产业链、供应链融通发展,畅通国内大循环。

持续推动产业优化升级。智能制造——制造业数字化、网络化、智能化是我国制造业创新发展的主要技术路线,是我国制造业转型升级的主要路径,是加快推进制造强国战略的制高点、突破口和主攻方向。推动机械工业同互联网、大数据、人工智能等深度融合,与时俱进把握未来发展主动权。以推进生产过程智能化水平、提高生产效率为目标,加快工业机器人、增材制造装备、高档数控机床、智能测控装备等领域的发展。发展数字经济,充分挖掘数据价值,加强企业数字化改造,推动生产环节的数字化连接、打通各部门各环节的数据共享,推进机械行业数字化转型。以保障国家能源资源安全为目标,加快新能源发电、智能电网及设备、节能环保与资源综合利用、海洋工程、智能制造、工业燃气轮机和航空发动机及其制造、电子工业专用、医疗、物联网、新能源汽车等设备等领域的发展。以不断满足人民日益增长的美好生活需要为目标,加快新能源汽车、服务机器人、节能环保设备等领域的发展。全面推进节能与绿色制造。加强新型节能技术和高效节能装备的研发及推广应用,积极开发基于互联网与物联网节能技术装备、储能与多能互补技术装备。积极开展重点用能企业节能诊断,深挖企业节能潜力,加快行业绿色改造升级,针对传统高污染、高耗能行业及领域进行生产过程清洁化改造,通过发展绿色工艺、技术和装备来减少有毒有害污染物排放。推进资源高效循环利用,大力发展资源再利用产业和再制造产业,加快再制造产业的规范化、规模化发展;加大对再制造产品宣传和推广应用力度,降低制造企业对能源、物质和水资源消耗水平,减少传统化石能源消费,推动绿色低碳能源消费。

以高水平开放助推双循环。在畅通国内大循环基础上,利用"一带一路"建设和《区域全面经济伙伴关系协定》(RCEP)等自贸协定落地带来的新机遇,进一步推进机械装备制造国际产能合作,加强在资金、技术、人才、管理等生产要素诸多方面的国际交流与合作。引导行业企业与现行的国际经贸规则接轨,在更高水平的对外开放中实现更好的发展,加快构建机械工业双循环新发展格局。

第2章

机械工程师

2.1 机械工程师及其职业前景

2.1.1 工程师职业概述

“工程学”一词由拉丁语词根 ingeniere 派生而来，它的意思是设计或发明，它同时也是“ingenious”(巧妙的/灵巧的)一词的基础组成部分。这些含义正是对一名优秀工程师所具有的特质最合适的概括。在最基本的层面上，工程师们运用数学、科学和材料知识以及他们的沟通和业务技能，研究开发新的和更好的技术，而不只是进行单纯的模仿。工程师们受过高等教育，他们以数学、科学原理以及计算机模拟为工具，产生更快、更精确及更经济的设计。从这个意义上说，工程师的工作不同于科学家。科学家通常会强调物理定律的发现，而不是应用这些发现来开发新产品。工程学本质上是科学发现和产品应用之间的桥梁。工程师是社会和经济发展的驱动力，是商业周期的一个必要组成部分。图 2.1 为工程师的一部分工作。

(a) 大型客机制造

(b) 可燃冰采集

(c) 水轮发电机安装

图 2.1　工程师工作(一)

从这个角度，美国劳工部门对工程师概述如下：工程师应用科学和数学的理论和原理来研究和制定技术问题的最经济的解决方案，他们的工作是研究其所感知的社会需求和商业应用之间的联系。工程师设计产品，构建制造这些产品的机械装置，建造生产这些产品的工厂，以及开发为了保证产品的质量、劳动力和制造过程效率的系统。工程师设计、规划和监督建筑物及公路和交通系统的建设。工程师制定和实施改进措施来提取、处理和使用原材料，比如石油和天然气。他们使用新的材料，推进利用先进的技术提高产品的性能。他们创造数以百万计使用能源的产品，以便利用太阳、地球、原子的能量满足全国的电力需求。他们分析其所开发的产品和系统对环境和人类的影响，并将工程学知识应用于改善包括医疗质量、食品安全与财政运作系统的各个方面，使其更适应需求。图 2.2 为工程师的一部分工作。

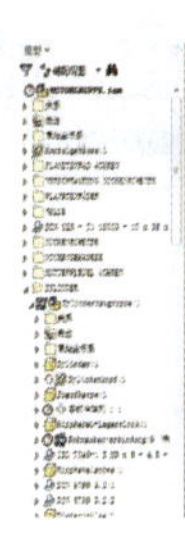

(a) 机械设计

(b) 航空发动机制造

(c) 设备调试

图 2.2 工程师工作(二)

2.1.2 机械工程师的职业前景

我国的机械工程科学虽已取得长足进展,但与国际先进水平相比仍存在很大差距。在本领域学术界,人们期待着诞生更多在国际上有重大影响的科技成果和著名科学家,拥有一大批国际一流的国家实验室和工程研究中心,创造大量自主创新的重大科技成果并转化为生产力。在科学向产业过渡的领域中伴随着企业生产规模的日益扩大,面对优秀机械工程类人才青黄不接的现状,机械工程师无疑将扮演越来越重要的角色,在机电、材料、制造、信息、电子等领域的研发、生产和管理工作中发挥作用。

我国工程人才存在很大缺口,表现在:世界级工程领军人才和拔尖人才不足,大国工匠紧缺;基础、新兴、高端领域工程科技人才短缺;工程技术人才支撑制造业转型升级能力不强,传统工程人才相对过剩;制造业人才结构过剩和短缺并存、企业"用工荒"与毕业生"就业难"并存。《中国制造2025》十大重点发展领域对人才的需求如表2.1所示。

表 2.1 《中国制造 2025》对工程人才需求量 万人

序号	十大重点领域	2015年	2020年		2025年	
		人才总量	人才总量预测	人才缺口预测	人才总量预测	人才缺口预测
1	新一代信息技术产业	1050	1800	750	2000	950
2	高档数控机床和机器人	450	750	300	900	450
3	航空航天装备	49.1	68.9	19.8	96.6	47.5
4	海洋工程装备及高技术船舶	102.2	118.6	16.4	128.8	26.6
5	先进轨道交通装备	32.4	38.4	6	43	10.6
6	节能与新能源汽车	17	85	68	120	103
7	电力装备	822	1233	411	1731	909
8	农机装备	28.3	45.2	16.9	72.3	44
9	新材料	600	900	300	1000	400
10	生物医药及高性能医疗器械	55	80	25	100	45

机械工程是五大传统工程领域中的第三大学科,它经常被描述为提供职业选择灵活性最大的职业。以工业发达的美国为例,在工程类专业中,机械工程专业毕业生的市场需求率排名第一。根据美国劳工统计局(BLS)的数据显示,每年约有80%的毕业生进入制造业工

作，主要在大型机械制造、交通工具制造、电子产品生产、金属制品或者工具生产等领域。2019 年美国机械工程师约有 32.2 万名，学士学位占比 76%。据 BLS 预测，2018—2028 年，机械工程相关领域的岗位增长率为 4.1%。2019 年，美国机械工程师年收入中位数为 8.45 万美元，机械工程师被评为美国 25 个收入最高的职业之一。生物技术、材料科学和纳米技术等为机械工程师创造新的工作机会。机械工程也可以应用到其他专业工程领域，如汽车工程、土木工程或航天工程。机械工程往往被视为应用最广泛的传统工程领域，有很多工业或技术的专业化机会能使你产生兴趣。例如，工程师可以专注研究先进的技术来冷却喷气发动机的涡轮叶片(图 2.3、图 2.4)，或用于飞机遥控飞行和汽车自动驾驶等(图 2.5、图 2.6)。

图 2.3　航空发动机

图 2.4　涡轮叶片制造

图 2.5　“全球鹰”无人机

图 2.6　百度自动驾驶汽车

因为许多领域都需要机械工程师，所以该行业没有一个适合所有职位的职位描述。机械工程师可以是设计人员、研究人员以及技术管理人员(公司规模从小型初创企业到大型跨国公司)。为了说明机械工程师可选择的范围，下面列出了机械工程师能从事的工作：

(1) 设计和分析下一代汽车的组件、材料、模块或系统；

(2) 设计和分析医疗设备，包括残疾人用辅助设备、手术和诊断设备、假肢及人工器官；

(3) 设计和分析高效制冷、供暖和空调系统；

(4) 设计和分析移动计算和网络设备的动力和散热系统；

(5) 设计和分析先进的城市交通和车辆安全系统；

(6) 设计和分析国家、省、市、村庄和人群更易于使用的可持续发展能源的形式；

(7) 设计和分析新一代空间探测系统；

(8) 设计和分析创新性的制造设备和消费产品的自动装配生产线；

(9) 管理工作在全球产品开发平台上的多学科工程师团队，掌握客户、市场及产品开发机遇；

(10) 为工业提供咨询服务，包括化学药品、塑料和橡胶制造、石油和煤炭生产、计算机和电子产品制造、食品和饮料生产、印刷和出版、公共事业、服务供应商；

(11) 服务于公共部门，例如政府机构、国家航空和航天局、国防部、国家标准与技术研究所、环境保护协会以及国家研究实验室；

(12) 在高中、大专及大学教授数学、物理、科学或工程学；

(13) 在法律、医学、社会、商业、销售及财务领域从事重要的工作。

从历史上看，机械工程师可以有两种职业轨迹：技术生涯或者管理生涯。然而，这两者的界限越来越模糊，因为新兴产品的开发流程对知识的高要求，既有技术上的要求，也涉及经济、环境、客户和制造问题。过去由同处一个地方具有工程专长的专家组成的团队完成的事情，现在由分布在全球多个地理区域的团队，抓住全球经济增长机会、采用更低成本、使用领先的技术来完成。现在出现了反映行业性质变化的多种多样的机械工程师岗位。例如，下面的职位都需要拥有机械工程学位(摘自某重要求职网站)：①产品工程师；②系统工程师；③结构工程师；④制造工程师；⑤可再生能源顾问；⑥应用工程师；⑦产品应用工程师；⑧机械设备工程师；⑨工艺开发工程师；⑩工具设计工程师；⑪销售工程师；⑫设计工程师；⑬电力工程师；⑭包装工程师；⑮机电工程师；⑯节能工程师；⑰热能工程师；⑱测试工程师。

除了需要技术知识和技能之外，找到工作、保住工作、在职业生涯中力争升职还取决于其他多项技能。实际上，这些技能与技术无关，机械工程师在处理所分配工作任务时必须有主动性，高效率地寻找问题的答案，并有能力承担附加工作。对招聘网站上关于工程师职位的调查发现，雇主非常重视机械工程师的沟通能力，包括口头表述和书写能力。事实上，公司在招募工程师时，经常把有效的沟通能力作为有抱负工程师最重要的非技术特性。其原因很简单，在产品的每个开发阶段，机械工程师都要与各种不同的人一起工作，包括上司、同事、营销人员、管理人员、客户、投资者和供应商。一名工程师清晰地表述和解释技术和业务概念的能力、与同事相互沟通的能力是至关重要的。毕竟，若有一个了不起的、创新的技术突破，但无法以令人信服的方式把此理念传达给别人，那么，这一想法就不大可能被接受。

下面列出国内外几家公司对机械工程师的一般要求和工作职责(摘自某求职网站招聘信息)。

1. 中国航天科技集团 机械工程师

1) 一般要求

(1) 机械设计自动化相关专业；

(2) 团队协作意识强，能吃苦耐劳；

(3) 良好的语言表达和沟通协调能力；

(4) 能独立承担产品设计任务，能承受工作压力，做事认真、踏实，富有进取心；

(5) 精通机械结构动作原理，熟悉自动化控制的原理和基本流程；

(6) 能看懂机械和电气安装图，并对安装调试过程提供技术指导；

(7) 精通各种设计软件如 AutoCAD、Solidwroks 等。

2) 工作职责

(1) 负责生产用工装夹具设计、生产工艺流程的制定及新工艺、新材料的应用；

(2) 负责并实施产品结构优化、工艺改进，提高产品标准化程度；
(3) 负责对内对外技术沟通、产品验收、技术资料的收集等工作；
(4) 参与产品的试制跟踪、组装调试和批量转产工作；
(5) 解决产品生产、组装、调试过程中的技术问题。

2. 华为技术有限公司 结构工程师

1) 一般要求

(1) 机械设计类相关专业(机械制造及其自动化、机械设计、机电一体化)，在机械结构、材料工艺方面有所长；

(2) 熟练掌握 Pro/E 等 3D 建模软件，具备一定的专业软件操作经验和空间想象力。

2) 工作职责

(1) 结合公司各产品领域总体发展目标及竞争力规划，明确结构技术价值点，支撑各产品能力快速构建及实现；

(2) 持续构建结构领域技术能力，参与整机结构平台产品设计开发(含机柜、机箱、盒式、压铸模块、天线、终端、线缆、连接器、包装、支架)等；

(3) 参与结构材料及工艺技术发展研究和产品开发，提前识别并落实结构材料及工艺关键技术研究，参与重点/难点项目结构技术问题攻关。

3. 中国航空发动机集团有限公司 机械工程师

1) 一般要求
(1) 熟练使用 1～2 种三维制图软件和 Office 办公软件；
(2) 具有扎实的机械加工理论和实践基础；
(3) 具备一定的英语能力以及良好的组织沟通协调能力；
(4) 具有细致、缜密的分析和良好的创新能力；
(5) 具有出色的自我管理能力和较强的责任心。
2) 工作职责
(1) 负责本单位相关技术要求的制定，编制、输出工艺文件及工艺规划；
(2) 负责型号(产品)试制、生产、装配、试车等过程中的技术指导、现场技术问题处理；
(3) 负责工艺路线设计、技术革新与改进；
(4) 落实公司“传帮带”计划；
(5) 协调技术副厂长处理本单位技术、质量等相关问题；
(6) 按照公司科研项目推进计划，承担国家级、省部级或公司级科研课题，并定期向技术主管领导汇报进展情况。

4. 中国科学院上海技术物理研究所 结构设计师

1) 一般要求

(1) 掌握精密机械、精密仪器、机械设计及其自动化相关的理论知识；

(2) 了解结构设计方法，具有设计、分析、优化到跟产、装配全过程工作经历者优先，能进行一定的仿真分析工作；

(3) 掌握Solidworks、Pro/E、CAD等设计软件；
(4) 具有良好的语言及文字表达能力，具备一定动手能力者优先考虑。
2) 工作职责
(1) 负责空间相机结构论证、构型及方案设计；
(2) 负责空间相机结构设计及有限元分析；
(3) 负责空间相机结构工程实现；
(4) 配合完成项目申请及论证工作；
(5) 负责以上开发过程文档编写。

5. 埃罗泰柯公司 机械工程师(美国)

1) 一般要求
(1) 必须能够在一个高度协作的、快节奏的环境下工作，具有快速原型制作和扩充领域的能力；
(2) 具备Pro/E、CAD软件建模知识；
(3) 具备方案设计、需求定义、详细设计、分析、测试和支持等知识。
2) 工作职责
(1) 对推进系统进行流体流动分析，为验证推进系统开发推进测试程序，进行硬件设计、分析及必要的测试；
(2) 阅读技术图样和图表；
(3) 与其他工程师一起解决系统问题，并提供技术信息；
(4) 准备材料，并定期进行设计审查，以确保产品符合工程设计和性能要求；
(5) 执行工程设计和技术设计活动，以实现与客户要求的产品质量、成本和进度一致；
(6) 进行研究以测试和分析设备、组件及系统的可行性；
(7) 进行成本估算，并提交工程投标。

6. 戴尔公司 机械工程师(美国)

1) 一般要求
(1) 具备复合材料的测试、加工、设计和分析的知识；
(2) 熟悉先进结构和材料；
(3) 具备CAD软件建模知识和完整的工程教育背景。
2) 工作职责
(1) 为各种各样的客户提供工程技术支持，包括从单个零件的图样到完整的部件设计；
(2) 测试各种材料，最重要的是进行复合材料的测试。

7. 飞利浦 机械工程师(荷兰)

1) 一般要求
(1) 具备产品开发流程的知识；
(2) 有高度的积极性和创造性；
(3) 有团队精神，在快节奏的新产品开发环境下有积极工作的能力；

(4) 了解和懂得依靠实际知识、技能、原理提高产品质量的方法，使客户满意；

(5) 能够与其他工程师和非工程师在全球性、多元化的项目团队里有效地开展工作；

(6) 具备冲突管理能力，及时、合理地做出决策，善于倾听意见，能够自我激励并有坚韧不拔的毅力；

(7) 能够利用书面形式进行有效的沟通；

(8) 有使用 3D 建模软件、分析软件包与产品数据管理系统进行创新设计的经验。

2) 工作职责

(1) 参与或领导新的和(或)现有的有患者接口的产品设计，面向国内外确保产品的功能/产品升级及改进产品质量和生产过程；

(2) 参与或领导现有治疗产品的各个机构的设计；

(3) 为个人和公司的成长继续学习知识，并主动与他人共享；

(4) 对于新产品设计不尽如人意的地方进行改革和变更，如注射模具部件设计、材料选择、应力分析和装配过程等不足之处的改进；

(5) 有效利用经验、统计学和理论方法解决复杂的工程问题。

8. 阿海珐太阳能 机械工程师(法国)

1) 一般要求

(1) 熟悉 CAD、有限元分析软件；

(2) 具有基本的设计、运行和测试经验；

(3) 具有生产制造经历(加分)；

(4) 能够进行建筑物结构分析(风荷载、有限元分析、动力学)。

2) 工作职责

(1) 设计、分析和优化太阳能新部件，实现产品性能与效益的最大化；

(2) 设计和测试反射组件、支承部件和驱动系统通过制造和安装，支持设计的最后实施；

(3) 围绕相关组件和系统的性能、可行性和效果，与其他内部部门和外部供应商进行沟通；

(4) 进行结构分析、原型设计和试验。

2.2 机械工程师的知识结构与能力

机械工程是工学门类中的重要学科。机械工程学科研究机械设计、机械制造、机电传动与控制以及计算机技术等在机械工程领域里的应用。合理的知识结构与能力提升是造就高素质机械工程技术人才的关键。机械工程专业是机械工程师的摇篮，本专业毕业的学生，应该达到以下知识、能力与素质的基本要求。

1. 工程知识

具有从事工程工作所需的相关数学、自然科学、工程基础和专业知识以及一定的经济管理知识。数学和自然科学知识是工科类专业的基础知识,学好数学和包括物理学、化学以及生物学等在内的自然科学课程是学习专业基础课程和专业课程的基础和前提,也为解决工程实际问题打下理论基础。通过企业管理、市场营销和成本核算等课程的学习,可以掌握复合型机械工程专业人才必需的经济管理知识。

2. 问题分析

具有综合运用所学科学理论和技术手段分析工程问题的基本能力。能够应用数学、自然科学和工程科学的基本原理,识别、表达并通过文献研究分析复杂工程问题,以获得有效结论。

3. 设计/开发解决方案

能够设计针对复杂工程问题的解决方案,设计满足特定需求的系统、单元(部件)或工艺流程,并能够在设计环节中体现创新意识,考虑社会、健康、安全、法律、文化以及环境等因素。要求学生掌握必要的工程基础知识以及本专业的基本理论、基本知识;了解本专业的前沿发展现状和趋势;接受过本专业实验技能、工程实践、计算机应用、科学研究与工程设计方法的基本训练,具有创新意识和对新产品、新工艺、新技术、新设备进行研究、开发和设计的初步能力。通过系统的学习,学生应具有综合应用所学知识解决机械实际问题的能力和创造性地开展机械工程领域产品研发的能力,以及从事机械系统设计、制造、维护、管理的能力。为此,应掌握本专业的工程基础知识、专业基本理论和专业基本知识。概括起来为五大知识领域。

(1) 机械设计原理与方法知识领域。包括五个子知识领域,分别是:形体设计原理与方法,机构运动与动力设计原理与方法,结构与强度设计原理与方法,精度设计原理与方法,现代设计理论与方法。

(2) 机械制造工程与技术知识领域。包括三个子知识领域,分别是:材料科学基础,机械制造技术,现代制造技术。

(3) 机械系统中的传动与控制知识领域。包括三个子知识领域,分别是:机械电子学,控制理论,传动与控制技术。

(4) 计算机应用技术知识领域。包括两个子知识领域,分别是:计算机技术基础,计算机辅助技术。

(5) 热流体知识领域。包括三个子知识领域,分别是:热力学,流体力学,传热学。

在学习和掌握上述理论和知识的基础上,通过学术报告、学术讲座、互联网检索等了解本专业的技术前沿和发展趋势。通过系统的学习和训练,能应用所学的知识创造性地设计一个完整的满足特定需求的机械系统、单元(部件)或工艺流程,并能够在设计环节中体现创新意识。处理好系统中能量的传递与转换,信息的采集、辨识与传输,结构的优化与匹配,零部件制造、装配和维修工艺等问题,并且能对产品市场卖点和竞争力进行评估。能够设计一个完整的机械部件;能正确设计部件的每一个零件(包括材料选用、结构设计、强度校核、刚度验算、精度设定和工艺规划等),合理运用相关的国家和行业标准,正确设计零部件,选择标准件;还能设计机械制造过程,如编制机械系统或部件的实施方案和工艺过程、装配工艺、维修工艺、加工或管理软件等。

初步了解和掌握机械制造过程中的各种主要加工设备，如普通机床、数控机床、加工中心等。具有应用与机械设计制造相关的计算机软、硬件的能力，如能应用 Pro/E、UG、CAD、CAM、CAPP、CAE 等常用的计算机软件，能正确使用机械零部件加工精度与制造质量的监测与检测仪器设备等。

4. 研究

能够基于科学原理并采用科学方法对复杂工程问题进行研究，包括设计实验、分析与解释数据，并通过信息综合得到合理有效的结论。

5. 文献检索和使用现代工具

掌握文献检索、资料查询及运用现代工具获取相关信息和解决复杂工程问题的基本方法。

能运用互联网、图书馆和资料室检索查询所需的文献、资料和信息，在海量的信息中过滤出自己所需的内容。

能够针对复杂工程问题，开发、选择与使用恰当的技术、资源、现代工程工具和信息技术工具，包括对复杂工程问题的预测与模拟，并能够理解其局限性。

6. 工程与社会

了解与本专业相关的职业和行业的生产、设计、研究与开发的法律、法规，熟悉环境保护和可持续发展等方面的方针、政策和法律、法规，能正确认识工程对于客观世界和社会的影响。

能够基于工程相关背景知识进行合理分析，评价专业工程实践和复杂工程问题解决方案对社会、健康、安全、法律以及文化的影响，并理解应承担的责任。

7. 环境和可持续发展

能够理解和评价针对复杂工程问题的专业工程实践对环境、社会可持续发展的影响。

了解国家的相关产业政策，具有基本的法律知识和行为道德准则，遵纪守法，有强烈的环境保护意识和较强的知识产权意识。学习并掌握绿色设计和绿色制造的理论和知识，明确认识本专业所从事的一切工作是在国家法律、法规框架下有利于环境保护和社会可持续发展的技术活动。

8. 职业规范

具有人文社会科学素养、社会责任感，能够在工程实践中理解并遵守工程职业道德和规范，履行责任。

机械工业是国民经济的支柱产业，机械工业中的制造业是关系国计民生和国家安全的重要行业，学生应该具有良好的人文科学素养、强烈的社会责任感和历史使命感，要有为推进国家机械科学技术进步和为机械工业发展献身的精神，以及为研发国家经济建设所需机电装备而不懈努力的决心。学生应该热爱专业，不断探索和钻研机械工程技术难题，勇敢地承担起社会责任，树立良好的职业道德。

9. 个人和团队

能够在多学科背景下的团队中承担个体、团队成员以及负责人的角色,具有一定的组织管理能力和较强的表达能力。

仅凭一个人的能力和知识面,很难完成一个现代机械系统的设计与制造。应该具备一定的团队组织能力,领导团队成员合作共事,齐心协力,共同完成任务。应能在团队中发挥自己的技术特长,善于与团队成员沟通思想、交流体会。

10. 沟通交流

具有交往能力以及在团队中发挥作用的能力。能够就复杂工程问题与业界同行及社会公众进行有效沟通和交流,包括撰写报告和设计文稿、陈述发言、清晰表达或回应指令,并具备一定的国际视野,能够在跨文化背景下进行沟通和交流。

沟通能力主要体现在以下三个方面:

(1) 能有效地以书面形式交流观点、思想和想法;

(2) 在正式场合和非正式场合都能借助恰如其分的肢体语言有效地口头表达自己的意愿和思想情感;

(3) 能准确地理解他人的感受和所表述的内容,并且能切题地发表自己的见解或提出建设性的意见。

11. 项目管理

理解并掌握工程管理原理与经济决策方法,并能在多学科环境中应用。

12. 终身学习和发展能力

具有自主学习和终身学习的意识,有不断学习和适应发展的能力。在知识经济时代,随着科技的进步、知识的爆炸、新知识的激增,知识的更新速度加快,知识的陈旧周期不断缩短。树立终身学习的理念、养成终身学习的习惯、具备终身学习的能力是适应社会进步的需要。

随着社会的进步,机械工程学科面临的问题往往涉及多学科的交叉与融合,并且随着相关学科的发展和相关技术的涌现而不断变化。只有不断学习才能跟上科技发展的需求,牢固树立终身学习的观念、强化不断学习的意识方能应对科技飞速发展的挑战。

终身学习的能力有赖于宽厚的基础理论知识、较强的自学能力和强烈的渴求知识的欲望。在校学习期间,刻苦钻研基础理论,牢固掌握基础知识,熟练掌握基本技能,为今后的发展打下宽厚的基础。通过创新意识和创新能力的培养,不断激励求知欲望和学习兴趣,培养自学能力,更好地达到完善自我和适应社会的目的。终身学习不能理解为每天不间断地学习,而应该是:①具备终身学习的思想意识;②延续到每个人一生的整个过程;③具有不断汲取新知识、掌握新技术的思想追求,具备与时俱进的学习能力;④增加主动学习的兴趣,增强渴求知识的欲望;⑤学会学习,掌握正确的自学方法。

2.3 机械工程师培养

作为机械工程专业的学生除了接受学校的教育，在平常的学习生活中也要懂得如何提升自己，努力使自己成为一名优秀的人才，提高自己毕业后的竞争力。

1. 学会学习

学习是大学必须认真对待的事情，大学学习分为两大类。

一是学习专业知识。按照课程设置上课、学习、完成作业等等，这些都是基本的。学习专业知识不是为了全部记住，而是为了掌握本专业的基本理论和基础知识。实习和课程设计也只是锻炼基本技能。通过专业学习，掌握基本技能，能够为以后的工作、学习奠定基础。

二是学习能力的培养。学习是终身的，学会学习比学习本身更为重要。大学期间学会自学，掌握学习的能力是十分重要的，这对以后的生活、工作都有重要的意义。调查表明，人一生中所用到的知识只有不到20%来自大学学习。在工作当中，经常会遇到一些不懂的知识和没有掌握的技能，这个时候就需要自学。产业更新日新月异，知识爆炸、更新、迭代速度非常快，谁没有学习能力，谁就会被社会淘汰。

机械工程技术是一项复杂的、系统的、多学科的专业技术。课堂上讲授的知识有限，有些课堂授课内容只能起到激发兴趣、抛砖引玉的作用。很多知识点也只是点到为止，关键还在于自学，以及在工作实践中的积累。以机械设计工程师为例，除了能够设计机械机构，还需要知道机械加工工艺的流程、材料的力学性能、装配的工艺流程、调试和检测的内容与步骤等。因此，要成为一名优秀的机械工程师除了熟练掌握机械工程技术相关的专业知识，还需要掌握一些与机械工程密切相关的其他学科知识，例如力学、数学、材料、控制、计算机、哲学等。

大学生在学习时还需注意以下几点：首先明确自己的学习目标，目标就是导向，按照目标前进；注意学习的积极性，对于一些难题和困难，应该积极攻克，不要遇到困难就退缩不前；在学习的时候，要全神贯注，不能三心二意。学习是一件非常日常和普通的事情，大学生应该注意合理地统筹安排时间，保证充足的学习时间。

2. 懂得规划

在现实生活中，经常会出现这样的情况：因为人生没有规划，当问题来临的时候，我们的精神会被未知先打倒了。

大家既然能够进入同一所大学，表明大家在智力、能力等方面并没有大的差距，但是大学四年后，有的同学找到了心仪的工作，有的同学被保送或考取了理想大学的研究生，前途坦荡，还有一部分同学为拿不到学位证和毕业证而焦虑，未来道路一片迷茫。要使大学四年过得充实，毕业时能够获得自己满意的成绩，就要学会规划。

无论做什么事情，做之前都要有完整的规划，你要清楚这件事为何要做，要达到什么样的效果。而不是别人去做了，我跟风也要去做。比如说考研，自己的目标是毕业后直接工作，在大三的时候看到班里大部分人去考研了因而跟风去考研，怀着这种心态去考研的人多半是不成功的，而且还耽误了找工作的时机。

规划的重要一步就是要确定自己的奋斗目标，目标的选择会影响所取得的成就，甚至人生。目标一旦确立，接下来我们就需要将它分解成一个个阶段性的小目标，以利于目标的一步步达成。这里推荐一个分解目标的方法——"剥洋葱法"。像剥洋葱一样，将目标一层层分解，首先将大目标分解成几个五年至十年的长期目标，再分解成若干个两到三年的中期目标、六个月到一年的短期目标，然后分解成月目标、周目标、日目标，最后分解到"现在该去做些什么"。

3. 做到自律

学习能力最大的体现就是自律，天才很少，但是刻苦的人很多。回想高考、中考，别人在奋笔疾书的时候，你在做什么呢，发呆、想与考试/学习无关的事？别人专心记单词、语法的时候，你又在做什么？等你到了大学，一切都要靠自己，不自律，人都会懒散。你是否能够做到每天都去上晚自习？是否每一堂课都按时到教室？是否认真对待每次作业、每一份实验报告？意识到自己的问题所在，就要尽快解决问题。

曾经有个记者问科比："你为什么如此成功呢？"科比反问道："你知道洛杉矶凌晨四点钟是什么样子吗？"记者说道："我不知道，那你说凌晨四点钟的洛杉矶是什么样呢？"科比说："满天的星星，寥落的灯光，行人很少。每天洛杉矶凌晨四点仍然在黑暗中，我就起床行走在黑暗的洛杉矶街道上。一天过去了，洛杉矶的黑暗没有丝毫改变；两天过去了，黑暗依然没有半点儿改变；十多年过去了，洛杉矶街道凌晨四点的黑暗仍然没有改变，但我却已变成了肌肉强健，有体能、有力量，有着很高投篮命中率的运动员。"

无论在学习、工作还是健身、阅读中，你要是足够自律地去认真坚持对待事物，最后你会有惊喜的发展。

4. 付诸行动

英国散文作家威廉·哈兹里特曾说："伟大的思想只有付诸行动才能成为壮举"。良好的动机只是一个目标得以确立和开始实现的一个条件。如果动机不转换成行动，动机终归是动机，目标也只能停留在梦想阶段。懒惰是成功的天敌，要想实现目标，一定要克服懒惰。要想有一个精彩无悔的人生，除了认准目标外，还要脚踏实地、全力以赴。

5. 培养创新能力

我们的社会正在从工业化进入信息化。在这信息爆炸的知识经济时代，许多意想不到的奇迹应运而生。在巨型机市场上，名不见经传的34人小公司CDC，成功地击败了拥有34万精英的国际大公司IBM，靠的就是创新。CDC的克雷博士手中并没有掌握更先进的元件，他大胆地对冯·诺依曼机方案做了重大改进，成功地导入并行技术，大大地提高了计算机的运行速度。机械行业要插上信息的翅膀，传统的机械要引入各种新技术，成为现代机械，在这一转变过程中，需要大量的创新。创造性的思维，创造性地解决问题，就要打破原有模式，发现新的联系、寻找新的突破点、开辟新的道路。

一个新想法是旧的成分的新组合。乔布斯的多媒体电脑，所有的部件、所有的技术都是已经存在的，他把这些部件和技术组合在一起，做成了划时代的多媒体电脑。要有意识地培养自己的创新能力，就要不拘泥于课堂上的书本知识，要学会怎样学习和学习怎样思考。对于工科学生来说，加强理性思维和增强工程实践，则是培养创新精神和创新能力的必由之路。

既有宽厚、扎实的科学理论知识，又有一定实践经验和技术能力的高素质复合型、应用型工程技术人才，是我们的培养目标。根据人才培养目标，培养学生对知识、技术、能力的综合素质，构建以工程基础训练、专业技能训练、综合创新训练三个层次多个方面的教学体系，是十分必要的。希望学生要高度重视这些训练，通过以学习工艺知识为主线，建立工程概念，加强对工程基础知识、专业技能、综合创新能力的培养，提高自己的综合素质。

1）工程基础训练

工程基础训练由传统制造技术训练、现代制造技术训练和材料成形基础训练三个方面构成。工程基础训练要熟悉各种设备的安全操作规程，学习机械制造基本知识，了解现代机械制造生产方式和工艺过程，体验工程过程，掌握机械制造生产过程。在主要机械制造和材料成形方法上，通过识别零部件图纸和加工符号，进行典型零件的加工制造过程，初步掌握实习设备的基本操作技能，了解设备结构及传动原理，对简单零件具有选择加工方法、进行工艺分析和独立操作加工的能力。同时，工程基础训练要注意引进新知识、新技术、新工艺、新设备及其在机械制造中的应用，拓宽知识面，提高分析和解决工程实际问题的能力，为今后提高创业创新能力打下基础。

2）专业技能训练

专业技能训练由课程设计和实验、生产实习、CAD/CAM 技能训练和职业技能训练四个方面构成。专业技能训练是在工程基础训练基础上，强化实践，提高专业和技术能力，培养工程素质。

（1）课程设计和实验。要亲自动手，将所学理论和实践相结合，巩固、加深课堂理论知识的理解，掌握课程基本原理。

（2）生产实习。以企业产品的生产过程为基础，可以深入学习生产工艺知识，了解企业文化、生产管理、质量管理、生产流程、过程控制等概念。通过生产实习，帮助学生在工程领域中成为能够从事研究、设计、开发、生产、管理的复合型、应用型技术人才。

（3）CAD/CAM 技能训练。CAD/CAM 技能训练非常重要，掌握 CAD/CAM 软件应用技能，能利用 UG、Pro/E 等软件进行工程绘图、产品设计、零件装配、数控编程和运动仿真等是机械专业学生必备的专业技能。产品创新，要通过绘图软件来表达。

（4）职业技能训练。在掌握一定的技术和理论基础上，对普通车床、数控车床、数控加工中心等内容进行专项训练，增强技能水平，培养工匠精神，提高综合职业技术能力。

3）综合创新训练

综合创新训练由科技创新活动和毕业设计两方面构成。它是综合运用所学的基础理论、专业知识和基本技能，解决工程实际问题，培养综合工程实践能力、综合思维能力与创新能力，提高综合素质的训练。

（1）科技创新活动。是从事研究、探索、发明、创造的活动，是学习知识、开阔视野、拓宽知识面，锻炼科技能力、社交能力，培养团队意识、合作精神，提高对知识的融会贯通能力和一定的项目管理与协调能力，将知识用于创新、实践的一种过程。

(2) 毕业设计。是对本专业知识和能力进行全面、系统的实践和考核，训练独立解决工程技术实际问题，深化、巩固和拓展所学知识、技能。

工程训练实践教学体系是培养复合型、应用型、创新型机械工程人才的重要途径，希望学生要像重视理论课一样重视实践教学。

有了工程训练实践，还需要解决我们眼睛向下、实事求是的态度问题，以及先入之见、忌讳和偏见的思维定式。要勇于突破旧有模式，不走寻常路。要知道，每一个学科或每一项技术，都是前人不断探索完成的。前人按原来思维模式解决问题的能力，一点儿也不比我们现代人差，之所以没有解决，也许就是由于当时客观条件不具备或是原有思维模式的局限性，另辟蹊径也许会豁然开朗。

6. 提高运用信息化手段的能力

信息化时代机械行业使用计算机、网络和专业应用软件的频率相当高，学生一定要自觉提高运用信息化手段的能力。置身于信息的海洋里，要从海量的信息中找到最有用的信息，就需要熟练掌握搜索引擎。在新产品设计过程中，查询工程数据库，进行构件的强度、刚度计算和应力分析，制作三维立体图，设计计算说明书，进行装配和动作模拟，对控制系统进行优化仿真，编制加工工艺文件和加工程序，安排供货，控制产品质量和指挥生产，无不用到各种应用软件。1990年，通用汽车公司所带的电脑版说明书长达47.6万字，为了能够确定隐藏的问题，就需要与电脑交流，让电脑准确地告诉什么部位需要修理。在自动化生产线上，在许多由微电脑控制的智能机械上，有许多软硬件维护工作需要工人熟练掌握微电脑编程语言和硬件知识，目前许多现代机械都带有电脑检测功能，维护测试也在网上进行，还有远程监控、远程技术支持等，这些都离不开信息技术。所以，一定要重视提高运用信息化手段的能力。

第 3 章

机械工程的相关交叉学科

3.1 力学与机械工程

3.1.1 概述

1. 力学

力学(mechanics),是研究通常尺寸的物体在受力下的形变,以及速度远低于光速的物质机械运动规律的一门自然科学。机械运动即力学运动,是指物质在时间、空间中的位置变化,包括移动、转动、流动、变形、振动、波动、扩散等,而平衡或静止则是其中的特殊情况。机械运动状态的变化是由物质之间力的相互作用引起的。静止和运动状态不变,则意味着各作用力达到平衡,因此,力学可以说是力和(机械)运动的科学。

2. 力学分类

力学可分为静力学、运动学和动力学。静力学研究力的平衡或物体的静止问题;运动学只考虑物体怎样运动,不讨论它与所受力的关系;动力学讨论物体运动和所受力的关系。力学也可按所研究对象分为固体力学、流体力学和一般力学。固体力学包括材料力学、结构力学、弹性力学、塑性力学、断裂力学等。流体力学有空气动力学、气体动力学、多相流体力学、渗流力学、非牛顿流体力学等。一般力学包括理论力学(狭义的)、分析力学、外弹道学、振动理论、刚体动力学、陀螺力学等。

力学不仅是一门基础科学,同时也是一门技术科学,它是许多工程技术的理论基础,又在广泛的应用过程中不断得到发展。力学在工程技术方面的应用结果形成工程力学或应用力学的各种分支,如土力学、岩石力学、爆炸力学、复合材料力学、工业空气动力学、环境空气动力学、流体力学、流变学、水力学和土力学等。力学与其他学科的交叉和融合日显突出,形成了许多力学交叉学科,如物理力学、化学流体动力学、等离子体动力学、电流体动力学、磁流体力学、热弹性力学、理性力学、生物力学、生物流变学、地质力学、地球动力学、地球构造动力学、地球流体力学等。工程力学(应用力学)为土木工程、建筑工程、水利工程、机械工程、船舶工程、航空工程、航天工程、核技术工程、生物医学工程等提供理论上的计算方法,解决工程技术中的关键性问题。

3.1.2 理论力学和材料力学

1. 理论力学

理论力学不仅是整个力学学科的基础,也是机械工程专业学习后续专业课程和将来从事科研工作的必要基础。理论力学是研究物体机械运动一般规律的科学。物体的机械运动是指物体的空间位置随时间的变化,包括移动、转动、静止等。理论力学为揭示大自然中和机械运动有关的规律提供了有效的武器。理论力学所研究的力学规律仅限于经典力学的范畴。它只考虑宏观的物体,而不考虑原子、电子等微观结构所遵循的量子力学规律;只考虑运动速度远远小于光速的情况,而不考虑相对论效应。绝大多数的工程实际问题都属于这个范畴。

理论力学中所研究的物体不是实际的物体,而是实际物体经合理简化所得到的力学模型,包括两种最基本的力学模型:①质点——具有质量而其几何尺寸可忽略不计的物体;②刚体——在任何情况下,其变形可忽略不计的物体。

理论力学通常包含三部分内容:静力学、运动学和动力学。

(1) 静力学——主要研究物体在力系作用下平衡的规律,同时也研究物体受力的分析方法,以及力系的简化方法等。静力学也可应用于动力学。借助于达朗贝尔原理,可将动力学问题转换为静力学问题的形式。静力学在工程技术中有着广泛的应用,例如对零部件、房屋、桥梁的受力分析等。

(2) 运动学——只从几何的角度来研究物体如何运动,以及确定合适的方法来描述运动,而不考虑引起物体运动及变化的原因,也不考虑力和质量等因素的影响。运动学可分为质点运动学、刚体运动学和运动约束,其为动力学、机械原理(机械学)提供理论基础。

(3) 动力学——研究物体的运动与作用于物体上的力系之间的关系,研究问题包括对物体的受力分析,建立物体机械运动的普遍规律。以动力学为基础而发展出来的应用力学有天体力学、陀螺力学、外弹道学、变质量力学、多刚体系统动力学、晶体动力学等。理论力学的应用如图3.1所示。

在机械工程与航空航天工程中,运动学是很重要的一个内容。以机械工程为例,机构的设计首先需要分析其运动状态,求出各组成部分的速度与加速度,然后才能借助动力学方程进行力的分析,其中也离不开静力学知识。在流体力学中也是如此,以压力管道弯头镇墩计算为例,在分析其受力状态时,需要利用动力学中的动量方程来计算水的冲击力。

2. 材料力学

材料力学是研究材料在各种外力作用下产生的应变、应力、强度、刚度、稳定和导致各种材料破坏的极限。对于工程而言,材料力学是研究结构件和机械零件承载能力的一门学科,其基本任务是:将工程结构和机械中的简单构件简化为一维杆件,计算杆所受的应力和变形,并研究杆的稳定性和外力作用的破坏,以保证结构能承受预定的载荷;选择适当的材料、截面形状和尺寸,以便设计出既安全又经济的结构件和机械零件。

材料力学广泛应用于机械结构设计、建筑结构设计中,例如,车辆燃油经济性与车身重

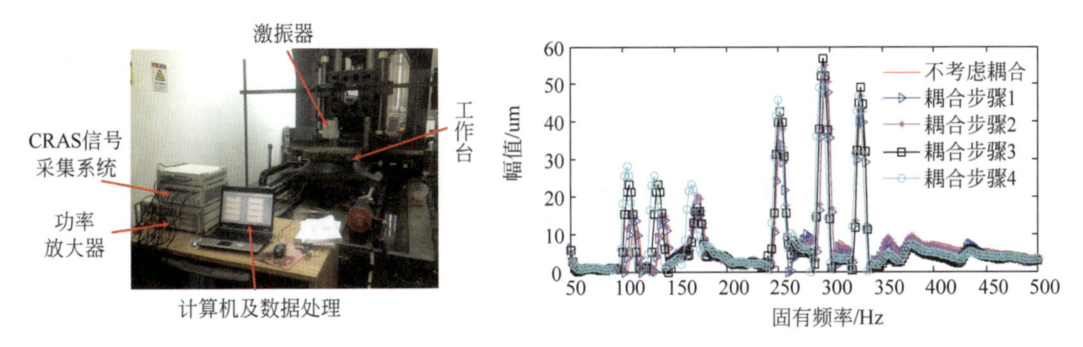

(a) 数控机床进给系统动力学分析

(b) 飞机空气动力学分析

(c) 水动力学分析

图 3.1　理论力学的应用

量成反比例关系，在进行汽车结构设计时，需要分析不同载荷作用下车身各部分受力情况，在满足车身安全性前提下，优化结构设计，选择高强度的材料，从而减少材料用量，提高车辆的燃油经济性和可操作性。对战斗机、客机、直升机、宇宙飞船等航空航天飞行器进行结构设计时也大量运用到材料力学的知识。在桥梁建设中，桥墩的数量、间隔距离、大桥跨度和许用载荷等都需要利用材料力学知识分析计算得到，如图 3.2 所示。

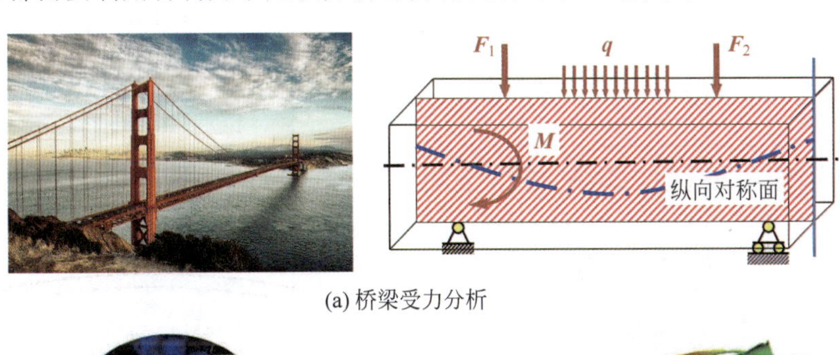

(a) 桥梁受力分析

(b) 机身强度分析

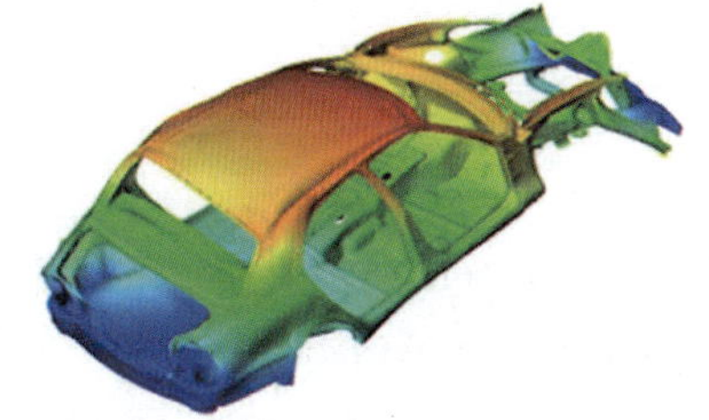

(c) 车身强度分析

图 3.2　材料力学的应用

3.1.3 力学在机械工程中的应用

机械、建筑、航空航天飞行器和船舰等的合理设计都必须以经典力学为基本依据。在力学理论的指导下取得的工程技术成就不胜枚举，例如，航天工业中的航天飞机、运载火箭，航空工业中的速度超过3倍声速的战斗机、起飞质量超过300t的重型运输机，船舶工业中的航空母舰、大型游轮、深海潜艇等，交通行业中的时速达400多千米的高速铁路，建筑行业中高度达828m的迪拜塔等。

对于机械工程而言，力学是机械工程的重要基础，机械设计、制造、应用过程中都离不开力学。

1. 机械设计与力学

机械运动当中，许多机械运转速度很高、承载很大，机械的弹性变形对系统的影响不可忽视，必须将机械系统按弹性系统进行分析和设计。一般情况下，在凸轮机构设计、齿轮机构设计(图3.3(a))、轴设计中广泛应用弹性力学知识。同时，弹性力学在轴设计中也有众多应用。为避免共振现象，对高转速的轴，如汽轮机主轴、发动机曲轴等设计时振动计算尤其重要，此时也要运用弹性力学知识。

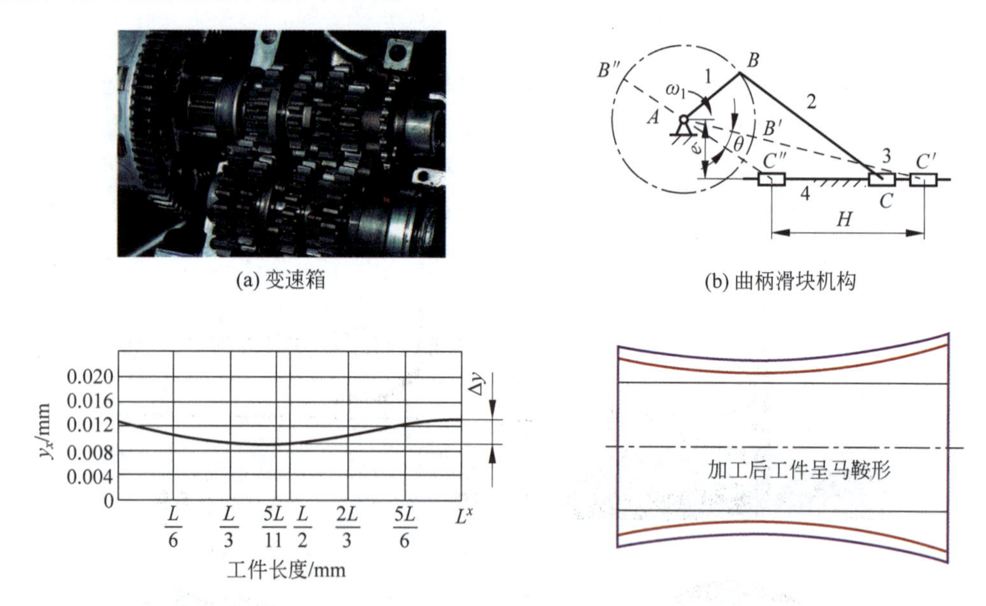

(a) 变速箱

(b) 曲柄滑块机构

(c) 机床刚度不足引起加工误差

图3.3 力学在机械设计中的应用

在设计如图3.3(b)所示曲柄滑块机构的机械运动时，需要建立作用在机械上的力、构件的质量、转动惯量和其运动参量之间的函数关系，即其运动方程。根据等效构件+等效质量(等效转动惯量)+等效力(等效力矩)即可得到机械等效动力学模型。

机床设计中机床的刚度是衡量机床性能一个重要指标，机床刚度大小直接影响着零件的加工精度。在切削加工过程中，工艺系统受到切削力、重力、夹紧力、传动力和惯性力等的作用会产生相应的变形。这种变形将破坏刀具与工件之间已经调整好的位置关系，造成加工误差。对于车床来说，机床头架、尾座顶尖处和刀架的设计需要在对加工过程中的机床进行受力分析后才能确定，若车床刚度不足，车削出工件的形状为与车床变形曲线对应的马鞍形，如图3.3(c)所示。

2. 机械制造与力学

零件切削加工过程中，刀具受到力的作用，这个力称为切削力。切削力来源于两个方面：切削变形区内产生的弹、塑性变形抗力和切屑、工件与刀具之间的摩擦力。切削时刀具需克服来自工件和切屑两方面的力，即工件材料被切过程中所发生的弹性变形和塑性变形的抗力，以及切屑对刀具前刀面的摩擦力和加工表面对刀具后刀面的摩擦力。图3.4表明金属切削时刀具的受力情况。材料切削加工时首先需要通过力学分析揭示材料去除机理，在此基础上确定适宜的切削参数，设计合适的刀具结构，从而获得高效高质量加工。同时，切削力也是计算机床功率和主传动系统零件强度和刚度、设计或校核进给系统零件强度和刚度的主要依据。

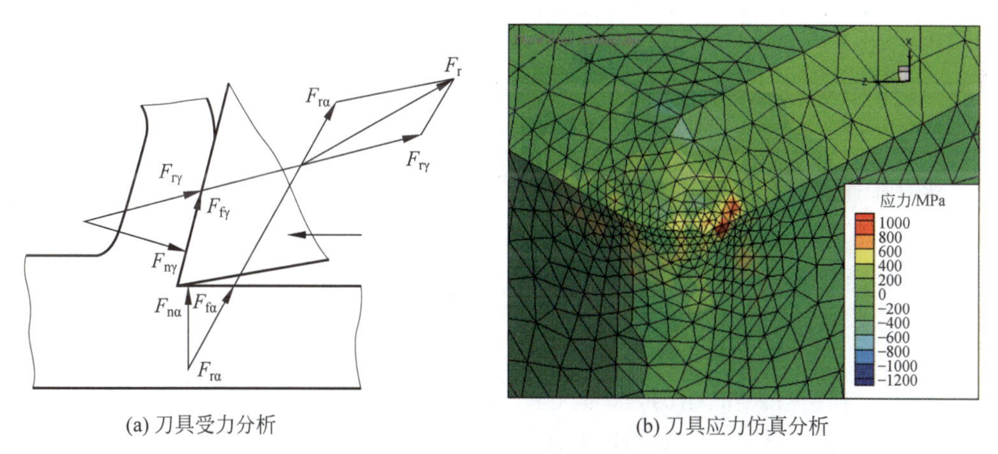

(a) 刀具受力分析　　(b) 刀具应力仿真分析

图3.4 金属切削时刀具的受力情况

车削细长轴时，在切削力的作用下，工件因弹性变形，而出现“让刀”，随着刀具的进给，在工件的全长上切削深度由大变小，又由小变大，结果使零件呈腰鼓形，如图3.5所示。

在铸造、锻造、焊接及热处理等热加工过程中，由于工件各部分热胀冷缩的不均以及金相组织转变时的体积变化，在毛坯内部就会产生内应力。毛坯的结构越复杂，壁厚越不均，散热条件的差别越大，毛坯内部产生的内应力就越大。一些刚性较差、容易变形的细长工件(如丝杠等)，常采用冷校直的方法纠正其弯曲变形，如图3.5(c)所示，在弯曲的反向加外力F，在力F作用下，工件轴线以上产生压应力，轴线以下产生拉应力。去除外力F后，外层的塑性变形部分阻止内部弹性变形的恢复，使内应力重新分布。此时，虽然纠正了工件的弯曲，但其内部却产生了内应力，工件处于不稳定状态。如再次加工工件，将会产生新的变形。因此，在进行机械加工前需要分析材料内部残余应力的分布情况，通过合理设计零件结构、合理安排时效处理和工艺流程，消除残余应力对零件加工质量的影响。

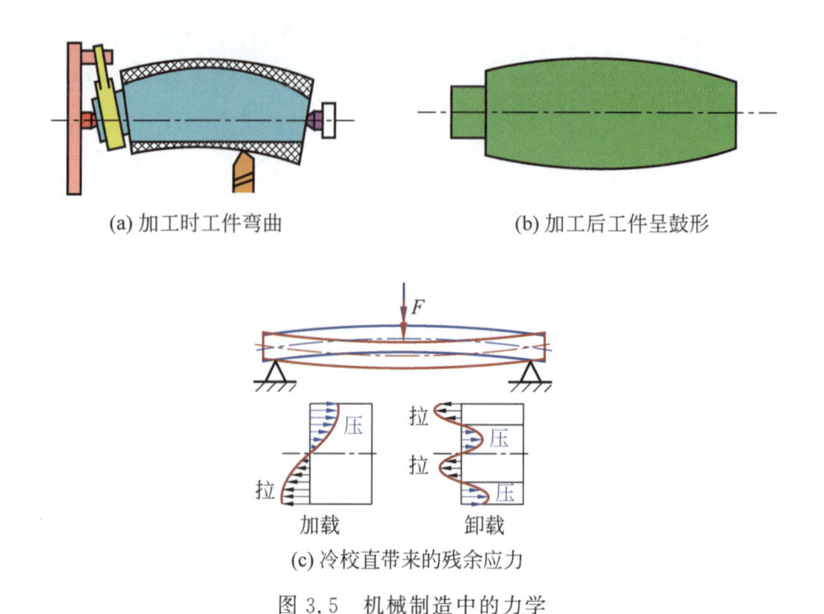

(a) 加工时工件弯曲　(b) 加工后工件呈鼓形

(c) 冷校直带来的残余应力

图 3.5　机械制造中的力学

3. 汽车造型与力学

空气动力特性直接影响车辆的动力性、操纵稳定性、燃油经济性以及货车的噪声和车身美观。随着车速的提高,汽车厂商越来越重视汽车造型中的设计,相继引入了空气动力学、流体力学、人体工程学以及工业造型设计(工业美学)等概念,力求使汽车能够从外形上满足汽车性能和各种人群的不同需求。

1915 年,美国福特汽车公司生产出一种外形很像一只大箱子,并装有门和窗的 T 形汽车,人们称这类车为“箱形汽车”(图 3.6(a))。1934 年,人们开始利用汽车模型在风洞实验中获得不同车身外形的空气阻力,这对汽车车身设计具有重要的意义。1937 年,德国设计天才费尔南德·保时捷开始设计类似甲壳虫外形的汽车(图 3.6(b)),有效减小了汽车行驶

(a) 箱形汽车

(b) 甲壳虫形汽车

(c) 船形汽车

(d) 鱼形汽车

(e) 楔形汽车

图 3.6　汽车造型

时的空气阻力。1945年,福特汽车公司使前翼子板和发动机罩、后翼子板和行李舱罩融为一体,前照灯和散热器罩也形成整体,车身两侧形成平滑的面,车室位于车的中部,整个造型很像一只小船,称为"船形汽车"(图3.6(c))。为了克服船形汽车的尾部过分向后伸出,在汽车高速行驶时会产生较强的空气涡流作用这一缺陷,人们又开发出像鱼的脊背的鱼形汽车(图3.6(d))。但由于鱼形汽车在高速时会产生一种升力使车轮附着力减小,从而抵挡不住横风的吹袭,发生偏离的危险,为此在鱼形车的尾部安上一只翘翘的"鸭尾"以克服一部分扬力,称为"鱼形鸭尾式"车型。"鱼形鸭尾式"车型虽然部分地克服了汽车高速行驶时空气的升力,但却未从根本上解决鱼形汽车的升力问题。在经过大量的探究和试验后,设计师最终找到了一种新车型——楔形汽车(图3.6(e))。

如今,汽车的造型设计并不单纯是采用某种具体的形式,而是根据汽车风洞试验结果设计的一种复合型车身,目的就是得到一种能够减小空气阻力,提升汽车高速行驶稳定性的车身造型。图3.7为汽车风洞试验。

图3.7 汽车风洞试验

3.2 数学与机械工程

3.2.1 概述

数学(math或maths)是研究数量、结构、变化、空间以及信息等概念的一门学科。所有的数学对象本质上都是人为定义的,它并不存在于自然界,而只存在于人类的思维与概念之中。因而,数学命题的正确性,无法像物理、化学等以研究自然现象为目标的自然科学那样,能够借助于重复的试验、观察或测量来验证,而是直接利用严谨的逻辑推理来证明。一旦通过逻辑推理证明了结论,那么这个结论就是正确的。

通常根据问题的来源可以把数学分为两类:纯粹数学与应用数学。研究其自身提出的问题的(如哥德巴赫猜想等)是纯粹数学(又称基础数学);研究来自现实世界中的数学问题的是应用数学。通过建立数学模型,使得数学研究的对象在"数"与"形"的基础之上又有了扩充。"语言""程序""DNA排序""选举""动物行为"等各种"关系"都可以作为数学研究的对象。

在人类历史发展和社会生活中,数学发挥着不可替代的作用,同时也是学习和研究现代科学技术必不可少的基本工具,数学应用于生活各个方面,如图3.8所示。

(a) 信息安全

(b) 天气预报

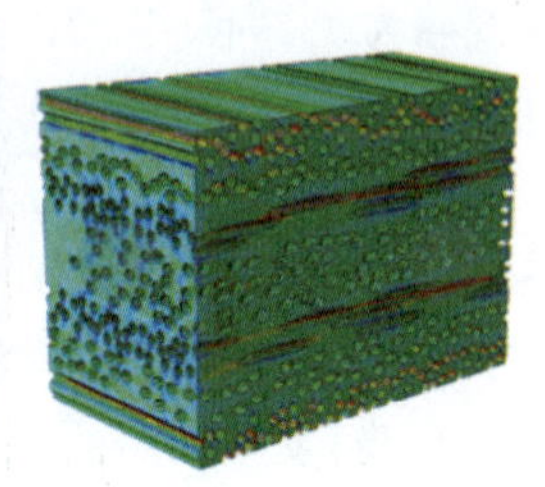
(c) 材料模拟

图 3.8 数学的应用

3.2.2 数学模型

1. 定义

数学的应用在工程技术、自然科学等领域发挥着越来越重要的作用,工程中遇到的很多实际问题都需要通过数学建模的手段来进行分析研究。大学阶段用于数学建模的课程主要包括:高等数学、线性代数、概率论与数理统计、数学物理方法、工程矩阵、数值分析等。

数学模型一般是实际事物的一种数学简化,它常常是以某种意义上接近实际事物的抽象形式存在的,但它和真实的事物有着本质的区别。数学模型是一种模拟,是用数学符号、数学式子、程序、图形等对实际课题本质属性的抽象而又简洁的刻画,它或能解释某些客观现象,或能预测未来的发展规律,或能为控制某一现象的发展提供某种意义下的最优策略。数学模型一般并非现实问题的直接翻版,它的建立常常既需要人们对现实问题的观察和分析,又需要灵活运用数学知识。数学建模就是用数学语言描述实际现象的过程。

2. 数学建模的主要过程

数学建模一般步骤如下:

(1) 模型准备。了解问题的实际背景,明确其实际意义,掌握对象的各种信息。

(2) 模型假设。根据实际对象的特征和建模的目的,对问题进行必要的简化,并提出一些恰当的假设。

(3) 模型建立。在假设的基础上,利用数学工具来描述变量与常量之间的数学关系,建立相应的表达式。

(4) 模型求解。利用已知的数据资料,对建立的数学模型进行求解。可以采用解方程、画图形、证明定理、逻辑运算、数值运算等各种数学方法进行计算。目前,计算机技术被广泛应用于模型的求解。例如 MATLAB 软件具有强大的模型求解功能,结合编程可对复杂的数学模型进行快速求解。

(5) 模型检验。将模型分析结果与实际情形进行比较,以此来验证模型的准确性、合理性和适用性。如果模型与实际较吻合,则要对计算结果给出其实际含义,并进行解释。如果模型与实际吻合较差,则应该修改假设,再次重复建模过程,不断完善。

(6) 模型应用与推广。一是应用现有模型,二是在现有模型的基础上对模型有一个更加全面的考虑,建立更符合现实情况的模型。

数学建模可以解决国民经济和社会活动的各类问题。

(1) 分析与设计：例如建立基于动态切削厚度变化的动态切削力模型和考虑再生效应的振动解析模型，对加工过程稳定性进行预测，如图 3.9 所示。

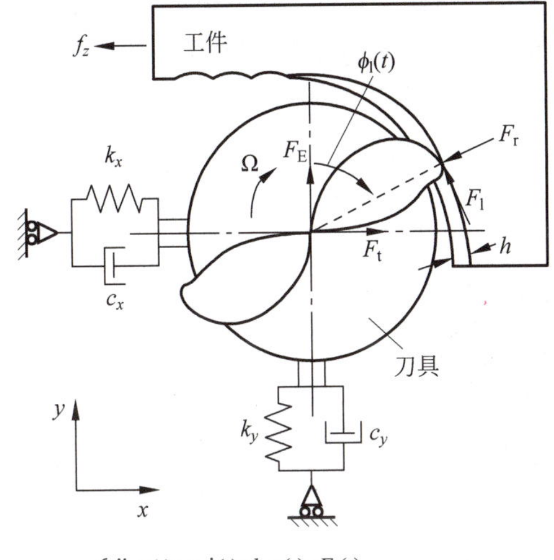

(a) 建立铣削过程动力学模型

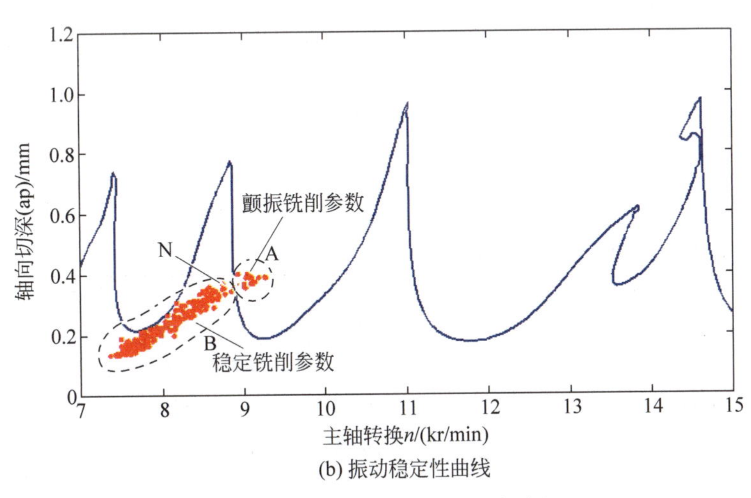

(b) 振动稳定性曲线

图 3.9　铣削动力学模型建立与求解

(2) 预报与决策：生产过程中产品质量指标的预报、气象预报、人口预报、经济增长预报等，都要有预报模型。使经济效益最大或生产率最高的工艺路线拟定，是决策模型的例子。

(3) 控制与优化：零件设计中的结构参数优化，加工过程中的切削用量和刀具参数优化。

(4) 规划与管理：例如资源调度配置、运输网络规划、生产计划、排队策略等都可以用运筹学模型解决。

下面给出一个数学建模用在求解复合陶瓷刀具制备过程中残余应力的例子。

为了提高烧结体的致密度、增强相界面的结合强度和利用金属相对裂纹的屏蔽和桥接作用，在制备复合陶瓷刀具材料时，常添加一种或多种金属，这些金属相(白色相)多分布在基体和增强相之间，如图3.10(a)所示。复合陶瓷刀具材料在制备和切削过程中由于温度变化必然会引起热应力，陶瓷刀具材料内的残余热应力对材料的力学性能有重要的影响，为了计算含有金属相复合陶瓷刀具材料残余热应力在各相内的分布，建立如图3.10(b)所示的简化分析模型。中心是增强颗粒，中间一层为金属相，最外层为基体的分析模型，为了考虑其他颗粒对研究单元的影响，将此类三层球颗粒嵌入由其他包覆颗粒和基体组成的等效复合材料中。根据热弹性力学理论建立数学模型，如图3.10(c)所示，借助MATLAB对建立的模型进行求解，如图3.10(d)所示。

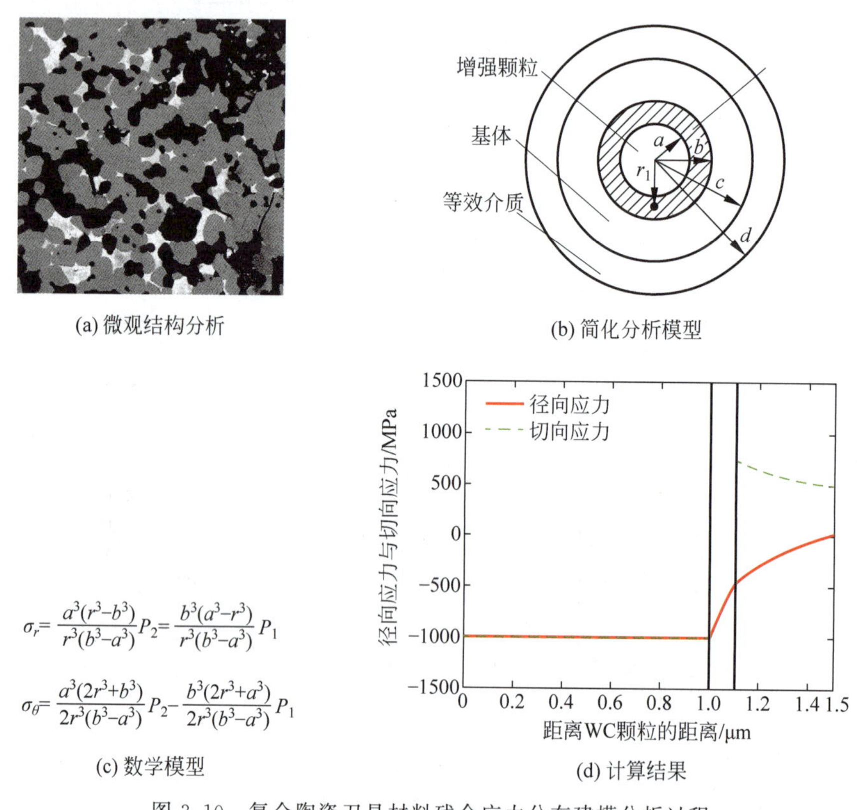

(a) 微观结构分析　(b) 简化分析模型

(c) 数学模型　(d) 计算结果

图3.10 复合陶瓷刀具材料残余应力分布建模分析过程

3.2.3 数学在机械工程中的应用

1. 数学用于机械装备设计

20世纪70年代之后，计算机技术和计算流体力学的发展使数值模拟在大型客机的研制中发挥了巨大作用，如图3.11所示。计算流体力学与风洞试验、试飞成为获得气动数据的三种手段。

传统的大型工程，如水坝的设计需要对坝体和水工结构作静、动应力学分析。在石油勘探与开采中都大量运用数学方法，涉及数字滤波、偏微分方程计算和反问题求解等。现代医

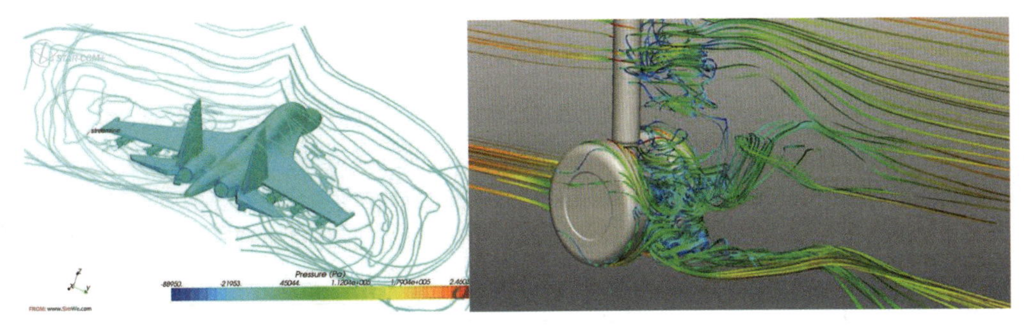

图 3.11　飞机气动仿真

疗诊断中常用的 CT 扫描技术,其原理是数学上的拉东变换。CT 螺旋式的运动路线记录 X 光断层的信息。计算机将所有的扫描信息按数学原理进行整合,形成一个详细的人体影像。

数学模型的最优化模型相关理论广泛应用于机械结构的设计领域。将机械设计任务的具体要求构造成数学模型,也就是将机械设计问题转换为数学问题。在这个数学模型中,既包括设计要求,又包括根据设计要求提出的必须满足的附加条件,从而构成一个完整的数学规划命题。逐步求解这个数学规划命题,使其满足设计要求,从而获得可行方案。机械结构优化设计就是在满足各种规范或某些特定要求的条件下使结构的某种广义性能指标(如重量、造价等)为最佳,目的在于寻求既安全又经济的结构形式。

机械结构优化设计数学模型的建立包括以下步骤:

(1) 选择设计变量。

(2) 确定目标函数。选择目标函数是整个优化设计过程中最重要的决策之一。有些问题存在着明显的目标函数,例如一个没有特殊要求的承受静载的梁,希望在满足强度要求的情况下质量越小越好,因此选择其自重作为目标函数。设计一台复杂的机器,追求的目标往往较多,不能把所有要追求的指标都列为目标函数,因为这样做不一定能有效地求解。因此应当对所追求的指标进行分析,从中选择最重要的指标作为设计追求的目标。

(3) 确定约束条件。在选取约束条件时应当特别注意避免出现相互矛盾的约束。因为相互矛盾的约束必然导致可行域为一空集,使问题的解不存在。另外应当尽量减少不必要的约束,不必要的约束不仅增加优化设计的计算量,而且可能使可行域缩小,影响优化结果。

实践表明,最优化设计是保证产品具有优良的性能、减小质量或体积、降低成本的一种有效设计方法。美国波音公司用 138 个设计变量对大型机翼进行结构优化,使质量减小了 1/3。图 3.12 为零部件有限元应力应变分析。

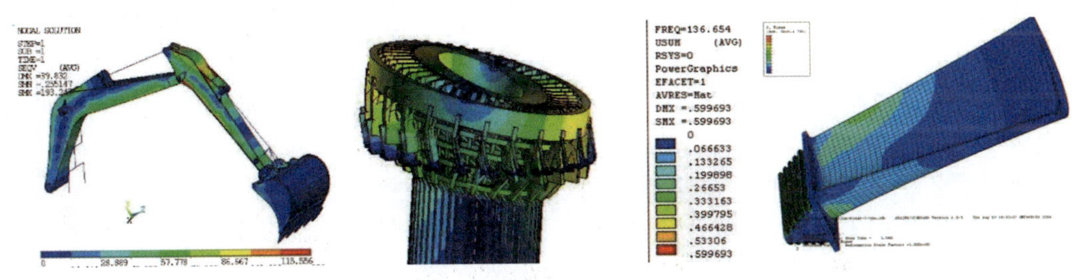

图 3.12　零部件有限元分析

2. 数学用于机械制造

复杂曲面类零件在船舶、航空航天以及国防装备等领域得到了越来越广泛的应用,对其设计制造的精度和效率要求越来越高。借助于数学方法,可以建立更为精确的定位优化模型,提高定位的精度和计算效率,研究被加工曲面的几何特性和加工余量分布,拟定合理的加工工艺路线,如图3.13所示。针对薄壁件加工过程中的颤振问题,建立叶片颤振模型,通过优化走刀路径和切削参数对颤振进行抑制,获得高质量加工表面。

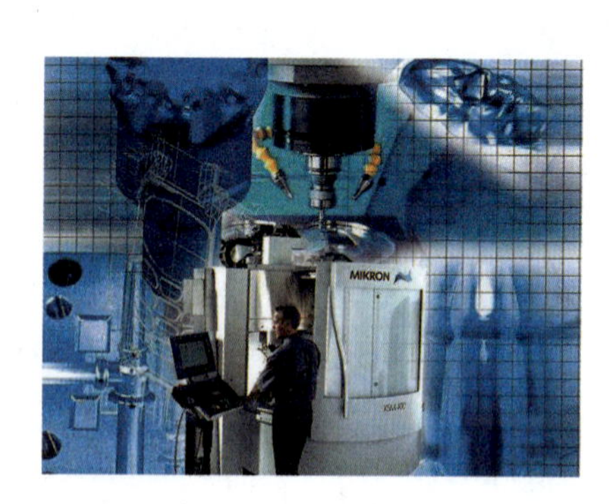

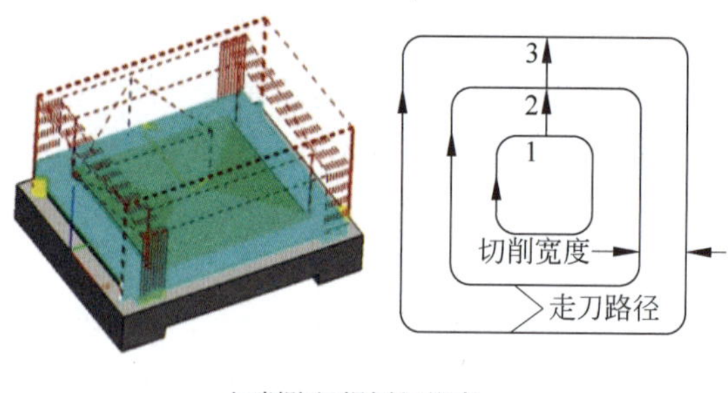

切削路径规划与仿真

图3.13 复杂构件数控加工

建立以最大加工效率为优化目标并以切削力和表面粗糙度为约束条件的切削参数优化数学模型,可获得不同表面粗糙度和切削力要求下的最优切削参数组合,并建立切削参数优化数据库,为切削参数选取提供依据。建立基于动态切削厚度变化的动态切削力模型和考虑再生效应的振动解析模型,对加工过程稳定性进行预测,绘制稳定性曲线,分析固有频率、阻尼比和刚度在内的模态参数及刀具结构参数对铣削稳定性的影响,为合理选择加工参数和避免切削振动提供指导。

数学可用于零件加工误差的统计分析。实际生产中,影响加工精度的工艺因素错综复杂,各种单因素的加工误差,按它们在一批工件中出现的规律,可分为两大类,即系统误差和随机误差(又称偶然误差)。铰刀直径尺寸小于规定的加工孔直径0.02mm,则所有铰出的孔直径都比规定的小0.02mm,这时的常值系统误差为0.02mm。例如用一把铰刀加工一批孔时,始终得不到直径完全相同或按某一规律变化的直径。这可能是由加工余量有差异、毛坯材质硬度不均匀,或者是内应力重新分布引起变形等因素造成的,这些误差因素都是变化不定的,故称为随机误差。毛坯复映误差、内应力引起的误差、定位误差这类误差都属随机误差。

加工误差可以通过分布图法和点图法进行分析,而分布图法又包括实际(试验)分布图法和理论分布图法。

1) 实际分布图法——直方图分析法

精镗活塞销孔的工序尺寸及公差为$\phi 28_{-0.015}^{\ 0}$,加工后其销孔直径的检查结果列于表3.1。由表3.1可见,实际加工尺寸是各不相同的,并各处在一定的尺寸范围内,同一尺寸范围内的工件数量m叫作频数,频数m与该批工件总数n之比叫作频率。

表 3.1　活塞销孔直径检查结果

组别	尺寸范围/mm	中点尺寸/mm	频数	频率/%
1	27.992～27.994	27.993	4	4
2	27.994～27.996	27.995	16	16
3	27.996～27.998	27.997	32	32
4	27.998～28.000	27.999	30	30
5	28.000～28.002	28.001	16	16
6	28.002～28.004	28.003	2	2

根据数据，遵循直方图的作图方法，可得图 3.14(a)所示直方图。以频率为纵坐标，以每组中点尺寸 x 为横坐标，可得折线图(图 3.14(b))。

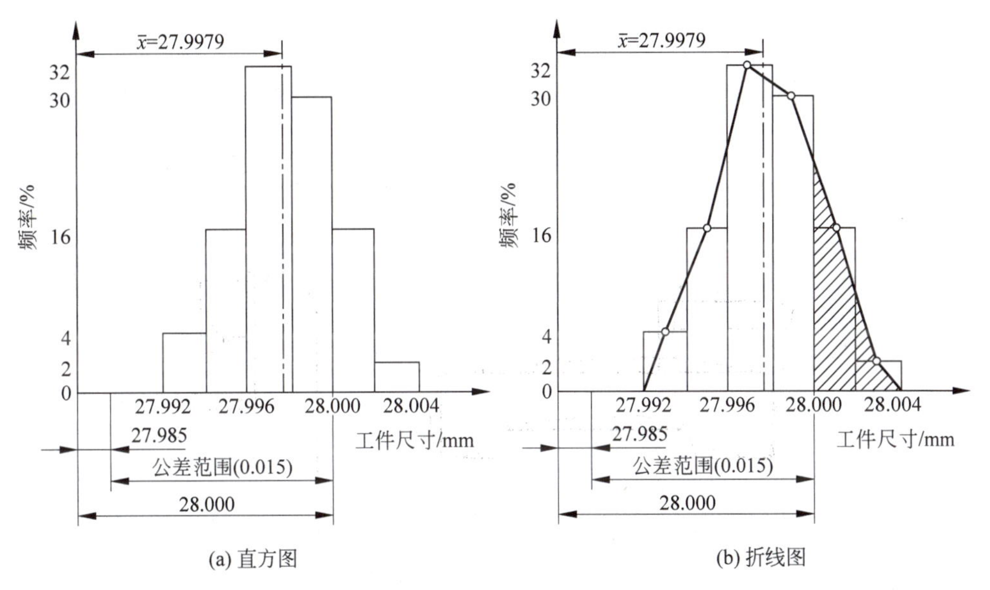

(a) 直方图　　(b) 折线图

图 3.14　活塞销孔实际直径尺寸分布图

2）理论分布图法

研究加工误差时，常常应用数理统计学中一些理论分布曲线来近似代替实际分布曲线(图 3.15)。实践证明，在正常的加工条件下，用调整法加工一批工件，加工误差是由许多相互独立的因素引起的，所得的尺寸分布曲线符合正态分布。正态分布的总面积为 1，每边的面积为 0.5。当 $z=\pm3$ 时，即 $x-\bar{x}=\pm3\sigma$，工件尺寸出现在 $x-\bar{x}=\pm3\sigma$ 以内的概率为 99.73%。因此，在 $\pm3\sigma$ 范围内可认为已包含了整批工件，故可取 6σ 等于整批工件加工尺寸的分散范围。此时可能只有 0.27%的废品，可忽略不计，这就是所谓的 $\pm3\sigma$ 原则。

数学还可用于计算零件加工过程中因为热应力导致的变形量。在机械加工过程中，工艺系统在各种热源的作用下，都会产生一定的热变形，由于热变形及其不均匀性，使刀具和工件之间的准确位置和运动关系遭到破坏，产生加工误差。在精密加工中，由于热变形引起的加工误差，已占到加工误差总量的 40%～70%。

一些几何形状简单并且对称的工件，在受热较均匀的情况下，热变形基本均匀，其变形量可按热膨胀原理直接计算。

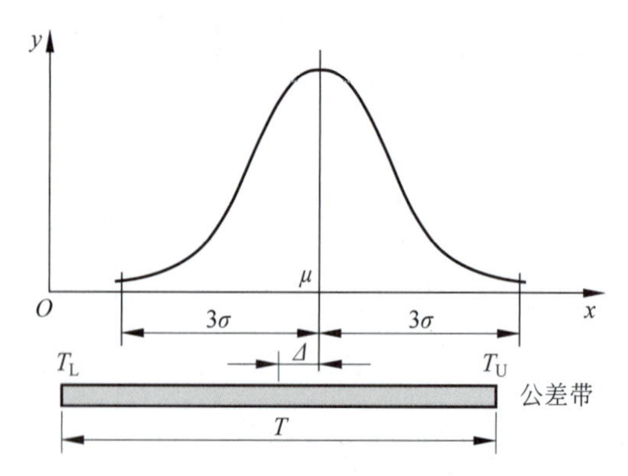

图 3.15 公差带与分布曲线之间的关系

以加工长度为1500mm的丝杠为例，若 Δt 为3℃，则 $\Delta L = 1500 \times 1.17 \times 10^{-5} \times 3 \approx 0.05$mm，可见在仅3℃的温升下便有0.05mm的伸长量，而6级精度丝杠的螺距累积误差在此全长上仅允许0.021mm。

高600mm，长2000mm的床身，若上表面温升为3℃，则变形量为0.022mm，此值已大于精密导轨平直度要求。机床受热变形如图3.16所示。

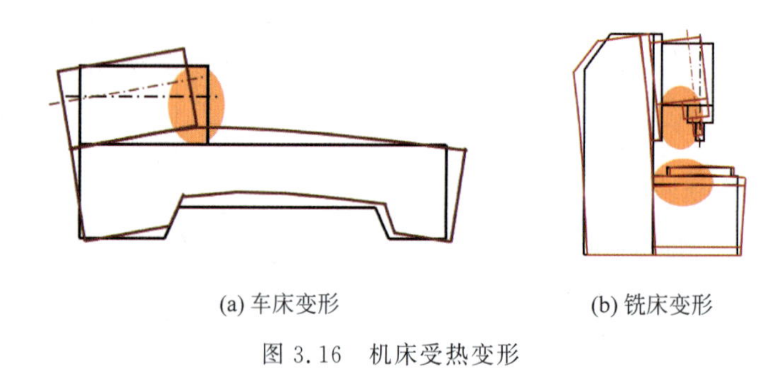

(a) 车床变形　　(b) 铣床变形

图 3.16 机床受热变形

3.3 材料与机械工程

3.3.1 概述

材料是人类用于制造物品、器件、构件、机器或其他产品的物质。

按照实际应用，材料又常分为结构材料和功能材料。结构材料是以力学性质为基础，用以制造以受力为主的构件，大部分金属材料可归为结构材料。功能材料主要是利用物质的物理、化学性质或生物现象等对外界变化产生的不同反应而制成的一类材料，如半导体材料、超导材料、光电子材料、磁性材料等。

按物理化学属性，材料可分为金属材料、无机非金属材料、有机高分子材料和复合材料。

金属材料通常分为黑色金属、有色金属和特种金属材料。黑色金属又称钢铁材料，包括杂质总含量小于0.2%及含碳量不超过0.0218%的工业纯铁，含碳量在0.0218%～2.11%之间的钢，含碳量大于2.11%的铸铁。广义的黑色金属还包括铬、锰及其合金。有色金属是指除铁、铬、锰以外的所有金属及其合金,有色合金的强度和硬度一般比纯金属高,并且电阻大、电阻温度系数小。特种金属材料包括不同用途的结构金属材料和功能金属材料。其中有通过快速冷凝工艺获得的非晶态金属材料,以及准晶、微晶、纳米晶金属材料等;还有隐身、抗氢、超导、形状记忆、耐磨、减振阻尼等特殊功能合金以及金属基复合材料等。图3.17为几种金属材料在工业中的应用。

(a) 曲轴

(b) 不锈钢管类零件

(c) 齿轮

图3.17 金属材料的应用

无机非金属材料是由某些元素的氧化物、碳化物、氮化物、卤素化合物、硼化物以及硅酸盐、铝酸盐、磷酸盐、硼酸盐等物质组成的材料。普通无机非金属材料的特点为抗压强度高、硬度大、耐高温、抗腐蚀。但与金属材料相比,抗弯强度低、断裂韧性差,易断裂,属于脆性材料。陶瓷包括超硬陶瓷、高温结构陶瓷、电子陶瓷、磁性陶瓷、光学陶瓷、超导陶瓷和生物陶瓷等,广泛应用于信息科学、能源技术、宇航技术、生物工程、超导技术、海洋技术领域。陶瓷的密度小于金属材料,用陶瓷材料做发动机,可减轻发动机的质量,这对航空航天工业具有强大的吸引力,用高温陶瓷取代高温合金来制造飞机上的涡轮发动机会得到更高的推重比。氧化铝陶瓷做成的假牙与天然牙齿很接近,它还可以做成人工关节。氧化锆陶瓷的强度、断裂韧性和耐磨性比氧化铝陶瓷好,也可用以制造牙根、骨和股关节等。人工合成的羟基磷灰石与骨的生物相容性非常好,可用于颌骨、耳听骨修复和人工牙种植等。图3.18为陶瓷材料在工业和日常生活中的应用。

(a) 陶瓷发动机

(b) 陶瓷关节

(c) 陶瓷手机后盖

图3.18 陶瓷材料的应用

有机高分子材料又称聚合物或高聚物材料,包括塑料、纤维、橡胶、涂料、黏合剂等。它具有以下特点:种类多、密度小(仅为钢铁密度的1/8~1/7),比强度大,电绝缘性、耐腐蚀性好,加工容易,可满足多种特种用途的要求,可部分取代金属材料。

目前高分子材料已用于我们日常生活中的方方面面。比如,以前在建筑中经常采用钢管做自来水管道,现在这些钢管已经被高分子材料代替。聚甲醛也是一种高分子材料,多应用于制造各种齿轮、轴承、螺母等,这些可代替锌、铜等昂贵的有色金属,降低成本。高分子材料广泛应用于现代医疗行业。人造心脏瓣膜、人工肾、人造皮肤等都由高分子材料制成。手术缝合的缝线是由高分子材料制成,药物控释载体和靶向材料等用于药物助剂的材料也都是由高分子材料制成。图 3.19 为有机高分子材料的应用。

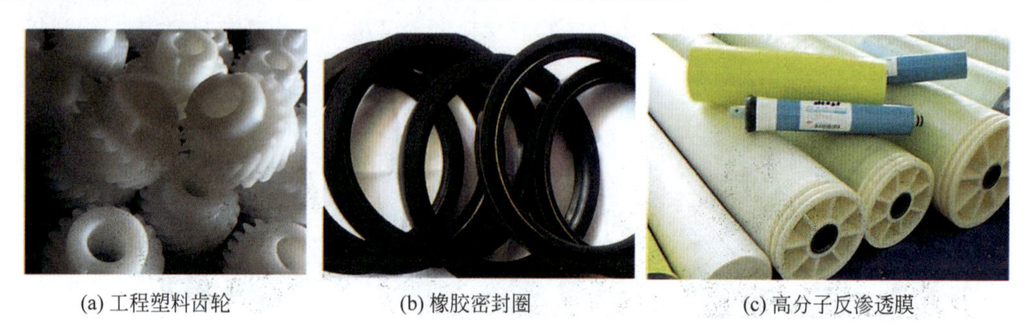

(a) 工程塑料齿轮　(b) 橡胶密封圈　(c) 高分子反渗透膜

图 3.19　有机高分子材料的应用

复合材料是由两种或两种以上物理和化学性质不同的物质,通过复合工艺而成的多相新型固体材料。复合材料可以由金属、高分子聚合物(树脂)和无机非金属(陶瓷)三类材料中的任意两类经人工复合而成。复合材料种类繁多,可按不同方法来分类。最常见的是按基体相的类型或增强相的形态来分类,如按基体相可分为树脂基复合材料、金属基复合材料、陶瓷基复合材料和碳/碳复合材料;按增强相形态可分为纤维增强复合材料和颗粒增强复合材料。纤维增强复合材料又可分为长纤维增强复合材料、短纤维增强复合材料和晶须增强复合材料等。纤维增强复合材料又称为连续增强复合材料,颗粒、短纤维或晶须增强复合材料又称为非连续增强复合材料。

复合材料具有以下优点。

(1) 可改善或克服组成材料的弱点,充分发挥其优点,扬长避短,如玻璃的韧性及树脂的强度都较低,可是二者的复合物——玻璃钢却有较高的强度和韧性,且质量很轻。

(2) 可按构件的结构和受力的要求,给出预定的、分布合理的配套性能,进行材料的最佳设计。如用缠绕法制成的玻璃钢容器或火箭壳体,当玻璃纤维方向与主应力方向一致时,可将该方向上的强度提高到树脂强度的 20 倍以上。

(3) 可获得单一材料不易具备的性能或功能。

现代高科技的发展离不开复合材料,复合材料对现代科学技术的发展有着十分重要的作用。复合材料的研究深度和应用广度及其生产发展的速度和规模,已成为衡量一个国家科学技术先进水平的重要标志之一。先进复合材料性能优良,主要用于国防工业、航空航天、精密机械、船舶、机器人和高档体育用品等。纤维增强复合材料和陶瓷材料构成的叠层结构的复合装甲,抗弹性能远好于单一的钢制或陶瓷制装甲。碳化硅纤维与钛的复合材料,耐热性提高,耐磨损,可用作发动机风扇叶片。碳化硅纤维与陶瓷复合,使用温度可达 1500℃,比超合金涡轮叶片的使用温度(1100℃)高得多。碳纤维增强碳、石墨纤维增强碳或石墨纤维增强石墨构成的耐烧蚀材料,已用于航天器、火箭导弹和原子能反应堆中。非金属基复合材料由于密度小,可用于汽车和飞机,减轻自重、提高速度、节约能源。用碳纤维和玻璃纤维混合制成的复合材料片弹簧,其刚度和承载能力与比其质量大 5 倍多的钢片弹簧相当。图 3.20 为复合材料的应用。

(a) 陶瓷-凯夫拉复合装甲

(b) 碳纤维复合材料车身

(c) 碳/碳(C/C)复合材料导弹鼻锥

图 3.20　复合材料的应用

3.3.2　新材料与科技进步

人类文明的发展史，就是一部如何更好地利用材料和创造材料的历史。材料的不断创新和发展，也极大地推动了社会经济的发展。材料与制造的创新发展很大程度上推动了各领域的重大科技突破，成为现代科技发展之本。近几年各国在先进复合材料、高性能金属结构材料、特种功能材料、电子信息材料等领域取得了多项重要进展。

据公开资料报道，通用航空建立了两个工厂大规模地生产碳化硅材料，用于为喷气发动机和电力工业燃气轮机制造的陶瓷基复合材料构件(CMCS)。通用公司合资的 CFM 国际公司是首家将陶瓷基复合材料构件应用在喷气发动机中高压涡轮的商业公司，2015 年 5 月，装配有陶瓷基复合材料高压涡轮罩环的 Leap-1A 民用涡扇发动机已在新的空客 A320neo 飞机上成功完成首飞。根据通用航空的介绍，陶瓷基复合材料构件比金属的耐热性好，其在发动机中需要较少的冷空气用来冷却。图 3.21 为通用航空制造的陶瓷基复合材料构件。

图 3.21　通用航空制造的陶瓷基复合材料构件

洛克希德·马丁空间系统公司与 IBC 先进合金公司等合作，开发出新型铝铍合金“Beralcast”，使用专门的铸造工艺替代传统的粉末冶金，打破了该材料一直以来只能用粉末冶金成型的状况，实现 F-35 光电瞄准系统(图 3.22)万向外壳近净成形，降低了 F-35 的自重，缩短了制造周期，制造成本节省 30%～40%，美国工程推进系统公司(EPS)发明了一种新型石墨铸铁，通过在铁基体中加入紧密的石墨颗粒实现互锁，提高了材料的强度和抗破裂性能，与普通灰口铁和铝合金相比，抗拉强度提高 75%以上，硬度提高 45%，疲劳强度增长近一倍。

俄罗斯开发出一种基于碳化硅和二硼化锆构成的多层陶瓷结构材料，能够承受 3000℃

的温度,可用于提升喷气发动机燃烧室的温度,还能为空间飞行器再入大气层时起到隔热作用,或者用于制造测量发动机温度的传感器保护罩。英国帝国理工学院发现碳化钽-碳化铪材料组成的复合材料熔点可达到3905℃,其有望应用于下一代超音速飞行器的热防护板、核反应堆提供燃料包壳等。图3.23为美国爱德华兹空军基地B-52机翼下的X-51A超高速飞行器。

图3.22　F-35光电瞄准系统

图3.23　B-52机翼下的X-51A超高速飞行器

美国赖斯大学发明了高导电石墨烯薄条带的生产工艺,利用该工艺制备了具有导电性能的复合材料,可帮助雷达罩和玻璃除冰。直升机旋翼桨叶的涂覆试验表明,在−20℃时,叶片上形成的冰厚约1cm,只需将0.5W/cm^2功率密度的电压作用于导电覆层,就能将热传导到表面融化冰。美国休斯敦大学开发出了一种具有"磁性光滑表面"的新材料,在−34℃下可有效防冰,可用于任意表面防冰,未来有望大幅提升航空器和能源设施的防冰性能。

新材料技术已经成为推进一个国家产业升级,影响产业结构变化的重要因素,新材料的开发与利用也正在成为一个国家重要的支柱性产业。新材料技术虽然是一个高投入的领域,但它同时也是一个具有高回报率的领域,许多国家都将开发先进材料置于优先发展的重点项目。

3.3.3 材料在机械工程中的应用

材料是设计的基础,材料的质量和性能将直接决定机械设备的功能与质量。新模式、新技术、新理念、新工艺、新方法的不断涌现,对机械装备提出了更高的要求,而材料选择和工艺制定则是实现这些要求的基础和前提。在机械制造、交通运输、国防、日常生活等各个领域都大量用到材料,生产实践中往往由于选材不当造成产品早期失效,因此,如何合理地选择和使用材料是一项十分重要的工作。

1. 高温合金和钛合金等高性能金属材料在机械工程中的应用

高温合金是指以铁、镍、钴为基体,能在600℃以上的高温及一定应力作用下长期工作的一类金属材料,其具有较高的高温强度、良好的抗氧化和抗腐蚀性能、良好的疲劳性能和断裂韧性等综合性能,广泛应用于航空、航天、石油、化工、舰船等领域。其中,镍基高温合金应用最为广泛,被用来制造航空喷气发动机、各种工业燃气轮机的热端部件。在现代先进的航空发动机中,高温合金材料用量占发动机总量的40%~60%。镍基铸造高温合金用于飞机、船舶的最关键的高温部件，如涡轮机叶片、导向叶片和整体涡轮等。镍基变形高温合金被用于制造航空喷气发动机的热端部件，如工作叶片、导向叶片、涡轮盘和燃烧室等。图 3.24 为高温合金在航空发动机上的应用。

(a) 航空发动机

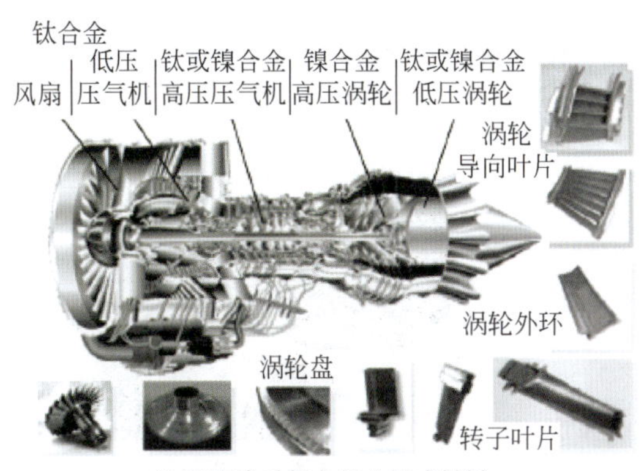

(b) 航空发动机各部分组成材料

图 3.24　高温合金在航空发动机上的应用

先进航空发动机的推重比达到 12～15，涡轮前燃气温度将达到 1800～2100℃，这就需要研究发展更新一代的耐高温材料，例如耐 816℃的 TiAl 金属基复合材料，耐 1093℃的金属间化合物，耐 1200～1400℃的 Nb-Si 合金，耐 1538℃的陶瓷材料，耐 1800℃的 Ir 基合金，耐 1371℃的隔热涂层等。

镍基高温合金是航空工业中使用的重要耐热材料，随着飞机发动机对高负荷需求的不断增加，对材料的各项性能要求也越来越高。镍基高温合金的发展趋势必会向低制作成本、高强度、抗热腐蚀性、小密度的方向发展，主要集中在以下几个方面。

(1) 保持组织稳定性，提高材料强度。

(2) 开发耐热腐蚀性能优越的单晶合金。

(3) 开发密度小的单晶合金。从航空发动机设计的角度考虑，密度大的合金难有作为，特别是对发动机叶片。

(4) 降低成本，减少昂贵的金属元素添加量。

钛合金是以钛为基体加入其他元素组成的合金。钛有两种同质异晶体：882℃以下为密排六方结构 α 钛，882℃以上为体心立方的 β 钛。钛合金的密度一般在 4.51g/cm^3 左右，仅为钢的 60%，钛合金具有高的比强度，可做成强度高、刚性好、质轻的零部件。飞机的发动机构件、骨架、蒙皮、紧固件及起落架等都使用钛合金。钛合金具有高的热强度，工作温度可达 500℃，而铝合金则在 200℃以下。钛合金抗蚀性好，钛合金在潮湿的大气和海水介质中工作，其抗蚀性远优于不锈钢。钛合金对点蚀、酸蚀、应力腐蚀的抵抗力特别强，对碱、氯化物、氯的有机物品、硝酸、硫酸等也有优良的耐腐蚀能力。钛合金还具有良好低温性能，在 −253℃下还能保持一定的塑性。但是钛合金的化学活性大、导热系数小，这些特点给它的制造和应用带来了不利影响。

钛合金由于低密度、高力学性能，广泛应用于航空航天制造业。当航空发动机的推重比从 4～6 提高到 8～10，压气机出口温度相应地从 200～300℃增加到 500～600℃时，原来用铝制造的低压压气机盘和叶片就必须改用钛合金，或用钛合金代替不锈钢制造高压压气机盘和叶片,以减轻结构质量。目前,民用客机和军用飞机上使用钛合金的比重越来越高。波音747客机用钛量达3640kg以上。马赫数大于2.5的飞机用钛代替钢,减轻结构质量。美国SR-71高空高速侦察机(飞行马赫数为3,飞行高度26212米),钛占飞机结构质量的93%,号称"全钛"飞机。F-22和F-35战斗机使用钛合金的总量占整个机身质量的41%和27%。B-2隐形轰炸机、C17军用运输机的钛合金用量也分别达到了26%和10.3%。图3.25为钛合金在飞机中的应用。

(a) 钛合金整体叶盘

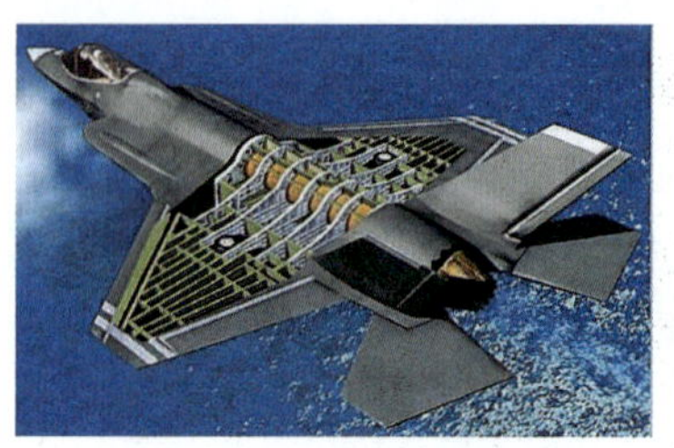

(b) 钛合金飞机框梁

图3.25 钛合金在飞机中的应用

航天器主要利用钛合金的高比强度、耐腐蚀和耐低温性能来制造各种压力容器、燃料贮箱、紧固件、仪器绑带、构架和火箭壳体等。人造地球卫星、登月舱、载人飞船和航天飞机也都使用钛合金板材焊接件。

在船舶工业,钛合金主要应用于船体结构件、深海调查船及潜艇耐压壳体、管道、阀、船舵、轴托架、配件、动力驱动装置中的推进器和推进器轴、热交换器、冷却器、船壳声呐导流罩等。

2. 先进复合材料在机械工程中的应用

复合材料作为结构材料是从航空工业开始的,因为飞机的质量是决定飞机性能的主要因素之一,飞机质量轻,加速就快、转弯变向灵活、飞行高度高、航程远、有效载荷大,如F-5A飞机,质量减轻15%,用同样多的燃料可增加10%左右的航程或多载30%左右的武器,飞行高度可提升10%,跑道滑行长度可缩短15%左右。1kg的碳纤维增强复合材料(CFRP)可代替3kg的铝合金。

直升机V-22上,复合材料用量为3000kg,占总质量的45%;美国研制的轻型侦察攻击直升机RAH-66,具有隐身能力,复合材料用量所占比例达50%,机身龙骨大梁长7.62m,铺层多达1000层;德、法合作研制的"虎"式武装直升机,复合材料用量所占比例达80%。

民用飞机使用复合材料的比例也日益增多,如B767、B777、A300、A340型号的飞机上复合材料的用量所占比例已分别达11%、15%、13%、20%。最新型的B787和A380复合材料的用量超过50%。

陶瓷基复合材料(CMC)能将航天发动机的燃烧室进口温度提高到1650℃,热效率可由目前的30%提高到60%以上,CMC将是涡轮发动机热端零部件(涡轮叶片、涡轮盘、燃烧室),大功率内燃机增压涡轮,固体火箭发动机燃烧室、喷管、衬环、喷管附件等热结构的理想材料,并最大减重可达50%。

碳/碳复合材料是战略导弹端头结构和固体火箭发动机喷管的首选材料,是极好的烧蚀防热材料和高温热结构材料，现已用于导弹端头帽、喷管喉衬、飞机刹车片、航天飞机的抗氧化鼻锥帽、机翼前缘构件及刹车盘等，能耐高温 1600～1650℃，具有高比强度和比模量，高温下仍具有高强度、良好的耐烧蚀性能、摩擦性能和抗热震性能。

以高性能碳纤维复合材料为典型代表的先进复合材料作为结构、功能或结构/功能一体化构件材料，在导弹、运载火箭和卫星飞行器上也发挥着不可替代的作用。其应用水平和规模已关系到武器装备的跨越式提升和型号研制的成败。碳纤维复合材料的发展推动了航天整体技术的发展。碳纤维复合材料主要应用于导弹弹头、弹体箭体和发动机壳体的结构部件和卫星主体结构承力件上。

美国、日本、法国的固体发动机壳体主要采用碳纤维复合材料，如美国三叉戟-2 导弹、战斧式巡航导弹、大力神-4 火箭、法国的阿里安-2 火箭改型、日本的 M-5 火箭等发动机壳体，其中使用量最大的是美国赫克里斯公司生产的抗拉强度为 5.3GPa 的 IM-7 碳纤维，性能最高的是东丽 T-800 碳纤维，抗拉强度 5.65GPa、杨氏模量 300GPa。图 3.26 为复合材料在航空航天装备上的应用。

(a) 人造卫星

(b)“虎式”武装直升机

(c) 载人飞船

图 3.26　复合材料在航空航天装备上的应用

3. 先进材料在切削刀具上的应用

工业生产中 90%以上的零部件需要通过切削加工得到，刀具作为切削加工的直接参与者被称为“工业的牙齿”。在切削过程中，刀具能否胜任切削工作，不仅直接与刀具切削部分的合理几何参数、刀具结构有关，而且还取决于刀具切削部分的材料性能。以高速切削加工为例，国际生产工程学会(CIRP)的研究报告指出：由于刀具材料的改进，加工时允许的切削速度几乎每隔 10 年即提高 1 倍。刀具性能是影响切削加工效率、精度、表面加工质量的决定性因素之一。图 3.27 给出了刀具材料与高速切削发展的关系。

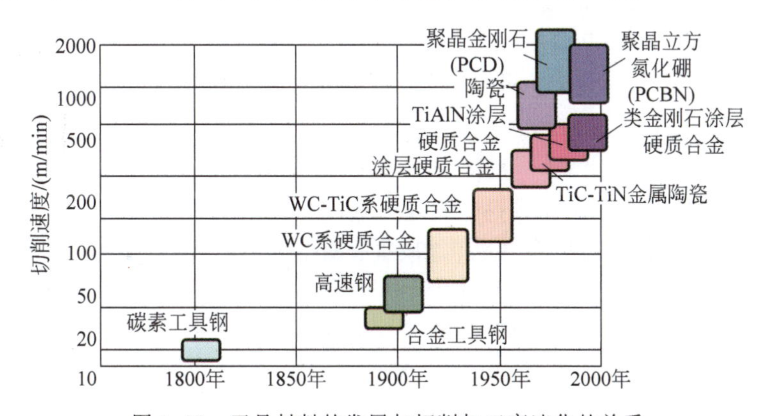

图 3.27　刀具材料的发展与切削加工高速化的关系

目前,我国常用的刀具材料有三大类:工具钢类、硬质合金类和非金属材料类(高性能刀具材料)。常用刀具材料性能及应用如表3.2所示。

表3.2 常用刀具材料性能及应用

类型		硬度	强度	韧性	耐热性能	耐磨性能	工艺	应用
工具钢	碳素工具钢	低	高	好	低	差	切削加工、热处理、刃磨	手动工具
	合金工具钢							低速工具
	高速钢							复杂刀具
硬质合金	钨钴类(YG)K						粉末冶金烧结、刃磨	脆性金属
	通用类(YW)M							通用
	钨钛钴(YT)P							塑性金属
非金属材料	陶瓷						烧结	连续切削塑性材料
	立方氮化硼						结晶	精密加工
	金刚石	高	低	差	高	好	结晶	精密加工

高性能刀具材料主要包括涂层刀具、陶瓷、立方氮化硼、金刚石。常见的切削刀具如图3.28所示。

(a) 可转位刀具

(b) 整体刀具

(c) 陶瓷刀具

图3.28 切削刀具

(1) 涂层刀具。涂层刀具是在硬质合金或高速钢基体刀具上涂一层或多层高硬度、高耐磨性的金属化合物(TiC、TiN、Al_2O_3等)而构成的,以提高其表层的耐磨性和硬度。涂层厚度一般在2～12μm之间变化。涂层刀具的制造,主要是通过现代化学气相沉积法(CVD)或物理气相沉积法(PVD)在刀片上涂敷一层材料。CVD在今天已经是一个成熟的自动化过程,涂层是均匀一致的,而且在涂层和基体之间的附着力也非常好,所以涂层硬质合金刀具的寿命比没有涂层的至少可提高1～3倍,涂层高速钢刀具的寿命比没有涂层的可提高2～20倍。

(2) 陶瓷。作为刀具的陶瓷材料主要是金属陶瓷复合材料,是在氧化铝(Al_2O_3)、氮化硅(Si_3N_4)基体中加入耐高温的金属碳化物(如TiC、WC)和金属添加剂(如Ni、Fe)制成的。硬度可达93～94HRA,有足够的抗弯强度,耐热温度高达1200～1450℃。但抗弯强度低、冲击韧性差,不如硬质合金。主要牌号有T2、AMF等。目前主要用于半精加工和精加工高硬度、高强度钢及冷硬铸铁等材料。

(3) 立方氮化硼(CBN)。立方氮化硼是人工合成的又一种高硬度材料,硬度为7300～

9000HV，可耐达1300～1500℃的高温，并且与铁族亲和力小。由于它耐热性和化学稳定性好，不仅适用于非铁族金属难加工材料的加工，也适用于高强度淬火钢和耐热合金的半精加工、精加工（精度可达IT5、表面粗糙度 *Ra* 为0.4～0.2μm），还可以加工有色金属及其合金。但加工设备刚性要好，且要连续切削。

金刚石。包括人造聚晶金刚石、复合聚晶金刚石和天然金刚石，人造金刚石是在高压、高温和其他条件配合下由石墨转化而成的，是目前人工制成的硬度最高的刀具材料（其硬度接近10000HV，硬质合金仅为1000～2000HV）。它不但可以加工硬度高的硬质合金、陶瓷、玻璃等材料，还可以加工有色金属及其合金和不锈钢，但不适宜加工铁族材料。这是由于铁和碳原子亲合力强，易产生黏结作用而加速刀具磨损。由于金刚石高温条件下易氧化，故其耐热温度只有700～800℃。它是磨削硬质合金的特效工具，用金刚石进行高速精车有色金属时，表面粗糙度 *Ra* 可达0.1～0.025μm。

3.4 控制与机械工程

3.4.1 概述

控制论强调用系统的、反馈的和控制的方法研究工程实际问题。机电控制工程是一门技术科学，是研究控制论在机电工程中的应用的科学。当前，随着计算机技术和检测技术的发展与应用，机械制造行业越来越多地引入了微电子技术、检测技术、液压与气动技术及电气控制技术，使得传统的机械产品发生了很大的变化。这些技术被称为机电一体化技术。目前制造业普遍使用数控机床、工业机器人、自动化装配生产线等机电一体化设备，这些设备的设计、制造和使用等过程中都用到了控制工程论的基础知识。可以预计，未来的机械设备无疑要走上机电一体化产品之路，因此控制论是一门极其重要的应用学科，也是科学方法论之一。图3.29为数控机床的控制系统。

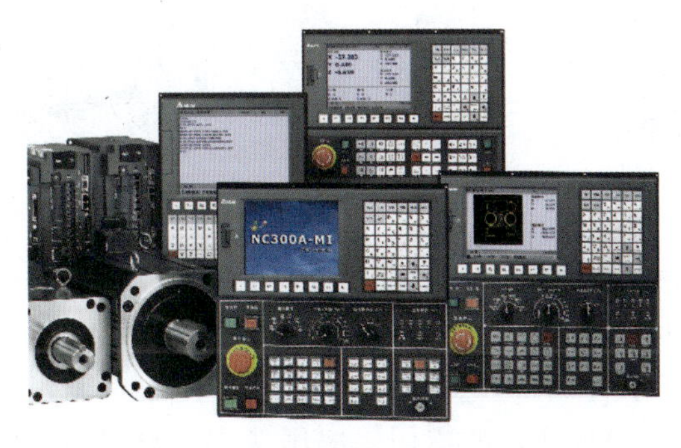

图3.29 数控机床的控制系统

当今社会处在一个科技发展极其迅速的时代，在计算机技术和现代科学技术不断发展的同时存在着不同学科之间的交叉和渗透，让工程领域也出现了较大范围的革新。在机构原有的主功能、动力功能、控制功能和信息处理功能的基础上引进电子技术，将机械与电子技术有效地结合起来，即机电一体化的实现给社会生活带来了很大的便利和新的灵感。如今，机电一体化发展迅速，对于企业的发展来说既是机会，又是严峻的挑战。

目前,仅仅以静态的角度研究与设计机电设备,只要求能工作而不要求工作品质,已经远远不能满足现代工业的需要。只有从动静两方面进行研究、分析和设计,使机电设备既能够保证足够的强度和刚度,又能够保证平稳性、准确性和快速要求,才能得到理想的机电一体化设备。控制论在机电设备制造领域中的应用主要有以下几个方面:

(1) 制造过程正在走向"自动化"与"最优化"结合的方向,即向着机电一体化方向发展,如机床的数字控制、自适应的现代化生产线、工业机器人的应用部件产品的自动装配和检测、人工智能控制机器人的应用,以及计算机集成制造系统(CIMS)的应用等。图3.30为汽车车身机器人自动焊接生产线。

图3.30 汽车车身机器人自动焊接生产线

(2) 制造和加工过程的动态研究。例如,现代化数控机床高速、强力切削和高速空行程既要保证加工效率,又要保证加工精度,为此要对加工过程进行实时动态控制,并采用计算机仿真和优化技术。图3.31是数字化虚拟工厂。

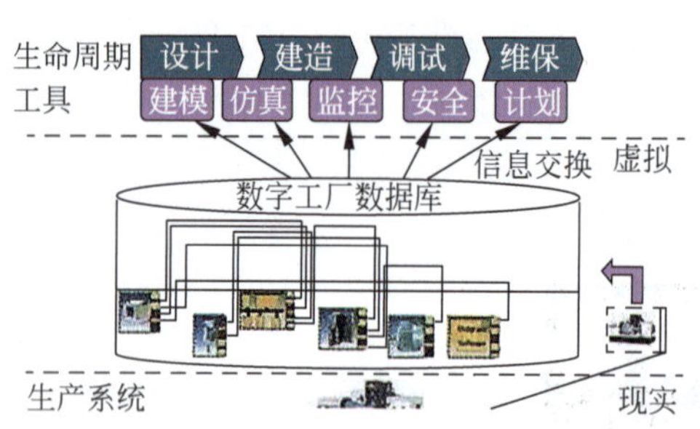

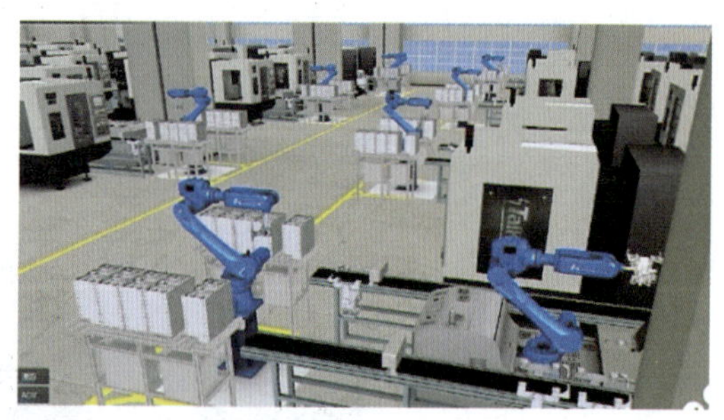

图3.31 数字化虚拟工厂

(3) CAD(计算机辅助设计)。CAD是近几十年迅速发展起来的一门新兴的计算机综合应用技术,它的应用和发展已经成为衡量一个企业工业现代化水平的重要标志。在各种先进的制造模式中,CAD技术得到了广泛的应用。无论是并行设计、协同设计、虚拟设计,还是环保设计,都离不开CAD技术的应用。应用现代CAD技术可以实现网络化、集成化和智能化,从而达到产品设计周期短、成本低和质量高的目标。图3.32为飞机虚拟装配。

(4) 动态过程和参数测试以控制论为基础,向着动态测试的方向发展。动态精度、动态位移、振动、噪声、动态力和动态温度的测量,从基本概念、测试手段到测试数据的处理方法,无不与控制论息息相关。

总之,由控制理论、微处理机(微电子)技术、检测技术同机械制造技术结合的机电一体化技术,将使得机械制造行业的试验、设计、制造、管理等各个方面发生巨大的变化,全世界

图 3.32　飞机虚拟装配

范围内的工业 4.0 在不久的将来一定会到来。

1. 自动控制与自动控制系统的概念

机电系统的自动控制是指对机械设备采取一定的措施，使得在生产过程中被控对象的某些物理量准确地按照预期的规律变化。机械设备的所有组成部分及控制环节构成了自动控制系统。

例如，要想使发电机正常供电，就必须设法保持其输出电压、频率和相位恒定，尽量使其不受负载变化和发电机原动机的转速波动的影响；要想使数控机床加工出高精度的零件，就必须采取措施保证其工作台或刀架准确地跟随指令进给要求而移动；要想使烘烤炉烘烤出合格产品，就必须保证炉温符合某产品的生产工艺要求。这里所说的“采取一定的措施”就是指实行某种控制，这种具有控制作用的系统才可以称为控制系统。发电机、数控机床和烘烤炉等可以称为控制系统或控制对象；电压频率和相位、工作台或刀架位置、炉温等表征这些设备工作状态的物理参量称为这些系统的被控量；设定的电压频率相位、刀架或工作台的进给路线、炉温等所对应的物理参量称为被控量的设定值(希望值)；而最终机电设备所执行的过程或终止值称为实际值。如用空调遥控器设定房间的温度为 28℃，控制空调开始运行制冷，房间温度慢慢降低；当温度为 27℃时，制冷停止只是换风，当房间温度到 29℃时，空调又开始制冷，实际房间温度可能是 28.5℃。在这个空调系统中，控制对象是空调，被控量是房间温度，空调遥控器设定的温度 28℃为设定值(希望值)，房间的稳定温度 28.5℃为实际值，希望值与实际值之间的差值称为稳态误差。

所以，任何控制系统都包含控制系统(对象)、控制量、希望值、实际值和误差等含义。若系统设备不具备以上各项中的任一项，就不能看成完整意义上的控制系统。如抽水机、搅拌机、普通卷扬机等就不具备明显的控制意义，因为它们只有开或关这种简单的逻辑控制，再没有其他控制要求；而飞机、巡航导弹、轧钢生产线等都具有随时变化着的工作状态，始终存在着希望值和当前值的误差，用给定信号与反馈信号的偏差来纠正误差，使实际值逼近给定值，从而使误差逐渐减小，因而属于完整意义上的控制系统。

2. 闭环控制与开环控制

输出量(被控量)全部或部分地返回到系统的输入端，与系统给定信号比较后产生偏差信号，进而对系统进行控制，这样的控制系统称为闭环控制系统。“闭环”的含义就是将被控量用反馈回路反馈到输入端，用给定信号与反馈信号之差控制系统，使被控量达到或接近期望值。当系统由于受到干扰或系统内部参数变换或机械传动的间隙和非线性等因素的影响而使输出量偏离给定值时，可通过反馈测量元件检测出来，用偏差信号的调节作用控制系统误差，这是闭环系统的重要功能。闭环系统的突出优点是控制精度高，但不便于调整，容易产生振荡。

图3.33所示是用步进电机驱动的位置控制装置的工作框图。步进电机驱动器系统的主要特点是：上位机给步进电机驱动器一个脉冲，无论该脉冲频率是多少(不能超过最高频率)，也无论该脉冲的脉宽是多少，步进电机都转过一个同样的步距角 α，并且通过联轴器使滚珠丝杠也转过同样的角度，则螺母带动滑台沿着直线导轨移动一定的距离，即脉冲当量。假设步进电机的步距角 α 是1.5°，那么驱动器要接收上位机发送来的240个脉冲，步进电机才能旋转1周即360°，而滚珠丝杠也要旋转1周，螺母才能沿着轴向移动一个螺距。若滚珠丝杠螺母副的螺距是4mm，则脉冲当量 δ 是1/60mm。若要求与螺母固定连接的控制滑台沿着直线导轨从零位正方向移动100mm，上位机应该给步进电机驱动器发送100/(1/60)=6000个脉冲。这种控制的输出端和输入端之间不存在反馈回路，输出量只取决于给定的输入量而对系统的控制作用没有影响。这样的控制称为开环控制。

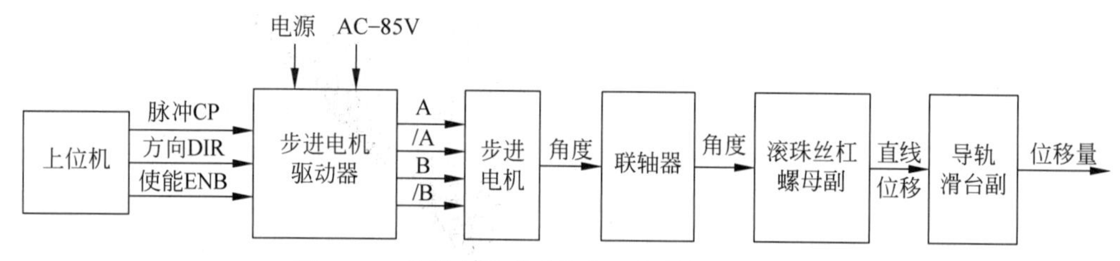

图3.33　步进电机驱动的位置控制装置工作框图

上述这种位置控制装置，无法克服因联轴器松动，滚珠丝杠、螺母副的非线性和反向间隙等对输出量的影响，控制精度较差。如果元件特性和参数比较稳定、外部干扰较小，这种系统可以保证一定的精度，其优点是结构简单，控制调整方便，稳定性较好。

当对整个系统的性能要求较高时，为了解决闭环控制精度和稳定性之间的矛盾，往往将闭环和开环结合在一起使用，即采用复合控制这一比较合理的选择。

3.4.2 机电控制系统的分类

1. 根据信号传递路径分类

1）开环控制系统

若系统的输出量不被引回到输入端对系统的控制部分产生影响，而是按照给定信号→放大单元→执行机构→控制对象→输出信号一个方向传送，那么这样的系统称为开环系统。例如，一般的洗衣机都是依设定的时间程序控制依次进行浸泡、洗涤、漂洗、脱水，而无须对输出量(如衣服是否清洗干净、脱水程度等)进行测量。

2）闭环控制系统

若系统的输出量通过反馈环节全部或部分地反馈回来作用于控制部分，则形成闭环控制系统。前述的自动控制恒温箱、飞机自动驾驶仪和古老而简单的储槽液面自动调节器(老式的抽水马桶)等都属于闭环控制系统。

2. 根据输入量的变化规律分类

1）恒值控制系统

恒值控制系统的输入给定信号是一个恒定值，并且要求在任何扰动作用下，系统的输出量仍能基本保持恒定，如液压系统中的恒压，电路系统的恒压源和恒流源，电力系统中的恒频率、恒电压、恒相位，原动机的恒速度等。

2）程序控制系统

程序控制系统是指将输入量的变化规律编成程序，由该程序发出控制指令，在控制系统中将控制指令转换为控制信号，作用于控制对象使其按程序指定的规律运动。计算机绘图系统和数控机床就是典型的程序控制系统。工业生产中的过程控制系统按照生产工艺的要求编制特定的程序，由计算机来实现控制。现在迅速发展起来的数字控制系统和计算机控制系统，尤其是微型计算机和单片机的普遍应用，使程序控制系统进入了更普遍的发展阶段。

3）伺服控制系统

伺服控制系统又称为随动系统，主要应用于一些控制机械位移和速度的系统。这种系统的输入量的变化规律通常是不能预先确定的，但要求输入量发生变化时，输出量也迅速平稳地跟随着变化，且能排除各种干扰因素的影响，准确地复现控制信号的变化规律。控制指令可以由操作者根据需要随时发出，也可以由目标和测量装置发出。如机械加工中的仿形机床、武器装备中的火炮自动标准系统以及导弹目标自动跟随系统等，均属于伺服控制系统。

3. 根据系统传输信号对时间的关系分类

1）连续控制系统

各部分传递信号都随时间连续变化的控制系统称为连续控制系统，如自动控制恒温箱、家用的恒温电热毯和电加热饮水机等不用计算机和数字系统，而采用模拟电子技术处理的信号控制系统。

2）离散控制系统

控制系统的某一处或多处信号以脉冲序列或者数码的形式传递的系统称为离散控制系统。近年来计算机得到普及应用，而计算机只能接收和处理数字信号，所以在控制系统中，用数字信号的传感器将物理量转变为数字量，或采用A/D转换电路将连续信号转变为数字信号供计算机使用。如数控机床用的CNC控制系统、光电编码器和可编程控制器等，都属于离散控制系统。

4. 根据系统的输出量和输入量之间的关系分类

1）线性控制系统

线性控制系统的特点是系统由线性元件构成，它的各个环节或系统都可以用线性微分方程来描述，并应用叠加原理和拉氏变换来处理和运算。

2）非线性控制系统

非线性控制系统的特点是其中一些环节具有非线性性质（如出现饱和、死区、摩擦等），往往要采用非线性微分方程来描述。但若元件的非线性因素较弱或在控制系统的调节过程中各个元件的输入和输出只在平衡点附近作微小变化的系统,工程上可以对其作线性化处理。叠加原理对非线性系统是不适用的。

5. 根据系统执行部件的类型分类

1) 机电执行部件控制系统

机电执行部件控制系统的控制对象一般是各种伺服电机和机械传动机构,通过控制电机的速度、方向和转角,或经过机械传动机构变换实现输出量按预期的规律变化,如数控机床的进给伺服系统和工业机器人的运动控制以及飞机中的电传机构控制系统等。

2) 液压与气动执行部件控制系统

液压与气动执行部件控制系统的控制对象是各种液压或气动元件(如液压缸、气缸和液压马达等),以流体或气体作为动力,在各种控制阀的控制下实现运动,直接或间接控制输出量按预期规律变化,如飞机中的起落架、副翼和各种工程机械和消防设备的动作控制系统等。

3.4.3 控制理论在机械工程中的应用

机械工程控制系统的控制对象是机械,在简单的机械自动控制系统中,常用机械装置产生自动控制作用,随着电子技术、传感技术和计算机技术的发展,形成了用电气装置产生机械系统的自动控制作用。

图 3.34 数控机床直线运动工作台

1. 数控机床直线运动工作台位置控制

数控机床直线运动工作台如图 3.34 所示,又称为一维数控机床直线运动工作台,其结构具有一定的代表性。

图 3.35 为数控机床直线运动工作台闭环位置控制系统组成示意图。系统的工作原理是:系统发出控制指令,通过给定环节、比较环节和放大环节,驱动伺服电机转动,经过减速器中的齿轮带动滚珠丝杠旋转,滚珠丝杠旋转的同时滚珠推动螺母及与螺母固定的工作台产生轴向移动,输出位移。检测装置光栅尺随时测定工作台的实际位置,并反馈到输入端,与输入指令进行比较,再根据工作台的实测位置与给定的目标位置之间的误差,确定控制动作,达到消除工作台位置误差的目的。

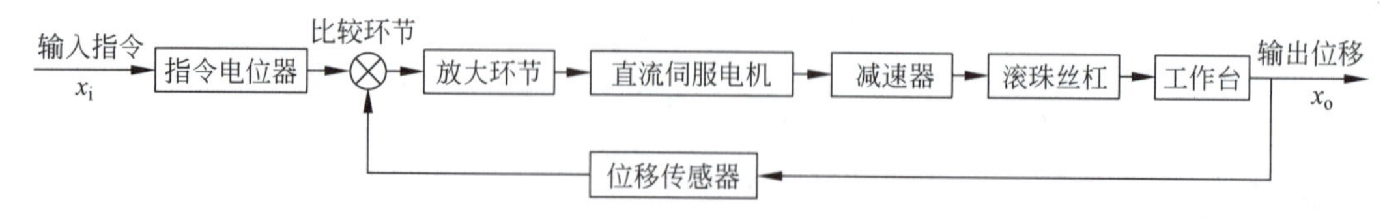

图 3.35 数控机床直线运动工作台闭环位置控制系统组成示意图

2. 飞机自动驾驶仪

作用在飞机上的力和力矩决定着飞机的运动，因此为了控制飞机的运动就必须控制作用在飞机上的力和力矩，使它们按所要求的规律进行改变。图3.36示出了驾驶员控制飞机的过程。驾驶员一般通过改变升降舵、方向舵、副翼和油门来改变作用在机体上的力和力矩，从而达到控制飞机运动的目的。

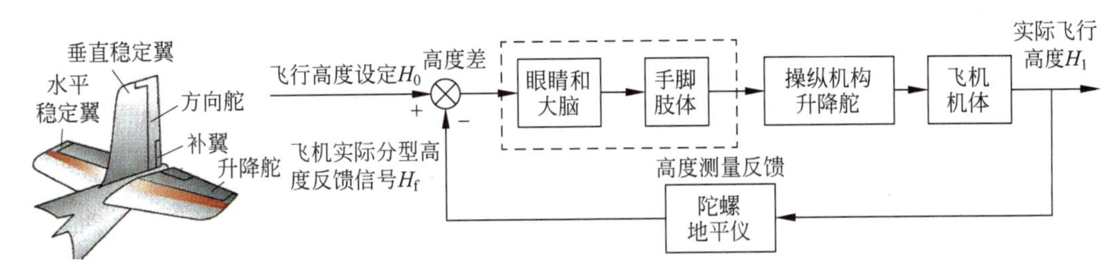

图3.36 驾驶员控制飞机的过程方框图

假设飞机作水平直线飞行，若飞机受阵风干扰偏离原状态，使得飞机抬头，驾驶员用眼睛观察到仪表盘上的陀螺地平仪的变化，用大脑做出决定，通过神经系统传递到手臂，推动驾驶杆使升降舵向下偏转，产生相应的下俯力矩，使飞机趋于水平状态。驾驶员从仪表盘上看到这一变化后，再逐渐把驾驶杆收回到原位。当飞机回到原水平状态时，驾驶杆和升降舵也回到原位。

从图3.36可以看出，这是一个反馈系统，即闭环系统，图中虚线表示驾驶员的职能，如果用自动驾驶仪代替驾驶员控制飞机飞行，那么自动驾驶仪必须包括虚线框内的两个相应部分的装置，并与飞机组成一个闭环系统，如图3.37所示。

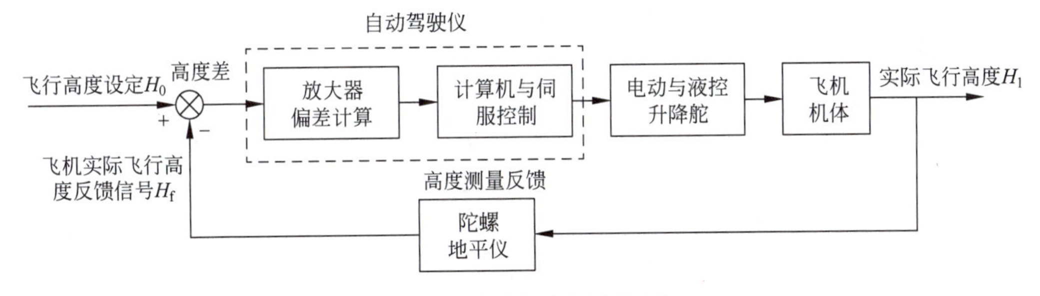

图3.37 自动驾驶仪闭环系统

自动驾驶仪的工作原理如下：飞机偏离原始状态后，敏感元件接收到偏离方向和大小并输出相应的信号，经过放大整形及计算机处理后操纵执行机构（如舵机），使得某舵或副翼（例如升降舵面）相应偏转。整个系统是按负反馈原理控制的，因此其结果使得飞机趋于原始状态。当飞机回到原始状态时，敏感元件的输出信号为零，舵机以及与其相连接的舵面也回到原位，飞机重新按原始状态飞行。

3.5 计算机与机械工程

3.5.1 概述

当前,科学技术以前所未有的速度不断发展。当前发展的核心就是以计算机技术为核心。计算机技术已经运用到了各行各业,就日常生活来说,吃、穿、住、行等行业都有其身影,工业发展、技术革新等都与计算机技术密不可分。作为传统行业的机械产业与计算机技术也是息息相关的,计算机技术被广泛地应用于机械制造业的产品设计和生产当中,并成为机械制造中不可或缺的一项技术。

在机械设计制造领域中,计算机的使用是非常多的,如高科技武器、航空技术等,但总体而言,其技术层面大概包括如下几点:

(1) 可视技术。这是目前运用比较广泛的技术之一,它的原理在于将抽象信息转变为易理解的数据,在此基础之上再对其进行加工与分析,进而提炼出产品属性以及研发方向。它具有提升工作效率、缩小概率差的实际效果。

(2) 虚拟技术。这是一种对实际环境进行模拟的技术,其核心在于运用计算机技术,对设计理念以及虚拟环境进行验证,以最大程度降低不合理之处,在此基础上再对其进行有针对性的改进,进而达到减少费用、技术精准的效果。

(3) 仿真技术。与虚拟技术不同,仿真技术是借助某些数值计算和问题求解对机械进行描述的方式,使产品以物理、数学、系统的形态得以展现,此项技术对于机械设计制造自动化有重要作用。

3.5.2 计算机在机械设计制造中的应用

1) 利用CAD技术能够有效地缩短机械设计的周期

在如今的工业制造领域,设计人员可以在计算机的帮助下绘制各种类型的工程图纸,并在显示器上看到动态的三维立体图后,直接修改设计图稿,极大地提高了绘图的质量和效率。此外,设计人员还可以通过工程分析和模拟测试等方法,利用计算机进行逻辑模拟,从而代替产品的测试模型(样机),降低产品试制成本,缩短产品设计周期。

CAD在机械制造中的应用基本普及。目前,我国大约有70%以上的机械制造企业已经在应用CAD技术,但由于多种原因,CAD技术的应用深度还存在很大的局限性。例如,很大一部分机械制造企业仍然只是将该技术应用在出图上,计算机仿真设计、CAD/CAM和三维CAD技术等的应用较少。

2) 三维CAD技术的应用使零件设计和修改变得更加方便

通过三维CAD技术可以解决较为复杂的几何造型问题,从而减轻了机械设计人员的工作量,并且还能够缩短机械设计周期近30%,使机械设计和生产效率得以大幅度提高。在运用三维CAD技术进行新的机械开发设计时,设计人员只需对机械中的少部分零件进行重新设计和制造,其中大部分零件的设计都将继承以往的信息,大大提高了机械设计的效率。

运用三维CAD技术软件，不仅能够在机械制造的装配环境中设计新的零部件，而且还可以利用相邻零件的形状和位置来设计新的零件，使零件的设计变得更加方便和快捷，同时还可以确保新设计的零件与相邻零件之间的配合更为精确，从而避免了由于单独设计零件容易出现错误的情况。例如，通过三维CAD技术软件能够在装配环境中按照箱体的具体形状和与之配合的要求准确地设计出所需的箱盖。

3）计算机技术使零件装配过程变得更为方便直观

运用不同的零件装配关系可以将各个机械零件装配起来，在实际的装配过程中，装配路径查找器中记录了全部零件之间的装配关系，一旦出现装配不正确或发生相互干涉，具体情况便可以通过查找器显示出来，同时还可对零件的装配进行静干涉的检查，若发现干涉便可及时对零件进行修改，从而确保了设计的正确性。另外，还可以将外部的零件进行隐藏，便于清楚地看到内部的装配结构。在整个机器或某个部件装配模型完成后，还能进行运动演示，对于有一定运动行程要求的，可检验行程是否符合设计要求，对于在静态下不发生干涉而在运动中出现碰撞的也能检验出来，便于及时对设计进行修改，避免了产品在生产出来以后才发现问题，需要修改或是报废情况的发生。

4）计算机技术的应用提高了机械产品的技术含量和质量

三维CAD技术采用较为先进的方法进行机械产品设计，如产品优化、有限元受力分析等，使产品的设计质量得到了有效保证，从而确保了机械产品的整体质量。三维CAD技术不仅能够方便地描述产品的形状、位置以及大小等几何特征，并且还可以赋予设计对象多种不同的信息，如纹理、重心、体积、惯性矩和颜色等，以此达到对设计对象几何形状确切的数学描述和工作状态的物理模拟，使机械设计人员的意图可以更全面、真实、充分、准确地表达出来。

5）计算机技术为提高机械加工性能提供理论支持和技术保障

计算机辅助制造（CAM）是一种利用计算机控制设备完成产品制造的技术。例如，20世纪50年代出现的数控机床便是在CAM技术的指导下，将专用计算机和机床相结合后的产物。借助CAM技术，在生产零件时只需使用编程语言对工件的形状和设备的运行进行描述，便可以通过计算机生成包含加工参数（如走刀速度和切削深度）的数控加工程序，并以此来代替人工控制机床的操作。这样不仅能够提高产品质量和效率，还能够降低生产难度，在批量小、品种多、零件形状复杂的飞机、轮船等制造业中备受欢迎。图3.38为计算机辅助制造场景。

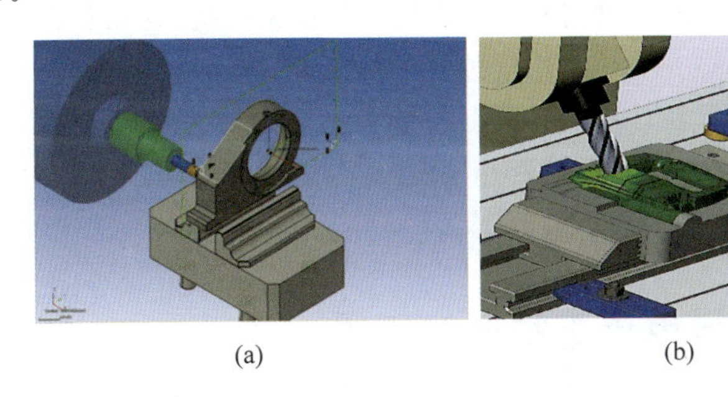

(a) (b)

图3.38 计算机辅助制造场景

计算机集成制造系统(CIMS)是集设计、制造、管理三大功能于一体的现代化工厂生产系统,具有生产效率高、生产周期短等特点,是20世纪制造工业的主要生产模式。在现代化的企业管理中,CIMS的目标是将企业内部所有环节和各个层次的人员全都用计算机网络连接起来,形成一个能够协调统一和高速运行的制造系统。

计算机仿真技术(CAE)能够通过虚拟试验的方式来分析和解决机械制造中的一系列问题。在机械制造企业中,机械的加工过程是其进行生产的基础,而计算机仿真技术有助于发现生产加工过程中的具体机理,并为提高机械加工性能提供理论支持和技术保障。例如,在磨削方面,计算机仿真技术能够模拟预测出实际的磨削行为以及磨削质量,为磨削过程的优化创造了必要的条件。

当代CAD/CAM应用的典范——无纸设计的波音777巨型客机是当前世界上最大的双引擎喷气客机,载客可达440名,初步的航程为7340～8930km,计划还要增加到11170～13670km。这种被称为"革命性"的远程客机的设计制造成功,向全世界展示了波音公司在777型飞机设计制造过程中全面采用CAD/CAM技术所取得的巨大成就,实现了人们多年来追求的理想——无纸化设计。波音公司1990年开始投入777型飞机的发展,采用了2200台图形工作站与8台主机相连,实现了全机100%的数字化设计。工程设计人员在工作站屏幕上,使用三维交互式设计软件CATIA系统,直接做出彩色立体的三维图形,远比手工绘制二维图纸精确得多,而且可以十分方便、直观地修正或补充任何设计方案。图3.39所示为CATIA软件用于波音777型飞机的设计。

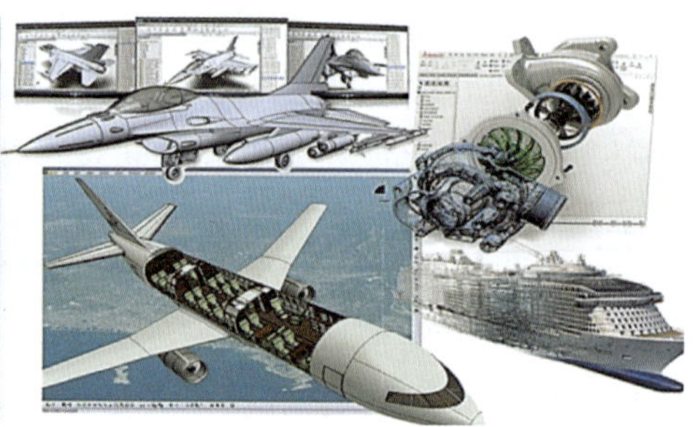

图3.39 CATIA三维软件用于波音777型飞机的设计

波音777型飞机上有133500种专门设计的零件,全机零件总数达300万件以上(包括紧固件),要使这么多的零、组、部件装配组合在一起,并保持相当高的准确度,是飞机制造业最令人头疼的工作。以往为了减少生产中出现不协调、不配合、干扰碰撞等问题,必须在正式生产之前先制造一台价格昂贵、费时费力的全尺寸的模型样机,这几乎成为飞机制造业的金科玉律,有些汽车车体制造企业也采用这种复杂的技术。在波音777型飞机研制中,由于采用CAD/CAM技术实现了在计算机屏幕上的数字化虚拟预装配,不再需要全尺寸模型,只此一项即可为新飞机研制节省巨额投资并压缩10个多月的周期。图3.40为波音飞机数字化装配场景。

3.5.3 计算机在机械电子工程中的应用

机械电子工程的生产水平在很大程度上影响着我国生产力水平,其融合了机械工程、电

图 3.40 波音飞机数字化装配场景

子技术、传感器工程以及信息工程等多种工程技术。计算机技术的发展极大地推动了机械电子工程向现代化、信息化的方向发展，对机械电子工程的生产方式以及管理模式都有一定程度的改变。

1）机械电子控制中的仿真技术

我国机械电子控制技术还处在探索阶段，在这个阶段中，科研人员主要进行有关机械电子控制自动化技术的模拟操作建设技术方面的研究，在经过长时间的探索后，中国相关研究人员已经研究出了仿真建模技术，可与发达国家的机械电子控制技术相媲美。仿真建模技术可以大大提高机电系统的数据传输速率，改善数据管理模式。衡量机械电子控制技术自动化水准的一个主要标准就是能否构建可以用于机电系统控制的模拟操作系统，而仿真建模技术正好做到了这一点，其所构建的模拟操作环境不但符合传统的机电控制规则，同时还在很大程度上实现了机电系统的同步控制。对于一些机电系统中出现的故障，仿真建模技术能够自主地侦测并排除问题，并且将问题解决过程呈现给操作员，避免问题扩大。

2）专家系统在机械电子控制技术中的应用

专家系统中存储有大量机电系统运行以及维护的专家知识和经验，在实际机电系统的运行维护中能够起到自动控制、故障监测以及紧急处理的作用。目前的专家系统上主要是通过 CBR（基于案例的推理）以及 RBR（基于规则的推理）共同建立的机电系统故障监测系统进行机电系统的日常维护。在机电系统运行期间，专家系统可以实时监控机电系统相关设备的状态，并将其与数据库中的故障内容进行比较。如发现较为相似的案例情况，则迅速采取措施，急停设备或发出警报提醒工作人员检查等。

3）智能控制技术在机械电子控制中的应用

智能控制技术一是可以提高机械电子自动化控制技术的运行安全性。对于机械电子控制系统来说，其拥有的复杂性以及低容错率的特点，使得传统的机械电子控制技术难以全面降低故障发生率，但是智能化控制技术能够实时并全局监测故障的发生。二是智能化控制技术具有可控性，能够远程控制机械电子系统，通过软件与硬件之间的通信连接，实现安全和高效的机电系统控制。图 3.41 为智能生产车间示意图。

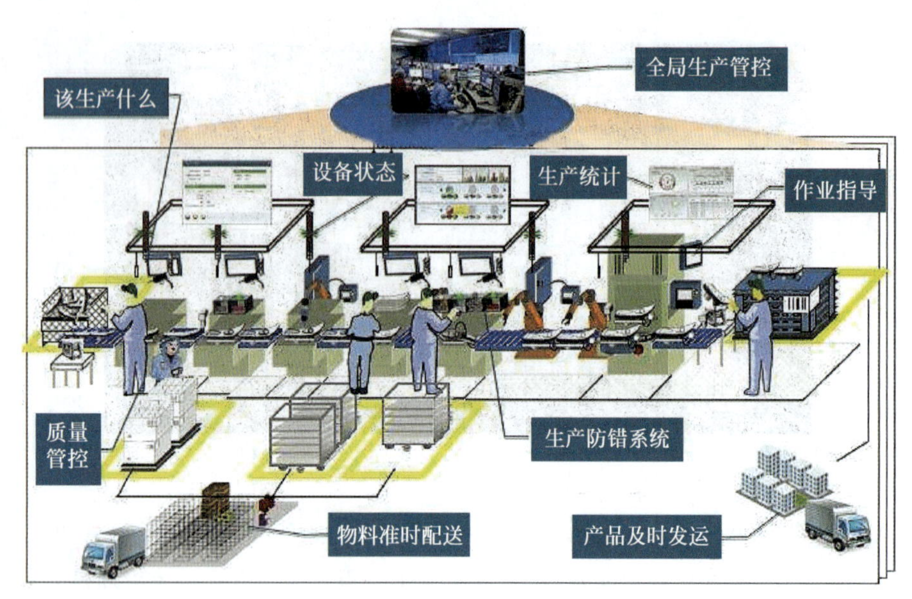

图 3.41 智能生产车间示意图

3.6 人文与机械工程

3.6.1 概述

人文科学指与人类利益有关的学问，主要研究人的观念、精神、情感和价值，即人的主观精神世界及其所积淀下来的精神文化。人文科学包括了文学、历史、哲学、艺术等。

人文科学中的哲学的地位处于其他学科和自然科学之上。科学最开始的时候是与哲学结合在一起的，没有严格的分界线。科学更加追求确定性，有确切的研究对象，用确定的研究方法得出确定的结果与规律，而哲学更加注重问题的提出和解决问题的过程。科学与哲学的关系是紧密的，每一门从哲学中分离出来的科学，同时都给哲学留下了一些独特的问题，一些它们不能解决的东西，却使得哲学必须永久面对或者至少暂时要面对的问题。

科学技术哲学属于哲学的重要分支学科，主要研究自然界的一般规律、科学技术活动的基本方法、科学技术及其发展中的哲学问题、科学技术与社会的相互作用等内容。随着科学技术的发展，科学技术方法论的研究开始出现，科学技术对科学影响日益明显的现代，科学技术哲学研究也日益受到重视。图 3.42 为哲学家黑格尔和恩格斯。

(a) 德国哲学之父——黑格尔

(b) 恩格斯与自然辩证法

图 3.42 哲学家

3.6.2　人文与科技

现代科技的快速发展使得社会发生了翻天覆地的变化，不管是物质层面还是精神层面，它已经不仅仅局限于发现某种物质或者发明某件产品，可以称之为一种文化现象。人文和科技在相互碰撞和融合中发展。人文环境好，会影响人们对科学的重视，自然科技也就会提升，人们的素质提高了，自然会开始接受一些新兴事物，比如网上购物、手机支付等，在人文环境的熏陶下，自然科技得到长足发展，网上服务不断推陈出新，并被大众广泛接受。

国际哲学与人文科学理事会主席，中国社会科学院学部委员、民族文学研究所所长朝戈金教授在一次接受采访时说："科技和人文在被人为分隔、渐行渐远几百年后，终于又走到了必须融合之时。而且，科技和人文这对'命运共同体'从未像今天这样，面临着融合的迫切需求。"

中国科学院《自然辩证法通讯》杂志社李醒民教授指出："没有科学人文情怀关照的科学主义是盲目和莽撞的，没有科学精神融入的人文主义是憋足和虚浮的"。怎样维系人文与科技的关系是现代人类面临的一个难题。科技本身是理性的，但在研究过程中又不能排除非理性因素，或者说，科学归根到底是人类活动，有人文的基础，而人文是复杂的，却又在一定意义上是统一的。

人类当下面临的诸多挑战和困境，如环境污染、气候变暖、种族冲突、资源紧缺等，这些问题单靠技术进步是不能够解决的。人类目前或未来面临的一些共同困境和危机，需要科学家和人文学者携手应对解决。

以人工智能技术为例，人工智能一方面确实给人们的生活带来了极大便利，但另一方面，人工智能也越来越了解人，甚至有时候会"模仿"人进行决策，如每天手机软件的新闻推送、网上购物时的选择、外出旅游和吃饭地点的推荐等，很多人已经越来越"听从"人工智能给出的建议了。或许未来人们会越来越多地依赖人工智能的辅助进行决策，但是，如何确保我们的人生不被技术所左右，使人工智能在"自主行事"时更加符合人性和人道，而不至于使人类丧失判断能力？未来人工智能若被用于取代医生为病人开具处方，机器人是否被允许决定治疗方案？如果人工智能软件犯了危害人的错误，软件开发商是否应该承担法律责任？"自主学习"算法是否可以被视为独立于人的创造者？诸如以上科技进步带来的问题就需要加大人文研究的力度，以人文加持，控制技术的滥用。图 3.43 所示为人工智能的应用。

图 3.43　人工智能的应用

对于人类社会发展而言，科技与人文，二者缺一不可。如果只重视科技发展，忽视人文建设，必然会带来非常严重的后果。人文精神不仅为科技创新提供良好的精神氛围和环境，同时也是约束科学技术负面影响的重要力量。科技只有在人文的指导下,才能向着对人类最有利的方向发展。例如,对于核能利用而言,核电站是利用核裂变反应释放能量来发电,核能发电不会产生二氧化硫等有害气体,不会对空气造成污染。合理利用核能有助于减轻温室效应、改善气候环境。但是,若核能成为有野心的政治家耀武扬威的大棒,将对人类带来不可挽回的后果。图 3.44 为核能发电和原子弹。

(a) 核能发电

(b) 原子弹

图 3.44　核能发电和原子弹

当然,脱离科技的人文,也是不现实的,甚至可能对人类造成伤害,比如,愚昧的迷信曾给人类带来很多灾难。在科技如此发达的社会,人文也必须适应科技的发展速度,否则,人文观点不仅不能客观公正地了解现实状况,也将对新科技带来的新问题束手无策。有人曾言,科技让我们知道我们现在在哪里,而人文则将照亮我们前进的方向,因此,科技需要人文,人文也离不开科技。

要成为一个全面发展的人,人文素养和科学素质同等重要。工科学生需要人文科学滋养。2005 年,温家宝总理探望 93 岁高龄的钱学森(图 3.45(a)),向他咨询教育方面的意见。在这次交流中,钱学森向温家宝提出了一个严峻的疑问:"为什么我们的学校总是培养不出杰出人才?"这就是著名的"钱学森之问"。在这次交流中,当温家宝提到国家已经在理工学科方面进行了深远的布局规划时,钱学森赶忙进行了补充和提醒:"我要补充一个教育问题,培养具有创新能力的人才问题。一个有科学创新能力的人不但要有科学知识,还要有艺术修养。没有这些是不行的。小时候,我父亲就是这样对我进行教育和培养的,他让我学理科,同时又送我去学音乐,就是把科学和文化艺术结合起来。我觉得艺术上的修养对我后来的科学工作很重要,它开拓科学创新思维。"

大脑两半球分别主管理性与情感,又相互联结协调。两半球只有均衡发展、综合使用,大脑总效率才能成倍增长。音乐就具有调节两半球的功能,能够促进左右脑协调发展。中国航天之父钱学森喜欢音乐,在国立交通大学(上海本部)学习时就加入了多个音乐艺术团,并且是一名出色的圆号手(图 3.45(a))。在美国麻省理工学院留学期间他认识了很多音乐爱好者,他们经常一起听音乐会,有时还举办音乐会。钱学森在多个场合还表达了对夫人的感谢,感谢夫人的艺术修养带给他科研上的启发。他在介绍他的夫人时说:"她是女高音歌唱家,而且是专门唱最深刻的德国古典艺术歌曲的。正是她给我介绍了这些音乐艺术,这些艺术里所包含的诗情画意和对人生的深刻理解,使得我丰富了对世界的认识,学会了艺术的广阔思维方法,或者说,正因为我受的这些艺术方面的熏陶,我才能够避免死心眼,避免机械唯物论,想问题能够更宽一点、活一点。"许多科学家都有很深的艺术修养,音乐是许多科学家的挚爱,开普勒、牛顿、普朗克、爱因斯坦等科学大师都是音乐爱好者(图 3.45(b))。

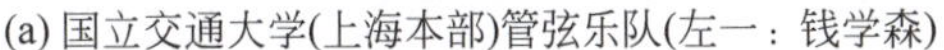
(a) 国立交通大学(上海本部)管弦乐队(左一：钱学森)

(b) 拉小提琴的爱因斯坦

图 3.45 科学家与音乐

3.6.3 工程哲学

“一个国家的发展水平，既取决于自然科学发展水平，也取决于哲学社会科学发展水平。”习近平总书记在 2016 年 5 月 17 日召开的哲学社会科学工作座谈会上曾这样讲道。在工程活动中，工程和哲学总是联系在一起的。当今的工程活动更加复杂多样，设计和建造过程中不可避免的会遇到一些全局性和抽象性的问题，如果缺乏哲学思维，不联系实际，不懂得运用马克思主义哲学，不研究科学技术和工程的辩证法问题，不用科学发展观理论指导实践，仅具有娴熟的业务技能、高超的技术和饱满的工作热情，很容易留下遗憾，也有可能造成资源与社会财富的浪费。每项成功而优质的工程项目，它的工程师和管理者都需要在工程活动的全过程用正确的哲学观、工程观指导工程活动。

工程需要哲学支撑，工程师也需要有哲学思维。用唯物主义武装工程师，有助于避免主观主义、拍脑袋工程、豆腐渣工程，更多的辩证思维有助于避免片面性、走极端、思想僵化等。对工程科技工作者来说，工程哲学是思想方法、思维武器，一名优秀的工程师要关注工程哲学，学习、研究和运用工程哲学。图 3.46 给出了关于工程哲学的书籍。

(a)《工程哲学》

(b)《经典与生活中的辩证法：工程师的哲学笔记》

图 3.46 工程哲学书籍

中国工程院院士殷瑞钰认为，树立正确的工程理念是在工程领域落实科学发展观的根本所在。工程需要哲学，哲学也要面向工程，通过不断加强工程界与哲学界的联合和互动，工程哲学才能不断发展和壮大。中国工程院原院长徐匡迪发表题目为《工程师要有哲学思维》的文章，文章关于“工程哲学”的论述节选如下：

既然工程所要面对的任务,是改善人类生存的物质条件,是要从原始社会人类直接取得自然赐予的状态(野果、野兽、树巢、洞穴)变为使自然物质(种)通过工程来造物,从而更有效地加以利用。如将矿石冶炼为金属,来制成工具和器皿;通过选育良种、驯化家禽,以提高农牧业产量;不断改进修路架桥、楼宇建筑的水平,改善行与住的条件等等。因为要造物就要了解客观世界,就有一个如何处理人与自然关系的哲学问题,中国古代道家具有朴素的天人合一、"尊重自然"的哲学思想,许多伟大的工程之所以历经数千年而不朽,究其原因,乃是尊重自然规律的结果。其中一个杰出的代表是二千多年前李冰父子所筑的都江堰水利工程,它采用江中卵石垒成倾斜的堰滩,在鲤鱼嘴将山区倾泻下来的江水分流,冬春枯水时,导岷江水经深水河道,过宝瓶口灌溉成都平原的数百万亩良田;汛期丰水时,大水漫过堰滩从另一侧宽而浅的河道流入长江,使农田免遭洪涝之苦。其因势利导构思之巧妙,就地取材施工之便宜,水资源充分利用之合理,至今仍令中外水利专家赞叹不已,可以说是大禹治水以来,采用疏导与防堵相辅相成、辩证统一的典范,亦是中国古代工程哲学思维成功的案例之一。

……

除此以外,工程还必须和社会、文化相和谐。这一点可追溯到工程的源头和起点,既然工程的出现是为了满足人类更好生存、生活的意愿,理所当然,它应该和不同地域条件、各种文化习惯及当地人民的生活爱好相吻合。只要看一看中国各地的民居,就可得到佐证:湘西边城凤凰的吊脚楼,因为是依山傍水建成,为惜用宝贵的土地资源,就将临江河房屋的一部分通过深入水中的"吊脚"建在了水面之上;而江南民居,不分贫富,堂屋(厅)的南面均建成排门(只有高低、材质及装饰繁简之不同),冬天打开排门,太阳可直射进大半个屋子,因东、西、北三面都关闭,挡住了西北风,使之形成温暖的"小气候"。到了夏天,太阳直射点已转至北回归线附近,阳光照不进屋内,但东南风却可长驱直入,如打开北门(窗),则有类似遮阳取风之凉亭的作用,故而经历数千年,世代相传。反观近年来各地城镇化进程中,相当一部分新建城区脱离所在地域条件和文化传统,盲目求高、求洋,造成"千城一面"的状况,不能不令人扼腕痛惜!我以为工程的原理本是相同或相通的,是可以相互借鉴的,理应打破国家或地域之界限,做到博采众长,但是借"他山之石"是为了"攻自己之玉",因此绝不能简单地照搬、"拷贝"。复印和抄袭不是工程设计,因为没有了工程思维,不与周边环境、当地文化协调、和谐,就失去了工程创造的应有之意。

当然,出现上述工程与环境不协调,甚至破坏环境,以及造成工程不能传承文化,不具有地域性、创造性特点的原因是多方面的,其中既有地方当政者追求近期效益、急于求成、瞎指挥的外部因素,亦有工程界内部人才培养模式不尽合理、科学文化素养教育不够的问题。相当一段时间以来,工程教育中重物轻人、重理轻文的现象相当严重,甚至把工程教育培养的目标简单地局限于该学科领域内的物质生产者,缺乏对工程师进行所造之物必须适应所处环境、地域,应该和周边文化氛围相协调的教育。既没有培养系统的工程思维方法,更缺乏工程哲学的思辨能力,这样培养的工程师所进行的物质文明建设往往会与生态文明和社会、人文传统背道而驰,迟早会成为被历史抛弃的"败笔",造成资源与社会财富的浪费。

……

一项好的工程设计,或者说好的优化设计,从本质上讲就是处理好了设计对象所处环境中的对立统一的关系,分清了事物的本与末,抓住了现象的源和流,从而达到了兴利除弊的合理状态。当然,有了好的工程设计,并不一定能保证工程产品就是质优、价廉、长寿、节能的，它还需要好的工程施工(或制造工艺)、工程管理、工程服务来加以保证，这里面亦都有许多哲学问题，总之，整个工程系统都需要运用哲学思维来分析、统筹、综合，以达到尽可能接近事物的客观规律，努力与周边环境的生态、与社会和谐相处。

……

反观人类历史进程，哲学总是在人类社会面临巨大困惑及冲突的时期和环节中得以诞生与发展的，因此我们有理由相信工程哲学是21世纪应运而生的产物，它将使工程界自觉地用哲学思维来更好地解决工程难题，促进工程与人文、社会、生态之间的和谐，为构建和谐社会作出应有的贡献！

3.7　环境与机械工程

3.7.1　概述

环境工程主要研究如何保护和合理利用自然资源，利用科学的手段解决日益严重的环境问题、改善环境质量、促进环境保护与社会发展，是研究和从事防治环境污染和提高环境质量的科学技术。

环境工程是一个庞大而复杂的技术体系。它不仅研究防治环境污染和公害的措施，而且研究自然资源的保护和合理利用，探讨废物资源化技术、改革生产工艺、发展少害或无害的闭路生产系统，以及按区域环境进行运筹学管理，以获得较大的环境效果和经济效益，这些都成为环境工程学的重要发展方向。

环境污染很大程度上是由工业发展引起的，工业废气、废水、废渣的排放都会污染环境。产业革命以后，尤其是20世纪50年代以来，随着科学技术和生产的迅速发展，城市人口的急剧增加，自然环境受到的冲击和破坏愈演愈烈，环境污染对人体健康和生活的影响越来越严重。工业造成的污染是当前最主要的污染(图3.47)。目前，随着机械工业的发展和技术的进步，虽然经济发展取得了巨大进步，人类获得了巨大的物质财富，但是机械对地球资源、能源等消耗过快、过多，环境污染极为严重，人类健康受到危害，而且也付出了沉痛的环境代价和昂贵的机械研制成本，因此机械工业加强“机械与环境的和谐发展”势在必行。

(a) 工业废气

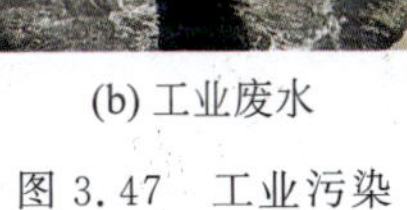

(b) 工业废水

(c) 汽车尾气与噪声

图3.47　工业污染

3.7.2　机械工业的环境污染

机械工业的任务是为国民经济各部门制造各种装备。在机械工业的运行过程中，不论是铸造、锻压、焊接等材料成形加工，还是车、铣、镗、刨、磨、钻等切削加工都会排出大量污染大气的废气、污染土壤的废水和固体废物，如金属离子、油、漆、酸、碱和有机物，带悬浮物的废水，含铬、汞、铅、铜、氰化物、硫化物、粉尘、有机溶剂的废气，金属屑、熔炼渣、炉渣等固体废物，同时在加工过程中还伴随着噪声和振动。

1. 水污染

机械制造过程中，存在着一定的废水排放，废水包括含油废水，酸碱废水，电镀及热处理排放的含氰、铬废水，油漆含苯废水等。含油(包括乳化液)废水在机械工业中数量很大，它含有有机物及表面活性剂，如不经处理直接排放就会污染环境，影响水生物和农作物的生长，危害人类健康。图3.48为零件切削加工时使用的切削液。

(a) 切削油

(b) 乳化液

图3.48 切削液

电镀生产中所排放的有污染的废水90%是由清洗镀前、镀后的工件所产生的，其中含有CN^{-1}、Cr^{+6}、Cd^{+2}等重金属，对环境、人体危害严重，若不进行处理直接排放会对环境造成严重的污染。

2. 空气污染

铸造生产过程中，加热使铁水的温度高达1400℃左右，在铁水的熔化过程中，大量的粉尘和有害气体通过化铁炉的顶部排入大气。退火窑是对铸件进行热处理的关键设备，它主要通过改变铸件的内部组织提高其机械性能，在煤的燃烧过程中释放出大量的烟尘和有害气体，通过烟囱排入大气。在此过程中主要的有害气体为CO、HF和SO_2。

焊接过程中，电弧焊产生含锰、氟的烟尘量一般均达每立方米数十到数百毫克。在船舱或容器、管道内焊接时，烟尘高达五六百毫克每立方米。即使在露天焊接烟尘也达十几毫克每立方米(国标为$<5mg/m^3$)。熔炼埋弧焊用的焊剂，排放出大量的含锰、硅、氟化物的烟尘，严重影响操作者的身体健康，也影响周边地区农作物的生长。

热处理生产过程在工件淬火冷却和油中回火时，产生大量的C_mH_n、CO和烟尘，这些气体污染环境，危害人类身体健康。

3. 噪声污染

随着机械设备的高速运转，机械部件间及机械部件与作业加工器件之间的摩擦力、撞击力以及交变应力，致使机械部件、壳体、加工器件等之间产生无规律振动从而辐射出大量高分贝噪声。噪声来源一般有机械性噪声，如电锯、打磨机、锻锤冲击等加工过程中产生的噪声；电磁性噪声，如电动机、变压器等在运转过程中发出的噪声；流体动力性噪声，如液压机械、气压机械设备等在运转过程中发出的噪声。除最直接的听力受损危害，噪声污染还严重地影响到人体各个器官的正常功能，导致出现头痛、脑涨、耳鸣、失眠、全身疲乏无力以及记忆力减退等神经衰弱症状。

3.7.3 绿色设计制造与环保装备

机械工程与环境相互依赖又相互制约。一方面，机械工程的发展以牺牲一定的环境为代价，给环境带来了负面影响；另一方面，机械工程的发展为环境保护提供了先进的技术与装备支持。

1. 绿色设计技术

1）环保材料的选择

环保材料的选择包括各种易降解或生物降解材料、天然材料、易于回收和再利用的材料，以及即使无法回收和再利用，但废弃后对环境影响小的材料。

2）面向机械回收的设计

减少机械对环境的影响、节省能源和资源是机械设计的根本目标，合理的回收设计和方法会产生巨大的经济和社会效益。我国目前废弃的机械几乎全部采用手工分解，回收率很高，但环保效果不理想。机械回收性设计是指在机械的设计阶段，就充分考虑零部件和材料回收的可能性、回收价值和回收处理方法等，以达到零部件和材料的有效再利用，并在回收过程中对环境污染最小的一种现代设计方法。

3）面向机械拆卸的设计

机械拆卸设计就是在机械的设计阶段，让机械具有良好拆卸性能的设计方法，主要包括以下一些原则：在机械功能满足要求的前提下，考虑到将来的拆卸和回收，尽量简化设计，以减小拆卸难度；减少材料种类，使用兼容性能好的材料；结构和功能相近的零部件尽量标准化、通用化、模块化，这可减少拆卸工具的数量和种类，易于实现拆卸、更换和重用。机械设计要根据拆卸性设计的原则进行具体设计。

4）面向机械的生命周期评价

机械生命周期评价主要是针对环境问题提出的，但它也是机械绿色设计分析和评价的方法。机械生命周期评价不仅包括环保材料的选择、产品的可回收设计、拆卸设计、废弃物再生及其资源化处理等绿色设计的内容，更强调了在机械的生命周期全过程实现技术、经济和环境的最佳。因此，机械进行生命周期评价是重要的和必要的。

2. 绿色制造技术

以源头削减污染物产生为目标，革新传统生产工艺及装备，通过优化工艺参数、工艺材料，提升生产过程效率，降低生产过程中辅助材料的使用和排放。用高效绿色生产工艺技术装备逐步改造传统制造流程，广泛应用清洁高效精密成形工艺、高效节材无害焊接、少无切削液加工技术、清洁表面处理工艺技术等，有效实现绿色生产。图3.49为发动机再制造。

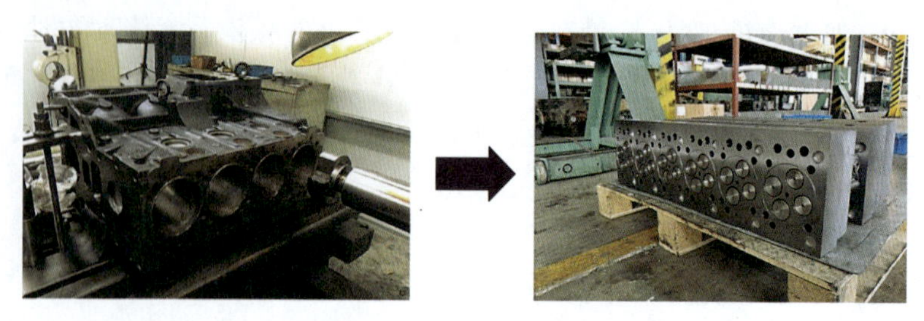

图 3.49 发动机再制造

3. 工业污染处理技术

1) 废气除尘技术

从废气中分离捕集颗粒物的设备称为除尘器。按照除尘机制，可将除尘器分成如下四类：机械式除尘器、电除尘器、洗涤除尘器和过滤式除尘器。近年来，为提高对微粒的捕集效率，陆续出现了综合几种除尘机制的多种新型除尘装置，如荷电液滴湿式洗涤除尘器、荷电袋式除尘器等。

(1) 机械式除尘器。机械式除尘器一般是指靠作用在颗粒上的重力或惯性力或两者结合起来捕集粉尘的装置，主要包括重力沉降室、惯性除尘器和旋风除尘器。机械式除尘器造价比较低，维护管理较简单，结构装置简单且耐高温，但对 5μm 以下的微粒去除率不高。

(2) 电除尘器。电除尘器是利用静电力实现粒子(固体或液体)与气流分离的装置。它与机械方法分离颗粒物的主要区别在于其作用力直接施加于各个颗粒上，而不是间接地作用于整个气流。电除尘器有两种形式，即管式和板式电除尘器。电除尘器正被大规模地应用于解决燃煤电站、石油化工工业和钢铁工业等的大气污染问题，在回收有价值物质中也起着重要的作用。电除尘器的主要缺点是设备庞大，耗电多，投资高，制造、安装和管理所要求的技术水平较高。

(3) 袋式除尘器。袋式除尘器是利用天然或人造纤维织成的滤袋净化含尘气体的装置，除尘效率一般可达 99%以上。其作用机理按尘粒的力学特性，具有惯性碰撞、截留、扩散、静电和筛滤等效应。虽然袋式除尘器是最古老的除尘方法之一，但由于它效率高、性能稳定可靠、操作简单，因此获得了越来越广泛的应用，同时在结构形式、滤料、清灰和运行方式等方面都得到了发展。图 3.50 为某车间除尘设备。

图 3.50 某车间除尘设备

2) 废水处理技术

废水处理技术是用离子交换法处理重金属废水，从而实现金属回收、水循环使用、全封闭、无排污的工艺。现已从固定床处理工艺发展到移动床处理工艺,进一步简化了处理设备,缩减了占地面积,大大提高了树脂的使用率。此外,轻质高效薄膜蒸发器出现后,为电镀逆流漂洗液的浓缩回收开辟了新的途径。它与树脂交换法配套使用,投资少、抗蚀性强、操作简便,适用于电镀行业蒸发含铬、镍、铜等多种金属离子的稀液。图 3.51 为某工业废水处理设备。

图 3.51　某工业废水处理设备

3) 噪声与振动控制技术

传统的隔振阻尼、机罩、吸收、隔声、屏障、护耳器等工程措施现在仍然是噪声治理的基本手段。从噪声传播的过程中可以看出,在声源处采取措施,消除噪声产生的原因,是最根本的办法。这就要求机械产品设计和制造过程中充分重视噪声的降低和控制问题。在工艺设计中,注意选择噪声低的工艺过程,如以焊代铆、以压代锻、以液压动力代替空气动力等,都是降低声源噪声的积极措施。目前,机械制造行业对一些主要工业产品,如内燃机、机床、电机、风机、空气压缩机、空调设备和轴承等都已开展了降低噪声的科研工作,有的还制定了产品噪声标准,作为评价产品质量的指标之一。

目前通常采用弹性体来支承机械设备,以降低机械的振动和隔绝振动的传递。常用的减振支承弹性体有板簧或螺旋弹簧等金属弹性减振器,还有利用气体的特性而制造的空气弹簧,以及利用减振橡胶的特性制造的金属-橡胶减振器等。

4. 环保装备

环保装备是指用于控制环境污染、改善环境质量而由生产单位或建筑安装单位制造和建造出来的机械产品、构筑物及系统。环保装备包括反渗透膜技术装备,渗滤液处理技术装备,污泥干化和污泥焚烧技术装备,污水处理高效节能曝气设备,耐高温大容量布袋除尘器,烟气脱硫大型氧化风机、除雾器、循环泵,机动车尾气净化技术与装备,电袋复合除尘技术装备,便携式污染事故应急监测仪器等。图 3.52 为空气和噪声检测设备。

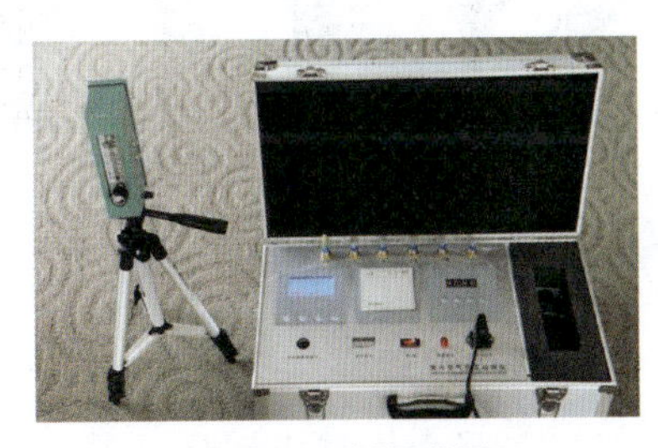

(a) 空气污染检测设备

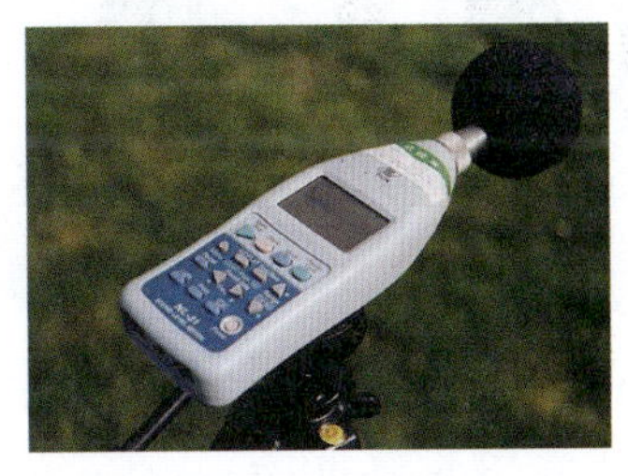

(b) 噪声检测设备

图 3.52　空气和噪声检测设备

第4章

机械设计及理论

4.1 概　　述

4.1.1 机械设计发展阶段

机械设计是运用多学科基础理论、方法和技术，根据功能要求和应用目标对机械的工作原理、结构、运动方式、润滑方法等进行构思、分析和计算，并将其转化为具体的描述以作为制造依据的工作过程。机械设计的基础是机械设计科学，简称机械设计学。它以数学、物理学（尤其是力学、电学）及材料学为基础，以设计理论和方法学为核心，包括设计学、摩擦学、传动学、机构学、机器人学、仿生机械学、机械强度学等学科内容。根据设计技术的特征，可以将机械设计技术的发展分为五个阶段。

(1) 直觉设计（远古至1500年）。人类的设计活动开始于制造工具，人们从自然现象得到启示或是凭借长期劳动所获得的直观感觉来设计和制作所需要的各类型产品，如原始社会的各类石器（图4.1）、封建社会的各种铁器和青铜器（图4.2）。这一阶段设计出来的产品结构简单，功能单一，设计与制造也往往是工匠的个人行为。

图4.1　原始社会的石器工具

图4.2　青铜器

(2) 经验设计（1501—1849年）。人们开始利用力学原理组成各种装置，简单工具逐渐向传统机械发展。18世纪的第一次产业革命使机械技术出现了设计与制造的分工。19世纪初，机械学从力学中独立出来。19世纪后期，机械工程学逐渐成为一门独立学科。机械学是机械工程学的理论基础。由于当时的机械制造尚未形成一个学科体系，所以机械学可作为机械工程学的简称。当时的设计技术主要体现在机械学所研究的基本机构和基础零件之中。设计主要是依靠设计者个人的才能和经验，其局限性和随意性很大。

(3) 半经验设计(1850—1949 年)。1851 年第一届世界博览会后，出现了大量复杂的机械产品。19 世纪中期发生第二次产业革命，使设计技术在理论和实践上都有明显提高。德国出版的《理论运动学》，表明人们对设计的认识第一次从特性上升到个性。20 世纪初出现的图纸设计法，使成本大大降低。20 世纪初标准化开始有组织地活动，提高了设计的效率和质量。人们通过对关键零部件的试验和对各种专业产品设计质量的研究，减少了设计的盲目性。但是，该阶段还未将设计本身作为一门学科来研究，设计还存在较大的经验性和局限性。

(4) 半自动设计(1950—1989 年)。该阶段的显著特点是对设计工具的革新和对设计方法的深入研究。20 世纪 50 年代电子计算机用于科学计算，60 年代出现了计算机自动绘图，1970 年美国推出 CAD 系统，1971 年日本出版了“设计工程学丛书”，1977 年德国出版了《设计学》，这表明人们对设计的认识再次从特性上升到共性。20 世纪 80 年代，计算机实现了信息处理自动化，设计者主要从事决策工作，且往往需要群体合作来完成设计，如汽车和拖拉机便是由设计师和工程师共同完成的。该阶段逐渐形成了机械设计工程学。图 4.3 为我国自主设计的第一辆红旗轿车。

(5) 自动化设计(1990 年至今)。20 世纪 90 年代，形成了建立在决策自动化基础上的计算机集成制造系统(CIMS)。决策自动化本质上是对知识处理和使用的自动化。在该阶段，设计过程中大量的一般性决策及信息处理可以由计算机完成，设计者可以仅作关键性决策。采用虚拟现实技术设计的波音 777 型飞机(图 4.4)，就是世界上第一架无图纸、无样机升空的飞机。

图 4.3　我国自主设计的第一辆红旗轿车

图 4.4　波音 777 型飞机

4.1.2　传统设计与现代设计

设计的思想和方法一方面不断影响着人类的生活与生产，推动社会进步；另一方面设计的思想和方法又受到社会发展的反作用，不断变化和更新。传统设计和现代设计反映了设计思想和方法随社会发展的变化。可以说传统设计和现代设计只是两个相对概念，随着科学的进步，一些现代设计方法也必然会变成传统设计。

一般来说,传统设计中灵感和经验的成分占有很大的比例,思维带有很大的被动性;而现代设计过程从基于经验转变为基于创造学、设计方法学、价值工程、设计哲学等设计科学,成为人们主动的、按思维规律有意识地向目标挺进的创造过程。

传统设计着重于实现产品本身预定的功能;现代设计则要求把对象置于"人—机—环境"大系统中,进行系统的设计。传统设计偏重于普通的基于理论力学和材料力学的静强度准则;现代设计采用有限单元法、断裂力学、弹塑性力学等强度分析方法,进一步强化了人们强度设计的能力。另外,现代设计准则拓宽到产品涉及的更多领域,如摩擦学设计准则、可靠性设计准则、人机工程设计准则、绿色设计准则和美学设计准则等。

传统设计各分系统设计之间缺乏协调,在设计过程中无法对整个系统给出准确的描述,存在重复建模、工作效率低、产品开发周期长和开发费用高等问题;现代设计可采用虚拟样机技术,在样机制造之前就可以预测样机的性能,把机、电、液等不同领域的工程师结合起来,协同设计,减少冗余建模,共享数据,更完整透彻地理解系统模型,对不能够用实验进行校验的场合进行仿真。现代设计可显著降低设计成本,减少设计实验周期。

传统设计建立在手工操作的基础上,发生于人脑的三维构思,在传统设计中必须用抽象的二维图形加以表达;现代设计的CAD技术则将手工操作变为计算机操作,将二维设计变为三维实体设计。

传统设计是串行设计,整个设计过程比较漫长;现代设计采用并行设计技术,使人们在做出一个设计方案时,从计算机网络中同时获得后续过程相关信息,使设计者有可能及时修改方案,寻求一个全面综合的优化方案。

4.1.3 现代机械设计的特点

可以说现代设计技术融合了信息技术、计算机技术、知识工程和管理科学等领域的知识,是科学方法论在设计中的应用,是设计领域中发展起来的一门新兴的多元交叉学科。图4.5为现代设计技术体系。常用的现代设计理论与方法有优化设计、可靠性设计、模糊设计、工业设计、计算机辅助设计、疲劳强度设计、损伤容限设计、摩擦学设计、模块化设计、热稳定设计、精度设计、并行设计、绿色设计、创新设计、虚拟设计、智能工程(设计)、反求工程(设计)等。

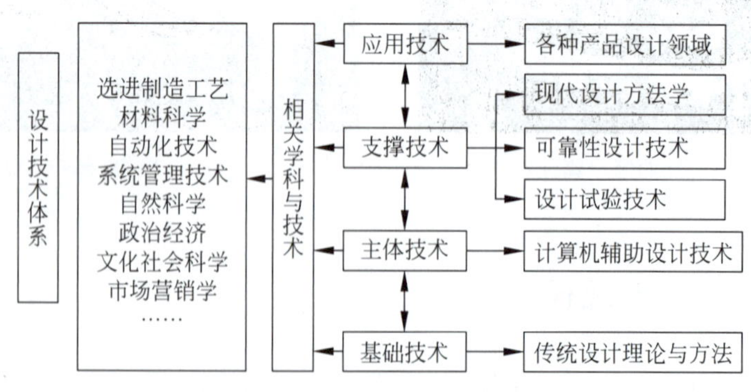

图4.5 现代设计技术体系

总体来说,现代设计方法体现以下特点:

(1) 设计范畴扩展化。传统设计只限于产品设计,现代设计则将产品设计向前扩展到产品规划，向后扩展到工艺设计，使产品规划、产品设计、工艺设计形成一个有机整体。

(2) 设计手段计算机化。计算机在设计中的应用已从早期的辅助分析计算和辅助绘图，发展到现在的优化设计、并行设计、三维建模、设计过程管理、设计制造一体化、仿真和虚拟制造等。特别是网络和数据库技术在设计中的应用。

(3) 设计过程并行化。将复杂产品划分模块，各模块并行设计，加快设计进程，提高设计质量。

(4) 设计过程智能化。借助人工智能和专家系统技术，由计算机完成一部分原来必须由设计者进行的创造性工作。

(5) 设计手段拟实化。三维造型技术、仿真和虚拟技术以及快速原型技术的出现，使得零件在制造前就能看到其形状，并可据此改进设计效果。

(6) 分析手段精确化。利用有限元等功能强大的分析工具，准确模拟系统的真实工作情况，得到符合实际的最优解。运用概率论、统计学方法进行产品的可靠性设计。

(7) 集成设计环境。利用计算机工具软件，可以在系统集成设计、分析、测试与仿真环境下完成产品设计，例如 Pro/E、UG、ANSYS 等软件。

(8) 强调设计的逻辑性和系统性。传统设计采用经验法和类比法；现代设计强调设计的逻辑性与系统性。例如，设计方法学中的功能分析法，应用“设计目录”进行设计等，可获得多种设计方案，经比较和优化，最终获得最佳方案。

(9) 动态多变量优化。传统设计过程由于受设计手段的限制，一般只能进行静态分析；现代设计可以考虑载荷谱等随机变量，进行动态多变量优化设计。

(10) 强调产品的环保性，发展绿色设计。要求设计出绿色产品，使产品运行过程中污染少，对人体危害小；对资源的利用效率高，并可重复利用。

(11) 强调产品宜人性。现代设计除强调产品的内在质量外，还特别强调产品的外观质量，如舒适性、美观性、时代性、艺术性等。

(12) 强调用户参与。随着人们对日常产品个性化的需求或一些专用机械产品的需求，在设计阶段用户就参与其中，明确特定需求。

(13) 强调设计阶段质量控制。现代质量控制理论认为，产品质量首先是设计出来的，其次才是制造出来的。

(14) 设计制造一体化。现代设计强调设计、制造过程的一体化和并行化，强调从设计信息到制造信息的顺畅传递、迅速反馈，设计和制造采用统一的数据模型。

(15) 产品全寿命周期最优化。现代设计强调从市场调研、用户要求，到产品规划、产品设计、工艺设计、制造过程质量控制、成本核算、销售价格、包装运输、售后服务、维修保养、报废处理、回收再利用等产品全寿命周期的综合最优化。

4.2　机械设计的基本方法

4.2.1　机械设计的基本要求

为了设计出性能好、成本低、安全可靠、操作方便、维护简单和造型美观的机械产品，机械设计应满足以下技术要求。

1. 技术性能要求

技术性能包括产品功能、制造和运行状况在内的一切性能，既指静态性能，也指动态性能，如功率、效率、使用寿命、强度、刚度、耐磨性、振动稳定性与热特性等。所设计的产品必须达到技术性能规定的要求，才能成为性能优良的合格产品。以振动稳定性为例，振动会产生额外的动载荷和变应力，尤其是当其频率接近机械系统或零件的固有频率时，将发生共振现象，这时振幅将急剧增大，有可能导致零件甚至整个系统的迅速损坏。振动性稳定要求就是限制机械系统或零件的相关振动参数，如固有频率、振幅、噪声等在规定的允许范围之内。又如，机器工作时的发热可能会导致热应力、热应变，甚至会造成热损坏。热特性要求就是限制各种相关的热参数(如热应力、热应变和温升等)在规定范围内。

2. 标准化要求

机械设计产品要符合标准化、系列化和通用化要求。在机械产品设计过程中所涉及的名词术语、符号、计量单位等应符合标准，所设计的零部件、原材料、设备及能源等的形状、尺寸和性能等都应按统一的规定选用，所涉及的操作方法、测量方法、试验方法等都应按相应规定实施。标准化要求就是在设计的全过程中的所有行为，都要满足上述标准化的要求。现已发布的与机械零件设计有关的标准，从运用范围上来讲，可以分为国家标准、行业标准和企业标准三个等级。

3. 可靠性要求

可靠性是指产品或零部件在规定的使用条件下并在预期的寿命内能完成规定功能的能力。可靠性要求就是指所设计的产品、部件或零件应能满足使用条件所需求的可靠性指标。

4. 安全性准则

机器的安全性包括：①零件安全性，指在规定外载荷和规定时间内零件不发生如断裂、过度变形、过度磨损和不丧失稳定性等；②整机安全性，指机器保证在规定条件下不出故障，能正常实现总功能的要求；③工作安全性，指对操作人员的保护，保证人身安全和身心健康等；④环境安全性，指对机器周围的环境和人不造成污染和危害。

5. 经济性要求

经济性要求是指所设计的机械产品在设计和制造方面周期短、成本低，在使用方面效率高、能耗少、生产率高和维护与管理的费用少等。

6. 结构合理性要求

为了降低零件制造、机器装配以及维护成本，所涉及机械零部件及产品要满足加工工艺性、装配工艺性和维修工艺性要求，即要充分考虑加工、装备和维修的难易程度和可行性。主要包含以下几个方面：

(1) 产品结构的合理组合。根据工艺要求，设计时应合理地考虑产品的结构组合，把工艺性不太好或尺寸较大的零件分解成多个工艺性较好的较小零件。产品结构的合理组合也包括设计时把多个结构简单、尺寸较小的零件合并为一个零件，以减轻质量，减少连接面数量，节省加工和装配费用，改善力学性能。有些零件上各工作面的工作条件不同，常采用不同的材料，可将多个零件的坯件用不可拆方式连接在一起，如热压配合、铆接、黏接或螺栓连接等，然后再整体地进行加工，可取得很好的效果。

(2) 零件的加工工艺性。零件的结构形状、材料、尺寸、表面质量、公差和配合等确定了其加工的难易程度。加工工艺性的评价应依据制造厂现有的生产条件，没有一个绝对的标准。这些生产条件概括起来包括如下几个方面：传统的工艺习惯；本企业的加工设备和工装条件；外协加工条件；与老产品结构的通用；材料、毛坯和半成品的供应情况；质量检验的可能性。

(3) 装配工艺性。装配工艺性包括便于装配的产品结构、便于装配的零件结合部位结构和便于装配的零件结构。

(4) 维修工艺性。产品的平均修复时间短，维修所需元器件或零部件的互换性好并容易买到或有充足的备件，有宽敞的维修工作空间，维修工具、附件及辅助维修设备的数量和种类少，维修技术的复杂性低，维修人员数量少，维修成本低。

7. 其他特殊要求

有些机械产品由于工作环境和要求不同，对设计提出了某些特殊要求。例如：对航空飞行器有质量小、飞行阻力小和运载能力大的要求；流动使用的机械(如塔式起重机、钻探机等)要便于安装、拆卸和运输；对机床有长期保持精度的要求；对食品、印刷、纺织、造纸机械等应有保持清洁，不得污染产品的要求等。

4.2.2　机械设计的一般步骤

机械设计是一个复杂的过程，设计过程根据产品的类型有所区别，但通常一个机械产品的设计过程大致包括计划阶段、方案设计、技术设计、施工设计、改进设计和定型设计六个阶段。

1. 计划阶段

根据用户订货需求、市场需要和新科研成果制定设计任务。市场调查要在明确任务的基础上广泛地开展，内容主要包括：用户对产品功能、技术性能、价位、可维修性及外观等的具体要求；国内外同类产品技术经济情报；现有产品的销售情况及对该产品的预测；原材料及配件供应情况；有关产品可持续发展的政策、法规等。可行性分析和报告是针对上述技术、经济、社会等各方面信息进行详细分析，并对开发的可能性进行综合研究，提出产品开发的可行性报告，报告一般包括：

(1) 产品开发的必要性，市场需求预测；

(2) 有关产品的国内外水平和发展趋势；

(3) 预期达到的最低目标和最高目标，包括设计技术水平、经济和社会效益等；

(4) 在现有条件下开发的可能性论述及准备采取的措施；

(5) 提出设计、工艺等方面需要解决的关键问题；

(6) 投资费用预算及项目的进度、期限等。

根据可行性报告确定技术任务书，下达对开发产品的具体设计要求，它是产品设计、制造、试制等评价决策的依据，也是用户评价产品优劣的尺度之一，内容主要包括：

(1) 产品功能、技术性能、规格及外形要求；

(2) 主要物理和力学参数、可靠性、寿命要求；

(3) 生产能力与效率要求；

(4) 环境适应性与安全保护要求；

(5) 经济性要求；

(6) 操纵、使用、维护要求；

(7) 设计进度要求。

2. 方案设计

市场需求的满足是以产品功能来体现的。实现产品功能是产品设计的核心，体现同一功能的原理方案可以是多种多样的。因此，这一阶段就是在功能分析的基础上，通过创新构思、优化筛选，取得较理想的功能原理方案。产品功能原理方案的好坏，决定了产品的性能和成本，关系到产品的水平和竞争力，是这一设计阶段的关键。

方案设计包括产品功能分析、功能原理求解、方案的综合及评价决策，最后得到最佳功能原理方案。对于现代机械产品来说，其机械系统(传动系统和执行系统)的方案设计往往表现为机械运动示意图(机械运动方案图)和机械运动简图的设计。

3. 技术设计

技术设计的任务是将功能原理方案得以具体化，成为机器及其零部件的合理结构。在此阶段要完成产品的参数设计(初定参数、尺寸、材料、精度等)、总体设计(总体布置图、传动系统图、液压系统图、电气系统图等)、结构设计、人机工程设计、环境系统设计及造型设计等，最后得到总装配草图。

4. 施工设计

施工设计的工作内容包括：由总装配草图分拆零件图，进行零部件设计，绘制零件工作图、部件装配图；绘制总装配图；编制技术文件，如设计说明书、标准件及外购件明细表、备件和专用工具明细表等。

5. 改进设计

改进设计包括样机试制、测试、综合评价及改进，以及工艺设计、小批生产、市场销售及定型生产等环节。根据设计任务书的各项要求对样机进行测试，发现产品在设计、制造、装配及运行中的问题，深入分析问题。在此基础上，对方案、整机、零部件做出综合评价，对存在的问题和不足加以改进。

6. 定型设计

定型设计用于成批或大量生产的机械。对于某些设计任务比较简单(如简单机械的新型设计、一般机械的继承设计或变型设计等)的机械设计可省去初步设计程序。

必须强调指出,整个机械设计的过程复杂并反复进行。在某一阶段发现问题,必须回到前面的有关阶段进行并行设计。因此,整个机械设计是一个“设计—评估—再设计”不断反复、修改和优化完善的过程,以期逐渐接近最佳结果。

4.3 机械设计及理论研究领域

4.3.1 绿色设计

绿色设计(green design)是20世纪80年代末出现的一股国际设计潮流。绿色设计也称为生态设计(ecological design)、环境设计(design for environment)等,是指在产品整个生命周期内,要充分考虑对资源和环境的影响,在充分考虑产品的功能、质量、开发周期和成本的同时,更要优化各种相关因素,使产品及其制造过程中对环境的总体负影响减到最小,使产品的各项指标符合绿色环保的要求。其基本思想是:在设计阶段就将环境因素和预防污染的措施纳入产品设计之中,将环境性能作为产品的设计目标和出发点,力求使产品对环境的影响为最小。图4.6为国家游泳中心,其外围形似水泡的ETFE(乙烯-四氟乙烯共聚物)膜是一种透明膜,能为场馆内带来更多的自然光,另外其酷似水分子结构的几何形状,具有独特的视觉效果和感受,使轮廓和外观变得柔和,水的神韵在建筑中得到了体现。图4.7为竹凳,体现了使用材料的天然环保。

图4.6 国家游泳中心

图4.7 竹凳

绿色设计反映了人们对于现代科技文化所引起的环境及生态破坏的反思,同时也体现了设计师道德和社会责任心的回归。绿色设计旨在保护自然资源,是防止工业污染破坏生态平衡的一场运动,已成为一种极其重要的发展趋向。

在漫长的人类设计史中,工业设计基于经济效益最大化目标而过度商业化,使设计成了鼓励人们无节制消费的重要介质,“有计划的商品废止制”就是这种现象的极端表现。正是在这种背景下,设计师们不得不重新思考工业设计师的职责和作用,绿色设计也就应运而生。

维克多·巴巴纳克在20世纪60年代出版的《为真实的世界设计》一书中提出:设计的最大作用并不是创造商业价值,也不是包装和风格方面的竞争,而是一种适当的社会变革过程中的元素。他同时强调设计应该认真考虑有限的地球资源的使用问题,并为保护地球的环境服务。对于他的观点,当时能理解的人并不多。但是,自20世纪70年代“能源危机”爆发,他的“有限资源论”才得到人们普遍的认可。绿色设计也得到了越来越多的人的关注和认同。

对工业设计而言,绿色设计的核心是“3R1D”,即Reduce(减少)、Recycle(回收)、Reuse(再利用)和Degradable(可降解),不仅要减少物质和能源的消耗,减少有害物质的排放,而且要使产品及零部件能够方便地分类回收并再生循环或重新利用。

绿色产品设计内容主要包括绿色材料选择、绿色制造过程、产品可回收性、产品的可拆卸性、绿色包装、绿色物流、绿色服务以及绿色回收利用等。在绿色设计中,从产品材料的选择、生产和加工流程的确定,产品包装材料的选定,直到运输等都要考虑资源的消耗和对环境的影响,以寻找和采用尽可能合理和优化的结构和方案,使得资源消耗和环境负影响降到最低。

绿色设计是一个体系与系统,也就是说它不是一个单一的结构与孤立的艺术现象。具体特征如下:

(1) 生态设计必须采用生态材料,即其用材不能对人体和环境造成任何危害,做到无毒害、无污染、无放射性、无噪声,从而有利于环境保护和人体健康。

(2) 其生产材料应尽可能采用天然材料,大量使用废渣、垃圾、废液等废弃物。

(3) 采用低能耗制造工艺和无污染环境的生产技术。

(4) 在产品配制和生产过程中,不得使用甲醛、卤化物溶剂或芳香族碳氢化合物;产品中不得含有汞及其化合物的颜料和添加剂。

(5) 产品的设计以改善生态环境、提高生活质量为目标,即产品不仅不损害人体健康,而应有益于人体健康,产品具有多功能化,如抗菌、除臭、隔热、阻燃、调温、调湿、消磁、放射线、抗静电等。

(6) 产品可循环或回收利用无污染环境的废弃物。

(7) 在可能的情况下选用废弃的设计材料,如拆卸下来的木材、五金等,减轻垃圾填埋的压力。

(8) 避免使用能够产生破坏臭氧层的化学物质的机构设备和绝缘材料。

(9) 购买本地生产的设计材料,体现设计的乡土观念,避免使用会释放污染物的材料。

(10) 最大限度地使用可再生材料,最低限度地使用不可再生材料。

从某些角度看,“绿色设计”不能被看作一种风格的表现。成功的“绿色设计”的产品来自设计师对环境问题的高度意识,并在设计和开发过程中运用设计师和相关组织的经验、知识和创造性结晶。大致有以下几种设计主题和发展趋势:

(1) 使用天然的材料,以“未经加工的”形式在家具产品、建筑材料和织物中得到体现和运用。

(2) 怀旧的简洁的风格,精心融入“高科技”的因素,使用户感到产品是可亲的、温暖的。

(3) 实用且节能。

(4) 强调使用材料的经济性,摒弃无用的功能和纯装饰的样式,创造形象生动的造型,回归经典的简洁。

(5) 多种用途的产品设计,通过变化可以增加乐趣的设计,避免因厌烦而替换的需求;

它能够升级、更新，通过尽可能少地使用其他材料来延长寿命；使用"附加智能"或可拆卸组件。

(6) 产品与服务的非物质化。

(7) 组合设计和循环设计。

历史是不断向前推进的，每时每刻都在更新着，因而绿色设计的相对性也就愈加明显，并且由其时代性，进而引发出局限性，有局限性就有了发展的必要性。真正的绿色设计已经不单单是设计本身，它已上升到一种文化，提纯为一种精神，对于一个民族、一个社会乃至一切的文化领域和文化现象都具有普遍的意义。并且真正的绿色设计是永远也不会过时的，它随着时代的发展而发展，进而影响着人们的生活。要有效地、正确地处理好人类与自然及人类自身的各种关系，"绿色设计"理念为我们提供了光明的前途。

在产品开发过程中，如果不重视环境意识，不考虑产品本身是否对环境造成污染和危害，而一味地关心它们的造型是否具有十足的创意，成本能否十足的低廉等，从长远的角度看，只会给企业带来损失，更会给人类赖以生存的自然社会带来不可逆转的损失和灾难。绿色产品开发，应该从产品的绿色设计开始。绿色设计的设计理念和方法以节约资源和保护环境为宗旨，它强调保护自然生态，充分利用资源，以人为本，善待环境。绿色设计不应仅仅是一个倡议或提议，它应成为现实文明和未来发展的方向。面对当前全球的环境污染、生态破坏、资源浪费、温室效应和资源殆尽，每个地球人都应感到生存的危机。"绿色设计"在现代化的今天，不仅仅是一句时髦的口号，而是切切实实关系到每一个人的切身利益的事。这对子孙后代，对整个人类社会的贡献和影响都具有不可估量的意义。

4.3.2 计算机辅助设计

在设计活动中，利用计算机作为工具，帮助工程师进行设计的一切适用技术的总和称为计算机辅助设计(computer aided design，CAD)。它是人和计算机相结合、各尽所长的一种新的设计方法。

CAD作为一门学科始于20世纪60年代初，一直到70年代，由于受到计算机技术的限制，CAD技术的发展很缓慢。进入80年代以来，计算机技术突飞猛进，特别是微型机和工作站的发展和普及，再加上功能强大的外围设备，如大型图形显示器、绘图仪、激光打印机的问世，极大地推动了CAD技术的发展，CAD技术已进入实用化阶段。早期的CAD技术只能进行一些分析、计算和文件编写工作，后来发展到计算机辅助绘图和设计结果模拟。目前的CAD技术正朝着人工智能和知识工程方向发展，即所谓的ICAD(intelligent computer aided design)。另外，设计和制造一体化技术即CAD/计算机辅助制造(computer aided manufacturing，CAM)技术以及CAD作为一个主要单元技术的计算机/现代集成制造系统(computer/contemporary integrated manufacturing systems，CIMS)技术都是CAD技术发展的重要方向。

在工业化国家，如美国、日本和欧洲的一些国家，CAD已广泛应用于设计与制造的各个领域，如飞机、汽车、机械、模具、建筑和集成电路中。CAD系统的销售额每年以30%～40%的速度递增，各种CAD软件的功能越来越完善，越来越强大。常用的CAD软件有AutoCAD、SolidWorks、UG和ProE等。图4.8为采用SolidWorks绘制的机床结构装配图。国内于20世纪70年代末开始CAD技术的大力推广和应用工作,已经取得可喜的成绩,CAD技术在我国的应用方兴未艾。

人们利用计算机及其外围设备采用CAD技术进行工程和产品设计,但一个实用的CAD系统并不是具体的传统的设计流程和方法的简单映像,而是能反映充分利用计算机高速的计算功能、巨大的存储能力和丰富、灵活的图形、文字处理功能,结合人的知识、经验和逻辑思维能力,形成一种人机各尽所长、紧密配合的系统,以提高设计的质量和效率。因此,从事CAD技术研究与软件开发的设计人员,除掌握计算机的专业知识之外,应当首先熟悉现代设计方法的一般规律,在了解产品的设计过程的基础上掌握这种人机结合的交互式设计过程即构成了CAD的工作过程,如图4.9所示。

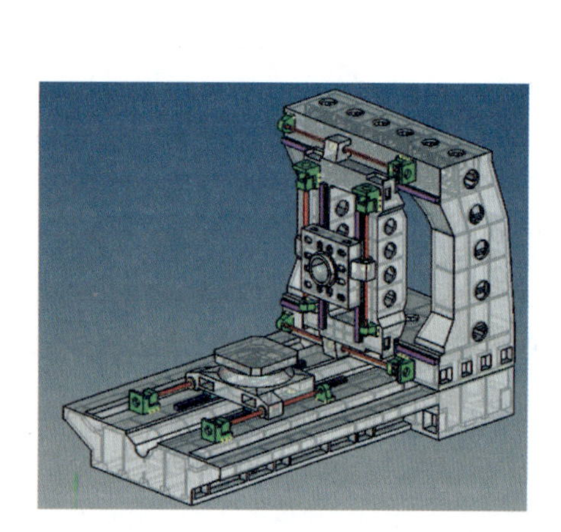

图4.8　机床结构图

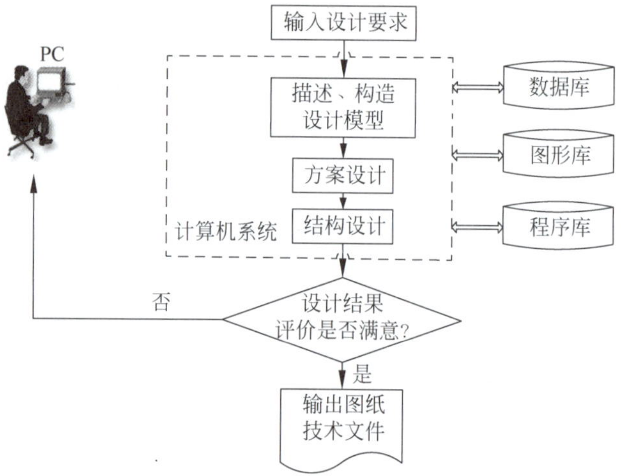

图4.9　CAD的工作过程

一般来说,设计过程可以划分为若干个设计阶段,各设计阶段又可划分为若干个设计步骤,这些阶段和步骤的划分意味着设计从抽象到具体、从定性到定量、从全局到局部、从系统的上层结构到下层结构。可将设计过程概括描述如下:

(1) 任务规划。进行市场及社会需求、产品现状和发展趋势、企业发展目标和现有能力等方面的调查分析,并据此进行可行性论证,制定出具有明确而详细的量化指标的设计任务书。

(2) 方案设计。根据设计任务书的要求,构造设计模型并细分功能,构思多种可行的满足功能的方案,并用功能结构图和原理图表达出来。根据技术、经济指标对已建立的各种功能结构方案进行评价、比较和筛选,从中优选出最满意的方案确定下来。

(3) 结构设计。根据既定设计方案,完成产品总体设计、部件设计和零件设计;按比例绘出结构草图;进行力学、加工工艺性等方面的分析与优化,修改薄弱环节;将结果绘制成完整的技术图纸并提交相应文档资料。

(4) 试制加工。将上述设计结果进行初步工艺设计,投入加工制造,试制出样机或样品。

(5) 试验使用。对样机或样品进行性能试验,或用户现场试用,提出鉴定意见、性能评价,反馈给设计人员,作为进一步设计修改的依据。

4.3.3 有限元分析与设计

1. 有限元技术概念

有限元分析技术也称为有限单元法或有限元法，是一种基于求解微分方程的数值方法进行机构物理性能解析分析的计算机仿真分析方法，常在工程数值分析中用来分析计算产品结构的应力、应变等物理场量，给出整个物理场量在空间与时间上的分布，帮助实现产品结构的从线性、静力计算分析到非线性、动力的计算分析。它的基本思想是把一个连续的结构体划分成有限个形状简单的单元(这一过程称为“离散化”)，而各个单元间的相互作用靠结点传递，称为结点力。作用在结点上的外作用称为结点荷载，结点力是内作用。计算时，作为基本未知量的可以是结点位移、力和温度等。图4.10为机械结构有限元动力学分析基本步骤。

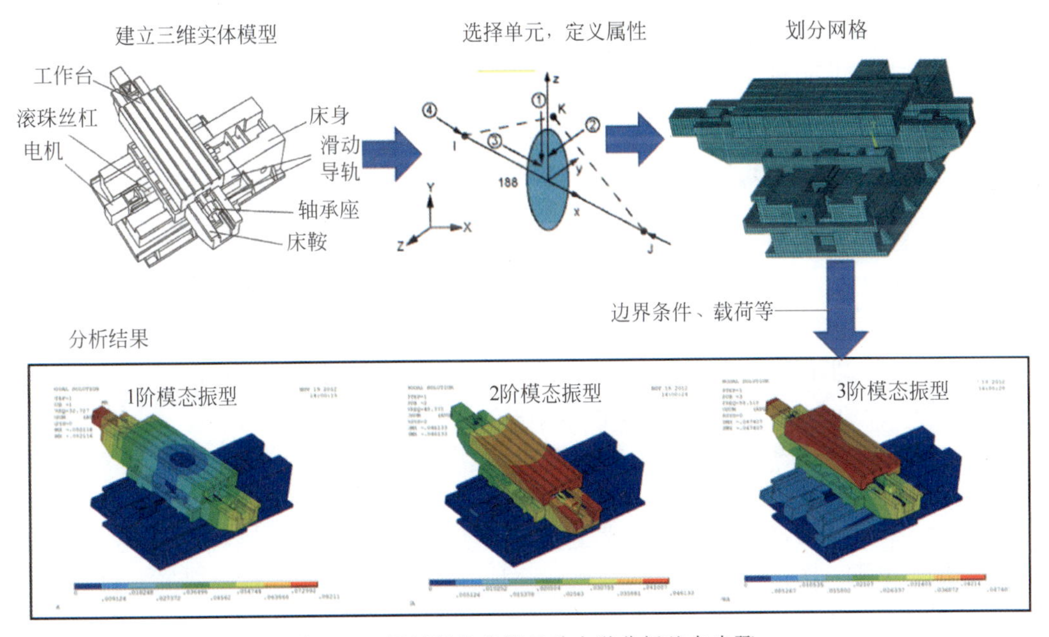

图4.10 机械结构有限元动力学分析基本步骤

有限元法的雏形是刚架位移法。1956年，Turner等在分析飞机结构时将刚架位移法的解题思路推广应用于解答弹性力学平面问题，第一次给出了用三角形单元求解平面应力问题的正确解答。经过多年的发展，有限元计算早已摆脱了早期的建立代数方程组、编制和调试计算机程序、划分单元和输入计算机这样一种漫长复杂的解算过程。20世纪80年代以来，有限元通用软件逐渐投入应用。发展到现在，这类软件也越来越成熟，不仅有强大的分析计算功能，还辅以完善的前后处理程序，分析时只需输入必要数据，单元的划分也都自动进行，计算结果的读取处理也变得直观容易。有的软件还有在计算结果的基础上进行优化设计和计算机辅助设计的功能。

另外，有限元法计算精度的提高主要依赖于单元划分的加密，也就是增多待求的节点参数，这就对计算机的存储能力和计算速度提出高的要求。随着计算机功能的迅速提高，目前对于结构设计中的线性问题基本可以做到精确求解,对于非线性问题的求解也日趋进步。总之,对于工程设计任务来说,用有限元法做定量和定性分析,其精度和效率都已完全满足要求。

常用的商业化有限元分析软件有 ANSYS、ABAQUS、LS-DYNA、DYTRAN、ADINA、NASTRAN、MARC 和 COSMOS 等。ANSYS 软件是融结构、流体、电场、磁场和声场分析于一体的大型通用有限元分析软件,擅长于多物理场和非线性问题的有限元分析,在机械、铁道、建筑和压力容器方面应用较多。ABAQUS 长于非线性有限元分析,可以分析复杂的固体力学和结构力学系统,特别是能够驾驭非常庞大的复杂问题和模拟高度非线性问题。ABAQUS 不但可以做单一零件的力学和多物理场的分析,同时还可以做系统级的分析和研究,其系统级分析的特点相对于其他分析软件来说优势较大,但对爆炸与冲击过程的模拟相对不如 LS-DYNA 和 DYTRAN。LS-DYNA 长于冲击、接触等非线性动力分析,可以求解各种三维非线性结构的高速碰撞、爆炸和金属成形等接触非线性、冲击载荷非线性和材料非线性问题。DYTRAN 在高度非线性、流固耦合求解方面有独特之处。ADINA 具有许多特殊解法,如劲度稳定法、自动步进法、外力-变位同步控制法以及 BFGS 梯度矩阵更新法,使得复杂的非线性问题(如接触、塑性及破坏等)具有快速且几乎绝对收敛的特性。另外可以对程序进行改造,满足特殊的需求。

2. 有限元法在工程中的应用

目前有限元法的应用研究领域非常广泛:由弹性力学平面问题扩展到空间问题和板壳问题;由平衡问题扩展到稳定问题与动力问题;由弹性问题扩展到弹塑性与黏弹性问题、土力学与岩石力学问题、疲劳与脆性断裂问题;由结构计算问题扩展到结构优化设计问题;由固体力学扩展到流体力学、渗流与固结理论、热传导与热应力问题、磁场问题以及建筑声学与噪声问题;由工程力学扩展到力学的其他领域。

有限元法最初应用在求解结构的平面问题,现在已由二维问题扩展到三维问题、板壳问题;由静力学问题扩展到稳定性问题、动力学问题;由结构力学扩展到流体力学、电磁学、传热学等学科;由线性问题扩展到多重非线性的耦合问题。材料性质也由弹性扩展到弹塑性、塑性、黏弹性、黏塑性和复合材料。应用领域也逐步扩展到航空航天、土木工程、机械工程、水利工程、造船、电子技术及原子能等,其应用的深度和广度都得到了极大的拓展。

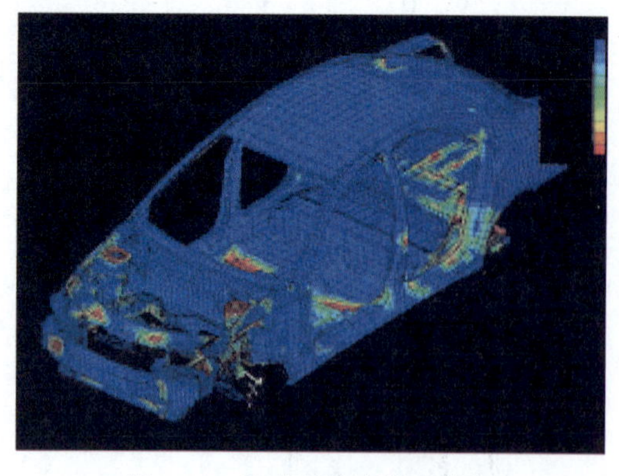

图 4.11 汽车结构有限元分析

有限元法在汽车零部件结构强度、刚度的分析中最显著的应用是在车架、车身的设计中。车架和车身有限元分析的目的在于提高其承载能力和抗变形能力、减轻其自身质量并节省材料。有限元法在汽车安全性评价方面更是发挥了重要作用(图 4.11)。早期的汽车安全性评价主要通过汽车碰撞实验,存在的主要问题包括周期长、费用高和容易造成人身伤害。现在将有限元方法用于汽车安全性评价,可以通过虚拟仿真发现问题，大量实验通过虚拟仿真完成，具有周期短、费用低和能够减少人员伤害的优点。

有限单元法在金属成形的模具和工艺设计中得到了广泛应用。金属成形过程十分复杂，理论上属于弹塑性、大变形和接触非线性相互耦合问题。有限元法的应用，使基于经验的成形工艺与模具设计逐步转变为基于数值模拟结果的成形工艺与模具设计，提高了设计水平，降低了设计周期。

有限单元方法在生物力学中的应用日益受到重视。例如，在人体关节置换中的应用包括髋关节置换、膝关节置换，需要制定个性化手术方案，目前主要通过三维重建创建骨骼的实体模型和有限元模型，再创建植入假体，通过分析确定合理的手术方案。在骨折愈合与骨折固定方面，为了减少骨折愈合后的二次手术，研究人员采用有限元技术对于可降解镁合金材料在人体中的降解速率进行分析计算，实现了可降解的镁合金材料用于骨钉和骨板的制作。在骨折初期，骨钉和骨板能满足固定和承担载荷作用的需要；而在骨折愈合的后期，骨钉和骨板有降低刚度、减少应力遮挡的作用，促进骨折的愈合。

4.3.4　面向“X”的设计

产品设计在产品寿命循环中占有极其重要的地位，它决定了产品制造成本的 70%～80%。传统的设计过程只考虑如何满足产品的性能要求，而对制造方法、维修、回收等却考虑得很少。这样设计出来的产品可以满足产品的功能要求，但却不一定便于制造、维修、回收等。这种产品制造成本高、返修率高以及制造周期长，其结果必然造成产品的市场竞争力削弱。因此，在产品设计时，不但要考虑功能和性能要求，而且要同时考虑与产品整个生命周期各阶段相关的因素。

面向“X”的设计最初是 DFM(面向制造的设计)和 DFA(面向装配的设计)，到目前已发展成 DFX(面向“X”的设计)技术。DFM 技术强调在设计过程中考虑加工因素，即可加工性和加工的方便性。DFX 是 Design for X(面向产品生命周期各/某环节的设计)的缩写。其中，X 可以代表产品生命周期或其中某一环节，如装配、加工、使用、维修、回收、报废等，也可以代表产品竞争力或决定产品竞争力的因素，如质量、成本、时间等。而这里的设计不仅仅指产品的设计，也指产品开发过程和系统的设计。

DFX 是一种设计方法论。因此，在设计论与设计方法论学术界得到广泛重视。但 DFX 方法本身不是设计方法，不直接产生设计方案，而是设计评价分析方法，为设计提供依据。DFX 方法的应用最终通过再设计实现产品的优化。DFX 方法不仅用于改进产品本身，而且用于改进产品相关过程(如装配过程、加工过程等)，而 DFX 强调产品设计和过程设计的同时进行。

DFX 思想最早产生于“二战”时期。直到 20 世纪 50 年代末，长期设计开发经验的积累形成了 DFX 的原形。六七十年代以后，DFX 研究得到重视，如 CIRP、PERA 等学术组织和政府部门相继举办了“Design for Mechanized Assembly”“Design for Production”等会议或设立了专门研究机构。一些国家的标准化组织，如英国的 BSI 和德国的 VDI，已经着手制定有关准则规范。图 4.12 为 DFX 与产品设计的关系。

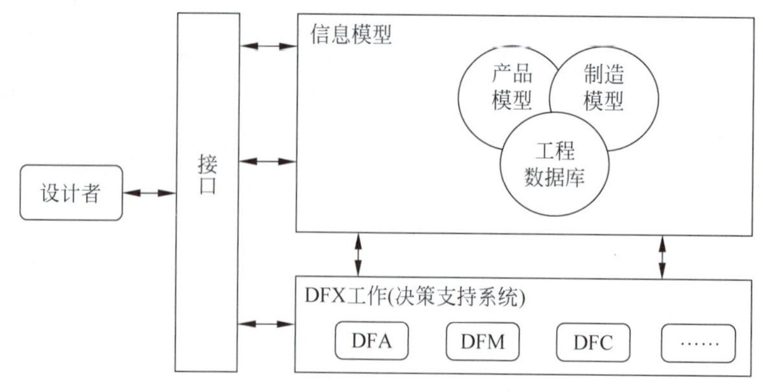

图 4.12　DFX 与产品设计关系图

1. 面向制造的设计(DFM)

当今市场竞争日益激烈,产品更新速度大大加快,产品的生命周期迅速缩短,这使得传统设计制造的概念、方法、手段和体系结构受到极大的挑战。这一方面迫切要求有一种崭新的产品设计方法以缩短新产品的研制周期;另一方面也要求由先进的生产系统(FMS)来替代传统的生产系统。基于并行工程(concurrent engineering)的设计正是在这种背景下产生的,它着眼于整个产品的生命周期,并对各个环节所要求的信息在设计阶段先行加以优化,从而获得全局最优的设计结果,提高生产率,降低生产成本,提高质量。并行工程所研究的领域非常广泛,其中面向制造的设计(design for manufacturability,DFM)是基于并行工程设计的一个重要方面,其出发点是整个的制造系统,追求整个生产制造过程的优化,它也是实现并行工程的基础。

DFM 抓住了产品设计对产品及其总成本的影响,把产品设计放在整个制造系统中来考虑,并且以能很好地满足制造要求为目标,从而得到一个全局优化的产品设计。

在 DFM 设计方法中要用到分析工程学,它通过对所设计的产品进行价值分析,以便从中选出最优的设计方案。另外,具体应用 DFM 时,还会用到许多支持技术,如计算机技术、人工智能等。在应用 DFM 进行产品设计时不仅要优先考虑满足产品的功能要求,同时还要充分考虑产品的可加工性以及制造的经济性。由此可见,加强设计阶段和制造阶段的信息交流和信息反馈,在面向制造的设计中是非常重要的。

DFM 包含的内容与“制造”的定义有关。但习惯上按狭义制造定义理解,即 DFM 主要包含面向加工的设计和面向装配的设计两个方面。DFM 是 DFX 的重要组成部分,也是 DFX 中发展最早和发展相对比较完备的部分。

面向加工的设计主要用于零件详细设计过程,使零件便于加工和检验。需要指出,面向装配的设计和面向加工的设计是统一的,不能截然分开。例如,在进行产品或部件结构设计时,主要考虑装配的因素,但也应顾及零件的工艺性;否则,很可能造成返工。同样,在零件设计过程中,也有面向装配的问题,如零件端部的倒角就常常是出于方便装配的考虑。

DFM 的核心是将产品设计和工艺设计集成起来,其目标是使设计的产品易于加工和装配,在满足用户要求的前提下缩短产品开发周期,降低产品生产成本。

DFM设计的一般准则主要有：

(1) 简化零件的形状；

(2) 因为切削加工成本高，尽量避免切削加工；

(3) 选用便于加工的材料；

(4) 尽量设置较大的公差；

(5) 采用标准件与外购件；

(6) 减少不必要的精度要求。

由于不同的加工方法存在较大的差异，具体到面向不同加工的设计，必然有不同的具体的设计准则。

2. 面向装配的设计(DFA)

面向装配的设计主要用于产品和部件结构构思和总成设计过程。在构思产品和部件结构时，要充分考虑可装配性因素。在得到一个产品或部件的结构方案后，要先进行可装配性分析，对装配性差的部分进行修改，直至满意后再进行产品和部件总成的详细设计。

通常的产品设计不是面向装配的，这是装配自动化的一个主要障碍，也是使产品装配成为制造业最薄弱的环节之一。有关研究表明，在产品设计中，良好的装配设计，可以减少20%～40%的制造费，同时提高100%～200%的生产率；在制造过程中，装配时间占总生产时间的50%，装配费用占制造总费用的20%～30%；在装配中发生问题，会增加50%的费用。

如何有效地降低装配费用，是当今企业所面临的突出问题。DFA就是为解决这一问题而发展起来的。DFA的思想起源于20世纪70年代。开始人们根据实际设计经验和装配操作实践，制定了一系列有利于装配的设计指南(design guidelines)，以帮助设计人员设计出容易装配的产品。但由于受当时条件所限，这种方式还很难为设计人员提供真正的有针对性的指导。

直到1980年，Massachusetts大学的Boothroyd教授提出了DFA这一概念，并被广泛接受。随后，对DFA的研究和应用进入了一个高潮，相继出现了一些有影响的DFA定量分析方法。它们都是基于容易装配原则来考察影响产品可装配性的各种因素，并使用列表的形式对各个项目进行评分，以此来追踪产品设计中不利于装配的薄弱环节并及时加以修正。这些方法的实际应用，有力地推动了DFA技术的发展，使产品的可装配性大大提高。

DFA旨在提高装配的方便性以减少装配时间、成本等。其设计原则包括：

(1) 减少零件数；

(2) 采用标准紧固件和其他标准零件；

(3) 零件的方位保持不变；

(4) 采用模块化的部件；

(5) 设计可直接插入的零件；

(6) 尽量减少调整的需要。

3. 面向大规模定制的设计(DFMC)

DFMC(design for mass customization)是大规模定制(mass customization，MC)的关键技术，DFMC主要分为两个不同的层次：新产品开发设计与变型设计。对于新产品开发而言,DFMC是针对一族产品进行设计,得到可以派生出众多产品实例的产品族模型。传统设计只能得到具体的产品实例。对于变型设计而言,DFMC基于产品族模型在一定的约束机制和配置规则下,进行配置、变型和优化,得到符合客户需求的是理化产品。产品平台的开发过程如图4.13所示。DFMC为MC提供了综合、系统的设计方法,包括产品创新设计、产品配置设计、产品变型设计、产品组合设计及产品优化。

客户需求分析	功能分析	模块划分	模块通用性分析	公共平台与客户定制集构建	平台知识体系建立
细分市场及客户需求,完成不同客户需求分析	基于客户需求对现有产品进行功能分析,形成功能结构	基于客户需求对现有产品进行模块规划	建立通用性求解模型及通用性和平台指标的模型	基于通用性分析建立优化的公共平台与客户定制集	建立支撑平台配置设计所需知识

图4.13 产品平台的开发过程

4. 其他DFX技术

1) 面向检验的设计(DFI)

DFI(design for inspection)着重考虑产品、过程、人的因素,以便提高产品检验的方便性。产品检验是加工和维修的主要工作。加工中的产品检验是为了提供快速精确的加工过程反馈;而维修中的产品检验则是为了快速而准确地确定产品结构或功能的缺陷,及时维修以保证产品使用的安全。产品检验的方便性取决于色彩(如电路板上元器件的颜色对应不同种类)、零件内部的可视性(如油缸等液体容器应该直接显示液面)、结构等诸多因素。

2) 面向维修的设计(DFS)

正如美国福特汽车公司坚持的"售后服务与销售同等重要"原则所表明的,售后服务是现代企业非常重视的环节之一。产品的售后服务主要是指产品维修,而产品维修主要涉及产品拆卸和重装等工作,因此产品维修性主要取决于产品故障确定的容易程度、产品的可拆卸性和可重装性,也取决于产品的可靠性。考虑零部件可靠性的结果是要尽量使容易发生故障的零部件容易拆卸和重装,如何减少这些工作所需时间和成本是DFS(design for service/maintain/repair)的重要问题。

3) 面向回收的设计(DFR)

日渐减少的自然资源、有限的垃圾填埋空间、有害废物弃物的危害等现实已经使一些工业先进国家制定相关法规条例,促使产品回收开始成为企业的责任。比如,德国的"电子废品法"于1995年成为法律,日本于同年颁布实施的"产品责任法"也有类似的条款。在这种环境下,企业产品开发必须将产品回收问题提上日程。

DFR(design for recycling)的设计重点集中在产品的可拆卸性的提高和材料方面。产品的可拆卸性取决于零件数、产品结构、拆卸动作种类、拆卸工具种类等因素。日本富士胶卷公司于1987年投放市场的一次性相机(又称带镜头的胶卷)是DFR的代表产品。

4）面向质量的设计（DFQ）

质量可以理解为产品满足要求的程度，提高产品质量贯穿产品生命周期各个环节。DFQ（design for quality）的主要原则包括：

（1）产品应易于检查；

（2）采用标准件；

（3）图纸标注清楚规范；

（4）尺寸公差设置合理；

（5）模块化设计。

5）面向可靠性的设计（DFR）

可靠性与质量密切相关，不考虑质量的可靠性的产品缺乏市场竞争力。DFR（design for reliability）的目的在于创造出具有可靠性的因素，包括产品复杂程度、零件的可靠性、冗余件与备用件的使用、可维修性等。因此，改进产品可靠性的原则包括：

（1）简化产品结构；

（2）增加排除环境因素干扰的设计，如以密封件避免湿气、以屏蔽罩避免电磁与静电辐射等；

（3）采用标准件和材料；

（4）减少导致疲劳失效的设计，如减少应力集中点、紧固争取采用可锁定的；

（5）提高零件的冗余度。

6）面向环境的设计（DFE）

DFE（design for environment）着重考虑产品开发全过程中的环境因素，目的在于尽量减少在生产、运输、消耗、维护与修理、回收、报废等产品生命周期的各个阶段，产品对环境产生的不良影响，如资源衰竭（生物与非生物）、污染（臭氧层破坏、全球暖化、酸雨、噪声等）、失调（干旱、地表变质等）等。

在充分意识到环境因素下开发出来的产品往往不仅对环境产生的不良影响少，而且消耗少、成本低、易为社会接受。因此重视面向环境的产品开发的企业能够具有较大的竞争优势。产品开发中对环境产生较大影响的主要因素包括材料、加工处理、功能、形状、尺寸、配合与安装等。

4.3.5 可靠性设计

1. 可靠性设计概念

可靠性设计（reliability design，RD）是保证机械及其零部件满足给定的可靠性指标的一种机械设计方法，包括对产品的可靠性进行预计、分配、技术设计、评定等工作。所谓可靠性，则是指产品在规定的时间内和给定的条件下，完成规定功能的能力。它不但直接反映产品各组成部件的质量，而且还影响到整个产品质量性能的优劣。可靠性设计的目的是在综合考虑产品的性能、可靠性、费用和设计等因素的基础上，通过采用相应的可靠性设计技术，使产品在寿命周期内符合所规定的可靠性要求。可靠性分为固有可靠性、使用可靠性和环境适应性。可靠性的度量指标一般有可靠度、无故障率和失效率。

可靠性设计是系统总体工程设计的重要组成部分,是为了保证系统的可靠性而进行的一系列分析与设计技术。“产品的可靠性是设计出来的,生产出来的,管理出来的。”但实践证明,产品的可靠性首先是设计出来的。可靠性设计的优劣对产品的固有可靠性产生重大的影响。

可靠性设计是可靠性工程的最重要的阶段,这是因为:

(1) 设计规定了系统的固有可靠性。如果在系统设计阶段没有认真考虑其可靠性问题,如材料、元器件选择不当,安全系数太低,检查、调整、维修不便等,那么以后无论怎样注意制造、严格管理、精心使用,也难以保证产品的可靠性要求。

(2) 现代科学技术的迅速发展,使同类产品之间的竞争加剧。由于现代科学技术的迅速发展,产品更新换代很快,这就要求企业不断引进新技术,开发新产品,而且新产品研制周期要短。在产品的全寿命周期中,只有在设计阶段采取措施,提高产品的可靠性,才会使企业在激烈的市场竞争中取胜,提高企业的经济效益。

(3) 在设计阶段采取措施,提高产品的可靠性,耗资最少,效果最佳。美国的诺斯洛普公司估计,在产品的研制、设计阶段,为改善可靠性所花费的每一美元,将在以后的使用维修方面节省30美元。

此外,我国开展可靠性工作的经验证明,在产品的整个寿命周期内,对可靠性有重要影响的是设计阶段。综上所述,可靠性设计在总体过程设计中占有十分重要的位置,必须把可靠性工程的重点放在设计阶段,并遵循预防为主、早期投入、从头抓起的方针,从开始研制起,就要进行产品的可靠性设计,尽可能把不可靠的因素消除在产品设计过程的早期。

2. 可靠性设计方法

有代表性的机械产品可靠性设计方法主要有TTCP法、概率设计法、平均累计故障率法、FMECA分析和FTA分析等。

TTCP(the technological cooperation plan)法是典型模块式组合元件的结构集成化设计方法,由美国、英国、加拿大、澳大利亚、新西兰五国共同研究提出,实际上是一种可靠性预计方法,其具体思路是:对通用零件进行故障模式、影响及危害性分析(FMECA),找出其主要故障模式及影响这些模式的主要设计、使用参数,再通过数据收集、处理及回归分析,即可建立各零件的故障率与上述参数的数学函数关系(可靠性预计模型),而机械产品的故障率则为组成它的各零件故障率之和。

概率设计法是最基本的可靠性设计方法,即应用概率统计理论进行机械零件及构件设计的方法。它将载荷、材料性能与强度及零部件的尺寸,都视为属于某种概率分布的统计量,以通用的广义应力强度干涉模型作为基本运算公式,从而可以依据强度、刚度、耐磨度、耐热度、精确度等评定准则,广泛沿用机械零件传统的设计计算模型,求出给定可靠度下零件的尺寸或给定尺寸下零件的可靠度及相应寿命。概率法设计的主要内容是:研究产品的故障物理和故障模型,确定产品的可靠性参数及指标,合理分配产品的可靠性指标值,把规定的可靠度直接设计到零件中去,进而设计到系统中去。

平均累计故障率方法是美国罗姆航空开发中心推出的方法。机械零部件的故障率常常不是常数,而是时间的函数。而对大多数可靠性评估而言,了解在工作区间内发生故障的概率是至关重要的。平均累计故障率方法即是将机械零部件随时间变化的故障率转化为在预定寿命期内的平均故障率，作为常值故障率进行处理。此种方法通常用于瞬时故障率服从威布尔分布的机械零部件。

FMECA（故障模式、影响及危害性分析），就是分析产品中每一潜在的故障模式并确定其对产品所产生的影响，以及把每一个潜在故障模式按它的严重程度及其发生的概率予以分类的一种分析技术。目的在于分析产品的薄弱环节，找出其潜在的弱点，并把分析的结果反映给产品的设计、制造及使用单位，以便从设计、制造、使用及维护等各方面采取对策和措施，提高产品的可靠性。

FTA（故障树分析）是通过对可能造成产品故障的硬件、软件、环境、人为因素进行分析，画出故障树，从而确定产品故障原因的各种可能组合方式和其发生概率的一种分析方法。其目的在于分析故障原因与损害及其源与流的逻辑关系，以便确定其可靠性框图与模型，当具有故障率数据时，可计算产品发生故障的概率。由于故障树能把系统故障的各种可能因素联系起来，因此有利于提高系统的可靠性，找出系统的薄弱环节和系统的故障谱。对于大型复杂系统，通过故障树分析可能会发现几个非致命性故障事件的组合导致的意外致命事件，据此采取相应的改进措施；通过故障树可以定量地求出复杂系统的故障概率和其他可靠性特征量，为改进和评估系统的可靠性提供定量数据。对于不曾参与系统设计的管理和使用维修人员来说，故障树为他们提供了一个形象的管理、使用维修的“指南”或查找故障的“线索表”。

机械可靠性设计由于产品的不同和构成的差异，还可以采用的其他方法有预防故障设计、简化设计、降额设计、安全裕度设计、余度设计、耐环境设计、人机工程设计、健壮性设计、权衡设计、模拟方法设计等。当然，机械可靠性设计的方法绝不能离开传统的机械设计和其他一些优化设计方法，如机械计算机辅助设计、有限元分析等。

3. 可靠性设计的步骤

可靠性设计的全部工作包括硬件与软件，包括从设计、制造到使用、维修，还要包括进行价值工程的核算，大概步骤如下：

（1）明确可靠性要求的主要指标。包括：全系统可靠性级别与要求；系统的工作环境条件；运输、包装、库存等方面要求；易操作性、易维修性、安全性要求；高可靠性零件明细表及其试验要求；薄弱环节的核算；制造与装配的要求；管理、使用、保养、修理的要求。

（2）可靠性预测。包括：以往的经验与故障数据；今后的发展与评估意图；预测值与期望值接近的可能性；获得高可靠性的方法；薄弱环节的消除及新生薄弱环节；故障率的预测；对维修性与备件的预测。

（3）可靠度的分配。包括：整系统与子系统可靠性的关系；子系统动作时间表与负载谱；子系统对总系统可靠性的贡献度；满足可靠度的费用；可靠性分配到重要零件与组件上；修正误动作的方案；保证可靠性的试验。

（4）制定设计书。包括：设计方案的综合权衡因素；设计方法自身的可靠性；试验方案与计划；选择设计方案；提出保证可靠性的设计书（包括系统的可靠性设计与重要零件的可靠性设计等）。

4. 机械产品可靠性设计方法研究的方向

1）故障(失效)模式、机理及对策

机械产品的可靠性设计是针对产品故障进行的。产品的故障(失效)模式机理可划分为与损伤积累无关的偶然故障和与损伤积累有关的渐发故障两大类。这种分类,很好地考虑了机械产品的故障(失效)模式与特征,考虑了不同故障模式损伤发生发展的规律,考虑了不修产品与可修产品的差异。而针对偶发性故障可进行无故障性设计;针对渐发性故障可进行耐久性设计。因此,可靠性设计应着眼于无故障性设计与耐久性设计。

2）定性设计与定量设计相结合

在具体设计一个产品时,不能拘泥于某一种设计方法,而应将定性与定量设计相结合,综合运用各种方法。在对类似产品充分分析的基础上,在研究所设计产品的功能和初步结构的基础上,进行FMECA、FTA等分析,找出关键件和重要件,对它们进行可靠性指标的分配;接着针对不同的故障模式及机理对零件进行设计,其中可运用具体的方法,如概率设计法、稳健性设计法,进行有限元分析等;然后遵循各种准则进行可靠性指标的预计,如不合格,还要重新设计。FMECA分析应贯穿于整个设计过程始终。

3）传统设计与可靠性设计相结合

如前所述,传统的安全系数法虽然存在种种不足,但因为它历史悠久,且有直观、简单、设计工作量小等优点,且在多数情况下能保证机械零件的可靠性,加之目前在一般机械产品中推行可靠性概率设计有困难,因此目前不应完全摒弃安全系数法,尤其对不重要的情况或因素非常复杂尚难精确分析的情况,有丰富经验基础的安全系数法很有价值。现阶段比较明智而又切实可行的做法是审慎地采用概率设计法的概念去完善和改进传统的安全系数法,如用可靠性安全系数代替常规的安全系数,使可靠性与安全系数直接联系,一方面广泛应用现有的各种设计方法对产品进行设计计算;另一方面与采用可靠性概率设计方法的结果以及实物试验进行比较,积累经验,同时收集和积累可靠性数据。

4）建立机械可靠性数据库,并加强数据的分析研究

可靠性设计的精确性和先进性是建立在应力、强度、寿命等数据的真实性、精确性基础上的。而机械可靠性研究的主要困难正是缺乏有效的数据,因此应重视试验设计及数据的收集和分析,使数据能有参考借鉴价值。

4.3.6 精度设计

1. 精度设计的概念

机械的精度设计(precision design)是根据机械的功能要求,正确地选择机械零件的尺寸精度、形状和位置精度以及表面精度要求而进行的设计。机械的精度设计要求标注在机械的零件图、装配图上。若机械零件的设计中没有精度要求,所设计的产品则没有质量检验标准。机械精度是衡量机电产品性能最重要的指标之一,也是评价机电产品质量的主要技术参数。

机械零部件几何参数的精度(尺寸精度、形状精度和位置精度)是影响机电产品质量的

决定性因素。现代机电产品的质量特性指标与产品的几何量精度密切相关，没有足够的几何量精度，机械产品则丧失其使用价值。几何量精度是指零件经过加工后几何参数的实际值与设计要求的理论值相符合的程度，而它们之间的偏离程度则称为加工误差。加工精度在数值上通常用加工误差的大小来反映和衡量。

精度设计的主要依据是对机械的静态的和动态的精度要求。机械精度设计的主要任务就是正确合理地确定机械零部件几何要素的公差，以实现设计使用要求与加工制造要求之间矛盾的最佳协调。机械精度设计一般分为以下步骤：产品精度需求分析，总体精度设计，结构精度设计计算包括部件精度设计计算和零件精度设计计算。

机械精度设计的常用方法包括类比法、计算法和试验法。目前，机械精度设计仍处于经验设计的阶段，主要采用类比法，由设计者根据实际工作经验确定。随着CAD的深入应用，计算机辅助精度（公差）设计的研究及应用日益受到国内外专家学者的高度重视。

2. 机械精度设计原则

机械精度设计的基本原则是经济地满足功能、性能需求，即在满足产品使用要求的前提下，给产品规定适当的精度（合理的公差）。机械精度设计应当遵循以下原则：

(1) 互换性原则。互换性原则是现代化工业生产的一个基本原则，也是现代化生产中一项普遍遵守的重要技术经济原则。目前，互换性原则已经在各个行业被广泛地采用。在机械制造中，遵循互换性原则，大量使用具有互换性的零部件，不仅能有效保证产品质量，而且还能提高劳动生产率，降低制造成本。

(2) 标准化原则。当进行机械精度设计时离不开有关公差标准，而且要大量采用标准化、通用化的零部件、元器件和构件，以提高产品互换性程度。

(3) 经济性原则。经济性原则的主要考虑因素包括工艺性、精度要求的合理性、原材料选择的合理性、是否设计合理的调整环节以及工作寿命等。

(4) 匹配性原则。在机械总体精度设计的基础上进行结构精度设计，需要解决总体精度要求的恰当和合理分配问题。精度匹配就是根据各个组成环节的不同功能和性能要求，根据机器或装置中各组成环节对机械精度影响程度的不同，对各环节确定不同的精度要求，恰当地分配不同的精度。

(5) 最优化原则。最优化原则就是通过确定各组成零部件精度之间的最佳协调，达到特定条件下机电产品的整体精度优化。优化原则已经在产品结构设计、制造等方面广泛应用。最优化设计已经成为机电产品和系统设计的基本要求。在几何量精度设计中，优化原则主要体现在公差优化、优先选用及数值优化等方面。

总之，互换性原则体现精度设计的目的，标准化原则是精度设计的基础，精度匹配原则和最优化原则是精度设计的手段，经济性原则是精度设计的目标。

3. 尺寸精度设计

尺寸精度和配合要求是零件的几何精度要求中最基本的。就尺寸而言，要求零件某一尺寸准确，是指要求该尺寸在某一合理的范围之内。对有配合要求的零件，该范围既要保证配合尺寸之间形成一定的关系，以满足不同的使用要求，又要保证在制造上经济合理，这样就形成了“极限与配合”的概念。显然，“极限”用于协调机器使用要求与制造要求的矛盾；

"配合"则反映相配零件彼此之间的关系。因此,极限与配合决定了机器零部件相互结合的条件与状态,是评定最终产品的重要技术指标之一。

尺寸精度(即公差等级)的设计直接关系到零件使用性能和加工的难易程度,其实质就是要正确地解决机器零件使用要求与制造工艺及成本之间的矛盾。因此,尺寸精度设计的原则是:在保证零件使用要求的前提下,尽可能地考虑工艺的可能性和经济性。具体设计时,应该首先考虑使用要求的保证,其次应联系工艺、配合及与有关典型零部件精度匹配的特点,参考应用实例,进行尺寸精度的选择设计。

4. 形状与位置精度设计

机械零件的形状和位置的精度设计是机械设计中很重要的内容。应对哪些要素的形位精度提出特殊要求、如何选取形位公差特征项目、形位公差值如何确定、如何在图样上正确地标注形位公差,这些就是形位精度即几何公差设计的内容。对于那些没有特殊形位精度要求的要素,应采用未注形位公差。

形位公差项目的选择,取决于零件的几何特征与功能要求,同时还要考虑检测的方便性。GB/T 1184—1996《形状和位置公差　未注公差值》规定,图样中标注的形位公差有未注公差值和注出公差值两种形式。

未注公差值是各类工厂中常用设备能保证的精度。零件大部分要素的形位公差值均应遵循未注公差值的要求,不必注出。只有当要求要素的公差值小于未注公差值时,或者要求要素的公差值大于未注公差值而给出大的公差值后,能给工厂的加工带来经济效益时,才需要在图样中用框格给出形位公差要求。

标注出形位公差要求的形位精度高低是用公差等级数字的大小来表示的。按国家标准的规定,对14项形位公差特征,除线、面轮廓度及位置度未规定公差等级外,其余项目均有规定。一般划分为12级,即1～12级,1级精度最高,12级精度最低。圆柱度则最高级为0级,划分为13级。

形位公差值的选择原则是在满足零件功能要求的前提下,兼顾工艺性、经济性和检测条件,尽量选取较大的公差值。

零件的非配合表面和某些精度要求不高的表面,不标注形位公差。但这些不标注形位公差的几何要素也有形位精度要求,采用未注形位公差值。GB/T 1184—1996规定的未注形位公差等级分为H、K和L三级,H级精度高,K级精度中等,L级精度低。

4.3.7 反求工程

1. 反求工程的概念

在科学技术高度发展的今天,科技成果的应用已成为推动生产力发展和社会进步的重要手段。各国都在充分利用别国的科技成果加以消化吸收与创新,发展自己的新技术。事实证明,技术引进是吸收国外先进技术,促进制造装备和民族经济高度发展的有力战略措施。到目前为止,我国已引进了不少国外先进技术和设备。但是要取得最佳技术成果和经济效益,还要善于对引进的技术、设备与产品进行深入的研究、吸收、消化和创新,从而在此基础上开发出具有自主知识产权的先进产品,并逐渐形成自主技术体系。如何加快引进技术、设备的研究、吸收和消化进程,对于迅速缩小我国和发达国家的技术差距,并快速形成自主知识产权的装备与产品,具有十分重要的意义。

产品的反求工程,又称逆向工程,是将已有产品模型或实物模型转化为工程设计模型和概念模型,在此基础上对已有产品进行解剖、深化和再创造,是已有设计的再设计。目前,反求工程技术已成为世界各国消化、吸收国外先进技术的重要手段。而我国尤其应该注重反求工程技术的研究和应用。反求工程对于提高企业的产品研发能力,缩短新产品的开发周期,增强企业的竞争能力发挥了巨大作用,在某种程度上已经成为反映一个国家设计及制造水平的标志。

反求工程以设计方法学为指导,以现代设计理论、方法、技术为基础,运用各种专业人员的工程设计经验、知识和创新思维,对已有产品进行解剖、深化和再创造,这就是反求工程的含义。可以说,反求设计是对已有设计的再设计,其中再创造是反求设计的灵魂。反求工程的关键技术包括数据获取、数据处理、数据多视拼合、数据滤波、数据精简、特征提取和数据分块等。

反求工程与仿制不同,仿制是简单、低级的模仿,其产品质量和生命周期不会有竞争力,并且是一种侵权行为,要受产权保护法的制裁。反求工程的最终目标是以产品的物理模型为基础,用较低的成本快速、方便地设计制造出符合客户全方位需求的产品。随着科学技术的不断发展,许多产品不仅在外观形状上越来越复杂,更在产品功能与设计制造模式上越来越先进,要设计制造出好的产品,就需要以反求工程中的几何模型重构技术为基础,综合运用材料、工艺、CAX(CAD、CAM、CAE……)和PDM等各种先进设计制造理念与方法。

2. 反求工程研究及其应用

随着计算机CAD/CAM技术与测量技术的发展和现代制造技术的形成,新的设计思想与方法不断出现。作为新产品开发的一个重要手段,反求工程技术越来越受到学术界和工业界的重视,并成为CAD/CAM技术领域的一个研究热点。

在国外,相关领域的高水平起点及不断前进使反求工程获得迅速发展,现已成为现代先进设计制造技术的重要组成部分。在数字化测量方面,测量方法日趋多样,测量设备的速度、精度日益提高,测量软件日益丰富。传统的测量是以三坐标测量机(coordinate measuring machine,CMM)为代表的机械接触式测量,随着声、光、电和磁技术的发展使测量方法有了更多的选择,出现了激光、超声波和电磁等测量方式。多种测量方法的出现使测量精度和速度日益提高。对于传统的三坐标测量机,一方面测量速度和精度在提高;另一方面与光学系统组成自动测量系统。测量软件也日趋丰富,针对特殊的零部件几何外形,各生产厂商相继开发了专用的测量软件,以及增加支持反求工程数据处理、曲线曲面拟合的模块,与设备配套运行。在数据处理方面,随着曲面造型技术的发展,自由曲面生成算法由原来的Ferguson曲面、Coons曲面到目前常用的Bézier方法、B样条方法再到非均匀有理B样条(NURBS)方法。NURBS方法同时覆盖了有理Bézier方法和B样条方法,能用一个统一的表达式同时精确表示标准的解析形体和自由曲线曲面,目前NURBS方法广泛应用于工业各领域。在CAD模型重构方面,CAD技术从最早应用在交互式计算机绘图中的二维工程绘图系统发展到用计算机直接描述三维物体的三维造型技术,迄今在国际市场上,出现了多个与逆向工程相关的软件系统，主要有美国 Imageware 公司的 Surfacer10.5、英国 DelCam 公司的 CopyCAD、英国 MDTV 公司的 Strim and Surface Reconstruction、美国 RainDrop 公司的 GeoMagic 软件、英国 Renishaw 公司的 TRACE、韩国 INUS 公司的 RapidForm 等。在一些主流的 CAD/CAM 集成系统中也集成了类似的模块，如 Unigraphics 中的 PointCloud 功能、Pro/Engineer 中的 Pro/Scan 功能、Cinatron 90 中的 Reverse Engineering 功能模块等。日本开发了从 MRI、CT 重构三维实体的软件，英、法等国能将扫描数据在数控设备上复制，美国开发了 CT 可视化转化成 IGES 的软件。由此可见，在越来越激烈的市场竞争中，反求工程技术已被先进工业国家的众多公司所实际应用，以使其在市场竞争中抢先一步，特别是在家电、汽车、玩具、轻工等行业得到推广，并已取得巨大的效益。

在我国，20 世纪 90 年代中后期，反求工程技术也得到了快速的发展和推广，很多科研院所在此领域内开展了研发工作并已取得很多可喜的成果。有代表性的有浙江大学 CAD 中心三角面片的建模方法、南京航空航天大学 CAD/CAM 工程研究中心的基于海量散乱点三角网格面重建和自动建模方法、华中科技大学的曲面测量与重建技术、西安交通大学 CIMS 中心的面向 CMM 的逆向工程测量方法和基于线结构光视觉传感器的光学坐标测量机研制、上海交通大学利用 BP 神经网络重构反求技术中基于数字化点的曲面研究、西北工业大学的数据点处理与建模方法、清华大学激光快速成形中心的照片反求和 CT 反求的研究等。在相关软件应用研究上，除一些实验室的小型软件外，自主开发的商用反求软件仅有浙江大学生产工程研究所的反求工程 CAD 软件 RE-Soft、西北工业大学的实物测量造型系统 NPU-SRMS 和由国内逆向工程领域专业人士参与开发的逆向工程软件 QuickForm。由于缺乏自主的 CAD/CAM 软件的支撑，以及反求工程的上游测试设备和下游应用 CAD、CAE、CAM 基本为国外产品，使得国产软件产品在设备接口、数据转换和应用上一直滞后于相关产品，开发的软件显得势单力薄，与国外软件相比处于竞争的劣势。

4.3.8 仿生设计

仿生设计学是以自然界万事万物的“形”“色”“音”“功能”“结构”等为研究对象，有选择地在设计过程中应用这些特征原理进行的设计，为设计提供新的思想、新的原理、新的方法和新的途径。

仿生设计学使人类社会与自然达到了高度的统一，正逐渐成为设计发展过程中的重要发展方向之一。自古以来，自然界就是人类各种科学技术原理及重大发明的思想源泉。生物界有着种类繁多的动植物及物质存在，它们在漫长的进化过程中，为了求得生存与发展，逐渐具备了适应自然界变化的本领。人类生活在自然界中，与周围的生物作“邻居”，这些生物各种各样的奇异本领，吸引着人们去想象和模仿。人类运用其观察、思维和设计能力，开始了对生物的模仿，并通过创造性的劳动，制造出简单的工具，增强了自己与自然界斗争的本领和能力。仿生设计包括仿生物形态、仿肌理质感、仿生物结构、仿生物功能、仿生物色彩和仿生物意象等。图 4.14 为来源于网络的几种仿生设计图。

到了近代，生物学、电子学、动力学等学科的发展亦促进了仿生设计学的发展。以飞机的产生为例：首先人们找到了鸟类能够飞行的原因主要是鸟的翅膀上弯下平，在飞行时上

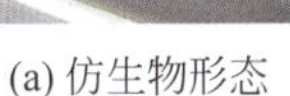
(a) 仿生物形态

(b) 仿生物功能

(c) 仿生物结构

图 4.14　仿生设计示例

面的气流比下面的快，由此形成下面的压力比上面的大，于是翅膀就产生了垂直向上的升力，飞的越快升力越大。后来莱特兄弟在前人的基础上根据鸟类飞行的原理发明了真正意义上的飞机。随着飞机的不断发展，它们逐渐失去了原来那些笨重而难看的体形，变得更简单、更加实用。机身和单曲面机翼都呈现出像海贝、鱼和受波浪冲洗的石头所具有的自然线条。飞机的效率增加了，比以前飞得更快和更高。

到了现代，科学高度发展但环境破坏、生态失衡、能源枯竭，人类意识到了重新认识自然，探讨与自然更加和谐的生存方式的高度紧迫感，亦认识到仿生设计学对人类未来发展的重要性。1960 年，第一次仿生学讨论会在美国俄亥俄州召开，成为仿生学的正式诞生之日。此后，仿生技术取得了飞跃的发展，并获得了广泛的应用。仿生设计亦随之获得突飞猛进的发展，一大批仿生设计作品，如智能机器人、雷达、声呐、人工脏器、自动控制器、自动导航器等应运而生。

近代，科学家根据青蛙眼睛的特殊构造研制了电子蛙眼，用于监视飞机的起落和跟踪人造卫星；根据空气动力学原理仿照鸭子头形状而设计了高速列车；模仿某些鱼类所喜欢的声音研制了用来诱捕鱼的电子诱鱼器；通过对萤火虫和海蝇发光原理的研究，获得了化学能转化为光能的新方法，从而研制出化学荧光灯等。

目前，仿生设计学在对生物体几何尺寸及其外形进行模仿的同时，还通过研究生物系统的结构、功能、能量转换、信息传递等各种优异特征，并把它运用到技术系统中，改善已有的工程设备，并创造出新的工艺、自动化装置、特种技术元件等技术系统；同时仿生设计学为创造新的科学技术装备、建筑结构和新工艺提供原理、设计思想或规划蓝图，亦为现代设计的发展提供了新的方向，并充当了人类社会与自然界沟通信息的“纽带”。

同时仿生设计亦可对人类的生命和健康造成巨大的影响。例如，人们可以通过仿生技术，设计制造出人造器官——血管、肾、骨膜、关节、食道、气管、尿道、心脏、肝脏、血液、子宫、肺、胰、眼、耳以及人工细胞。专家预测，在 21 世纪中后期，除脑以外人的所有器官都可以用人工器官代替。例如，模拟血液的功能，可以制造、传递养料及废物，并能与氧气及二氧化碳自动结合并分离的液态碳氢化合物人工血；模拟肾功能，用多孔纤维增透膜制成血液过滤器，也就是人工肾；模拟肝脏，根据活性炭或离子交换树脂吸附过滤有毒物质，制成人工肝解毒器；模拟心脏功能，用血液和单向导通驱动装置，组成人工心脏自动循环器。

仿生设计学是仿生学与设计学互相交叉渗透而结合成的一门新兴交叉学科，其研究范围非常广泛，研究内容丰富多彩，特别是由于仿生学和设计学涉及自然科学和社会科学的许多学科，因此也就很难对仿生设计学的研究内容进行划分。这里，我们是基于对所模拟生物系统在设计中的不同应用而分门别类的。归纳起来，仿生设计学的研究内容主要有：

(1) 形态仿生设计学研究的是生物体(包括动物、植物、微生物、人类)和自然界物质存在(如日、月、风、云、山、川、雷、电等)的外部形态及其象征寓意,以及如何通过相应的艺术处理手法将之应用于设计之中。

(2) 功能仿生设计学主要研究生物体和自然界物质存在的功能原理,并用这些原理去改进现有的或建造新的技术系统,以促进产品的更新换代或新产品的开发。

(3) 视觉仿生设计学研究生物体的视觉器官对图像的识别、对视觉信号的分析与处理,以及相应的视觉流程,它广泛应用于产品设计、视觉传达设计和环境设计之中。

(4) 结构仿生设计学主要研究生物体和自然界物质存在的内部结构原理在设计中的应用问题,适用于产品设计和建筑设计。研究最多的是植物的茎、叶以及动物形体、肌肉、骨骼的结构。

第 5 章

机械制造及其自动化

5.1 概　　述

机械制造业是制造业的重要组成部分，是指从事各种动力机械、起重运输机械、农业机械、冶金矿山机械、化工机械、纺织机械、机床、工具、仪器、仪表及其他机械设备等生产的行业。机械制造业为整个国民经济提供技术装备，其发展水平是国家工业化程度的主要标志之一。

在整个制造业中，机械制造业占有特别重要的地位。机械制造业是国民经济的装备部，国民经济各部门的生产水平、产品质量和经济效益等在很大程度上取决于机械制造业所提供装备的技术性能、质量和可靠性。我国是世界上机械发展最早的国家之一，机械工程技术不但历史悠久，而且成就十分辉煌，不仅对我国的物质文化和社会经济的发展起到了重要的促进作用，而且对世界技术文明的进步也做出了重大贡献。众所周知近代落后了，中华人民共和国成立前的机械制造工业基础十分薄弱，许多工业产品不能生产，完全依赖进口，如中华人民共和国成立前几乎没有机床制造业，只是零星生产几种简易机床，产量仅有两千多台；中华人民共和国成立初期，只有上海、沈阳、昆明等城市一些机械修配厂兼产少量车床、刨床、冲床等简易机床。中华人民共和国成立 70 多年来，我国已建立了一个比较完整的机械工业体系。我国的机械工业从小到大，从修配到制造，从制造一般机械产品到高、精、尖产品，从制造单机到制造先进大型成套设备，已逐步建立成门类比较齐全，具有较大规模，技术水平和成套水平不断提高，为国民经济和国防建设提供了大量的机械装备，在国民经济中的支柱产业地位日益彰显。

“十二五”以来，我国机械工业综合实力大幅提升。产业结构调整取得积极进展，行业基础领域得到强化，一批高端装备研制成功，企业创新成果不断涌现，两化融合取得新进展，绿色发展理念日渐深入。具体内容有：①产业规模实现持续稳定增长；②适应市场变化能力不断增强；③实施创新战略取得显著成果；④产业结构调整步伐加快；⑤行业转型发展迈出新步伐。同时，多种所有制企业全面发展，民营企业对行业发展的贡献不断加大。我国机械工业规模已连续多年稳居世界第一，初步具备了由世界机械制造大国向机械制造强国冲刺的基础和条件，但大而不强，还存在自主创新能力薄弱、共性技术支撑体系不健全、高端装备供给不足、核心技术与关键零部件对外依存度较高、服务型制造发展滞后、产能过剩矛盾凸显、市场环境不优等问题。

《国家中长期科学和技术发展规划纲要(2006—2020 年)》中指出，我国是世界制造大国，但还不是制造强国。我国制造业的发展思路如下所述。

(1) 提高装备设计、制造和集成能力。以促进企业技术创新为突破口,通过技术攻关,基本实现高档数控机床、工作母机、重大成套技术装备、关键材料与关键零部件的自主设计制造。

(2) 积极发展绿色制造。加快相关技术在材料与产品开发设计、加工制造、销售服务及回收利用等产品全生命周期中的应用,形成高效、节能、环保和可循环的新型制造工艺。制造业资源消耗、环境负荷水平进入国际先进行列。

(3) 用高新技术改造和提升制造业。大力推进制造业信息化,积极发展基础原材料,大幅度提高产品档次、技术含量和附加值,全面提升制造业整体技术水平。

5.2 材料成形技术

材料成形技术包括铸造、塑性成形、焊接、粉末冶金、金属注射成形和金属半固态成形。

5.2.1 铸造

铸造是人类掌握比较早的一种金属热加工工艺,已有约6000年的历史。中国约在公元前1700—前1000年之间已进入青铜铸件的全盛期,工艺上已达到相当高的水平。铸造是指将铜、铁、铝、锡、铅等固态金属熔化为液态倒入特定形状的铸型,待其凝固成形的加工方式。普通铸型的材料是原砂(石英砂、镁砂、锆砂、铬铁矿砂、镁橄榄石砂、蓝晶石砂、石墨砂、铁砂等)、黏土、水玻璃、树脂及其他辅助材料。铸造是比较经济的毛坯成形方法,对于形状复杂的零件更能显示出它的经济性,如汽车发动机的缸体和缸盖、船舶螺旋桨以及精致的艺术品等。有些难以切削的零件,如燃气轮机的镍基合金零件不用铸造方法无法成形。目前,铸造类型主要有砂型铸造(图5.1)、熔模铸造(图5.2)、压力铸造、低压铸造、离心铸造、金属型铸造、真空铸造、挤压铸造、消失模铸造和连续铸造等。

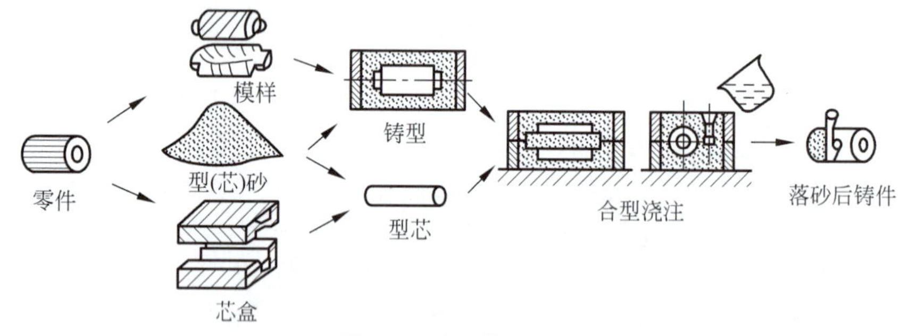

图5.1 砂型铸造过程

5.2.2 塑性成形

塑性成形就是利用材料的塑性,在工具及模具的外力作用下加工制件的少切削或无切削的工艺方法。由于工艺本身的特点,它虽然有很长的发展历史,却又在不断的研究和创新之中,新工艺、新方法层出不穷。这些研究和创新的基本目的不外乎增加材料塑性、提高成

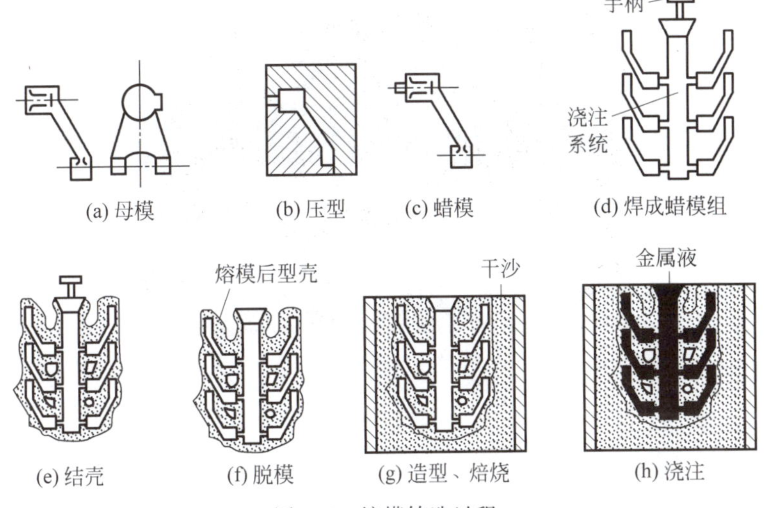

图 5.2　熔模铸造过程

形零件的精度及性能、降低变形力、增加模具使用寿命和节约能源等。目前，常用的塑性成形工艺有锻造、轧制、挤压、拉拔和冲压。

锻造是一种利用锻压机械对金属坯料施加压力，使其产生塑性变形以获得具有一定机械性能、一定形状和尺寸锻件的加工方法。通过锻造能消除金属在冶炼过程中产生的铸态疏松等缺陷，优化微观组织结构，同时由于保存了完整的金属流线，锻件的机械性能一般优于同样材料的铸件。相关机械中负载高、工作条件严峻的重要零件，除形状较简单的可用轧制的板材、型材或焊接件外，多采用锻件。根据锻造温度，可将锻造分为热锻、温锻和冷锻；根据成形机理，可将锻造分为自由锻(图 5.3)、模锻(图 5.4)和特殊锻造。

图 5.3　自由锻

图 5.4　模锻产品

冲压是靠压力机和模具对板材、带材、管材和型材等施加外力，使之产生塑性变形或分离，从而获得所需形状和尺寸的工件(冲压件)的成形加工方法，如图 5.5 所示。按冲压加工温度，分为热冲压和冷冲压。前者适合变形抗力高、塑性较差的板料加工；后者则在室温下进行，是薄板常用的冲压方法。冲压工艺与模具、冲压设备和冲压材料构成冲压加工的三要素，只有它们相互结合才能得出冲压件。汽车的车身、底盘、油箱、散热器片，锅炉的汽包，容器的壳体，电机、电器的铁芯硅钢片等都是冲压加工。仪器仪表、家用电器、自行车、办公机械、生活器皿等产品中，也有大量冲压件。

图 5.5　冲压

5.2.3　焊接

焊接是一种以加热、高温或者高压的方式接合金属或其他热塑性材料，如塑料的制造工艺及技术。现代焊接的能量来源有很多种，包括气体焰、电弧(图 5.6)、激光(图 5.7)、电子束、摩擦和超声波等。除了在工厂中使用外，焊接还可以在多种环境下进行，如野外、水下和太空。金属的焊接按其工艺过程的特点分为熔焊、压焊和钎焊三大类。

图 5.6　电弧焊接

图 5.7　激光熔焊

(1) 熔焊：加热欲接合之工件使之局部熔化形成熔池，熔池冷却凝固后便接合，必要时可加入熔填物辅助。适合于各种金属和合金的焊接加工，不需要施加压力。

(2) 压焊：焊接过程必须对焊件施加压力，适合于各种金属材料和部分金属材料的焊接加工。

(3) 钎焊：采用比母材熔点低的金属材料做钎料，利用液态钎料润湿母材，填充接头间隙，并与母材互相扩散实现连接焊件。适合于各种材料的焊接加工，也适合于不同金属或异类材料的焊接加工。

5.2.4　粉末冶金

粉末冶金是制取金属粉末或用金属粉末(或金属粉末与非金属粉末的混合物)作为原

料，经过成形和烧结，制取金属材料、复合材料以及各种类型制品的工业技术。目前，粉末冶金技术已被广泛应用于交通、机械、电子、航空航天、兵器、生物、新能源、信息和核工业等领域，成为新材料科学中最具发展活力的分支之一。粉末冶金技术具备显著节能、省材、性能优异、产品精度高且稳定性好等一系列优点，非常适合于大批量生产。另外，部分用传统铸造方法和机械加工方法无法制备的材料和复杂零件也可用粉末冶金技术制造，因而备受工业界的重视。广义的粉末冶金制品业涵括了铁石刀具、硬质合金、磁性材料以及粉末冶金制品等。狭义的粉末冶金制品业仅指粉末冶金制品，包括粉末冶金零件（占绝大部分）、含油轴承和金属射出成形制品等，如图5.8所示。

粉末冶金具有独特的化学组成和机械、物理性能，而这些性能是用传统的熔铸方法无法获得的。运用粉末冶金技术可以直接制成多孔、半致密或全致密材料和制品，如含油轴承、齿轮、凸轮、导杆、刀具等，是一种少无切削工艺。具体特点如下：

图5.8 粉末冶金制品

（1）粉末冶金技术可以最大限度地减少合金成分偏聚，消除粗大、不均匀的铸造组织。在制备高性能稀土永磁材料、稀土储氢材料、稀土发光材料、稀土催化剂、高温超导材料、新型金属材料（如Al-Li合金、耐热Al合金、超合金、粉末耐蚀不锈钢、粉末高速钢、金属间化合物高温结构材料等）具有重要的作用。

（2）可以制备非晶、微晶、准晶、纳米晶和超饱和固溶体等一系列高性能非平衡材料，这些材料具有优异的电学、磁学、光学和力学性能。

（3）可以容易地实现多种类型的复合，充分发挥各组元材料各自的特性，是一种低成本生产高性能金属基和陶瓷复合材料的工艺技术。

（4）可以生产普通熔炼法无法生产的具有特殊结构和性能的材料和制品，如新型多孔生物材料、多孔分离膜材料、高性能结构陶瓷磨具和功能陶瓷材料等。

（5）可以实现近净成形和自动化批量生产，从而可以有效地降低生产的资源和能源消耗。

（6）可以充分利用矿石、尾矿、炼钢污泥、轧钢铁磷、回收废旧金属作原料，是一种可有效进行材料再生和综合利用的新技术。

5.2.5 金属注射成形

金属注射成形是一种从塑料注射成形行业中引申出来的新型粉末冶金近净成形技术。金属注射成形的基本工艺步骤是：首先选取符合要求的金属粉末和黏结剂，然后在一定温度下采用适当的方法将粉末和黏结剂混合成均匀的喂料，经制粒后再注射成形，并经过脱脂处理后对成形坯进行烧结致密化而成为最终成品。

1. 金属注射成形粉末及制粉技术

金属注射成形对原料粉末要求较高，粉末的选择要有利于混炼、注射成形、脱脂和烧结，而这往往是相互矛盾的。对原料粉末的研究包括粉末形状、粒度和粒度组成、比表面等。目前生产金属注射成形用原料粉末的方法主要有羰基法、超高压水雾化法和高压气体雾化法等。

2. 黏结剂

黏结剂是金属注射成形技术的核心。在金属注射成形中,黏结剂具有增强流动性以适合注射成形和维持坯块形状这两个最基本的职能,此外它还应具有易于脱除、无污染、无毒性、成本合理等特点,为此出现了各种各样的黏结剂,近年来正逐渐从单凭经验选择向根据对脱脂方法及对黏结剂功能的要求,有针对性地设计黏结剂体系的方向发展。

黏结剂一般由低分子组元与高分子组元加上一些必要的添加剂构成。低分子组元黏度低,流动性好,易脱去;高分子组元黏度高,强度高,保持成形坯强度。二者适当比例搭配以获得高的粉末装载量,最终得到高精度和高均匀性的产品。

3. 混炼

混炼是将金属粉末与黏结剂混合得到均匀喂料的过程。由于喂料的性质决定了最终注射成形产品的性能,所以混炼这一工艺步骤非常重要。这牵涉到黏结剂和粉末加入的方式和顺序、混炼温度、混炼装置的特性等多种因素。这一工艺步骤目前一直停留在依靠经验摸索的水平上,最终评价混炼工艺好坏的一个重要指标就是所得到喂料的均匀和一致性。

金属注射成形喂料的混合是在热效应和剪切力的联合作用下完成的。混料温度不能太高,否则黏结剂可能发生分解或者由于黏度太低而发生粉末和黏结剂两相分离现象,至于剪切力的大小则依混料方式的不同而变化。金属注射成形常用的混料装置有双螺旋挤出机、Z形叶轮混料机、单螺旋挤出机、柱塞式挤出机、双行星混炼机和双凸轮混料机等。

混炼的方法一般是先加入高熔点组元熔化,然后降温,加入低熔点组元,然后分批加入金属粉末。这样能防止低熔点组元的气化或分解,分批加入金属粉可防止降温太快而导致的扭矩急增,减少设备损失。

4. 注射成形

注射成形的目的是获得所需形状的无缺陷、颗粒均匀排列的金属注射成形坯体。首先将粒状喂料加热至一定高的温度使之具有流动性,然后将其注入模腔中冷却下来得到所需形状并具有一定刚性的坯体,然后将其从模具中取出得到金属注射成形坯。这个过程同传统塑料注射成形过程一致,但由于金属注射成形喂料高的粉末含量,使得其注射成形过程在工艺参数上及其他一些方面存在很大差别,控制不当则易产生各种缺陷。

5. 脱脂

自金属注射成形技术产生以来,随着黏结剂体系的不同,形成了多种金属注射成形工艺路径,脱脂方法也多种多样。脱脂时间由最初的几天缩短到了现在的几小时。在脱脂步骤上可以粗略地将所有的脱脂方法分为一步脱脂法和二步脱脂法两大类。

6. 烧结

烧结是金属注射成形工艺中的最后一步工序。烧结消除了粉末颗粒之间的孔隙，使得产品达到全致密或接近全致密化。金属注射成形技术中由于采用大量的黏结剂，所以烧结时收缩非常大，其线收缩率一般达到13%～25%，这样就存在一个变形控制和尺寸精度控制的问题。尤其是因为金属注射成形产品大多数是复杂形状的异形件，这个问题显得越发突出，均匀地喂料对于最终烧结产品的尺寸精度和变形控制是一个关键因素。高的粉末摇实密度可以减小烧结收缩，也有利于烧结过程的进行和尺寸精度控制。由于目前细粉末价格较高，研究粗粉末坯块的强化烧结技术是降低粉末注射成形生产成本的重要途径，该技术是目前金属粉末注射成形研究的一个重要方面。

5.3 零件机械加工技术

传统机械制造方法主要是指切削加工，主要通过单刃刀具、多刃刀具和磨粒切削，按一定的相对运动，将零件多余材料切除以获得满足技术要求的尺寸精度、形状精度、位置精度以及加工表面质量。常用的零件制造方法按主运动和成形方式分为车削加工、铣削加工、刨削加工、钻削加工、磨削加工以及特种加工。

5.3.1 金属切削机床

金属切削机床的种类、规格繁多，为便于区别、使用和管理，必须加以分类。通常，机床是按照加工方式(如车、钻、刨、铣、磨、镗等)及某些辅助特征来进行分类的。目前我国将机床分为车床、钻床、镗床、磨床、齿轮加工机床、螺纹加工机床、铣床、刨插床、拉床、电加工机床、切断机床和其他机床12大类。各类机床主要由机械结构部分和控制系统部分组成，基本结构包括主传动部件、进给运动部件、动力源、刀具的安装装置、工件的安装装置、支承件。控制系统用于控制各工作部件的正常工作，主要是电气控制系统，如数控机床则是数控系统，有些机床局部采用液压或气动控制系统。机床要正常工作还需有冷却系统、润滑系统及排屑装置、自动测量装置等其他装置。

随着金属切削机床的发展，目前主要以数字控制机床(简称数控机床)为主，它是综合应用计算机技术、自动控制、精密测量和机械设计等领域的先进技术成就而发展起来的一种新型自动化机床。它的出现和发展，有效地解决了多品种、小批量生产精密、复杂零件的自动化问题。数控机床的优点主要体现在加工精度高、对加工对象的适应性强、加工形状复杂的工件比较方便、加工生产率高、易于建立计算机通信网络等方面。数控机床最适合在单件、小批生产条件下，加工具有下列特点的零件：用普通机床难以加工的形状复杂的曲线、曲面零件；结构复杂，要求多部位、多工序加工的零件；价格昂贵、不允许报废的零件；要求精密复制或准备多次改变设计的零件。图5.9为马扎克车铣复合加工中心。

图5.10给出了数控机床的适用范围。图中"零件复杂程度"的含义，不仅仅指形状复杂而难以加工的零件，还包括像印刷线路板钻孔那种虽然操作简单，但需钻孔数量很大(多至几千个)，人工操作容易出错的零件。

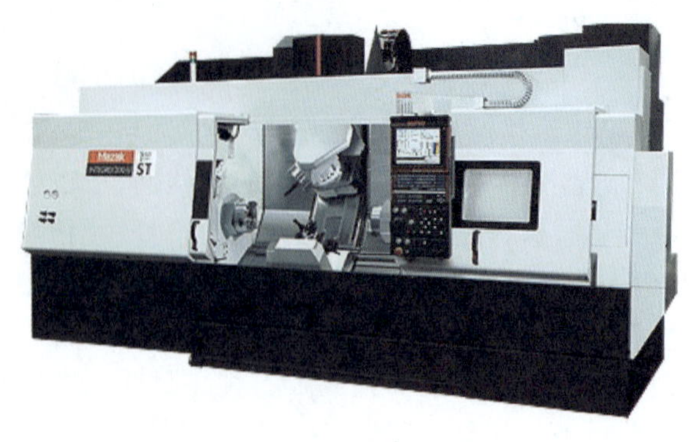

图 5.9 马扎克车铣复合加工中心

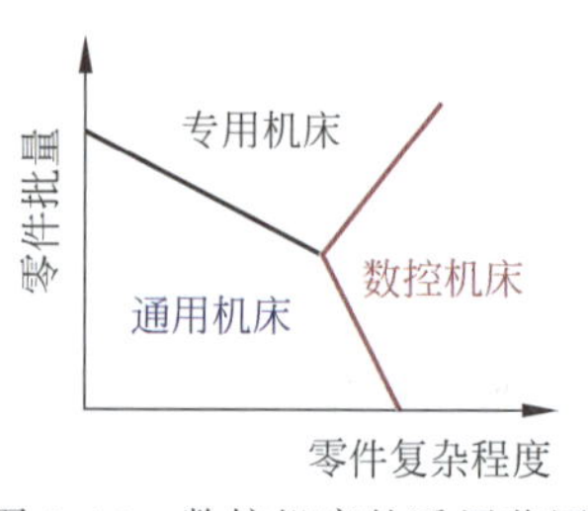

图 5.10 数控机床的适用范围

5.3.2 车削加工

车削加工是在车床上利用工件的旋转运动和刀具的移动来加工工件。车床的种类很多,按用途和结构的不同,可分为卧式车床、转塔车床、回轮车床、立式车床和数控车床等,如图 5.11 所示。此外还有单轴自动车床、多轴自动和半自动车床、仿形车床等,应用极为普遍。其中卧式车床的应用最为广泛,它的工艺范围广,加工尺寸范围大。

车削加工方法既可用车刀对工件进行车削加工内外圆柱面、圆锥面、成形回转面、端平面和各种内外螺纹面等,又可以钻孔、扩孔、铰孔、丝锥攻丝、板牙套丝、滚花等,车削工艺方法及所用车刀如图 5.12 所示。

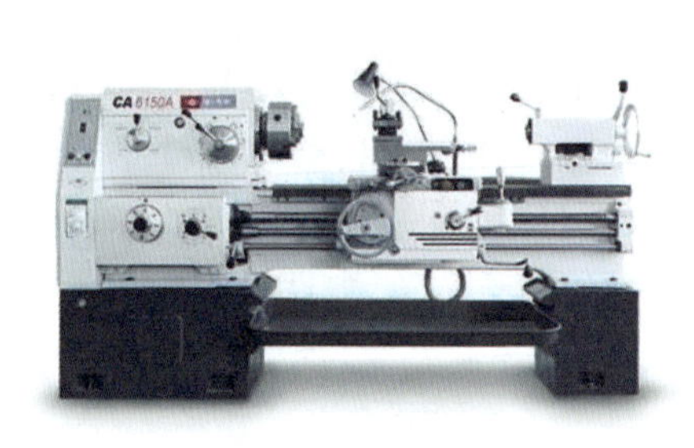

(a) 卧式车床

(b) 转塔车床

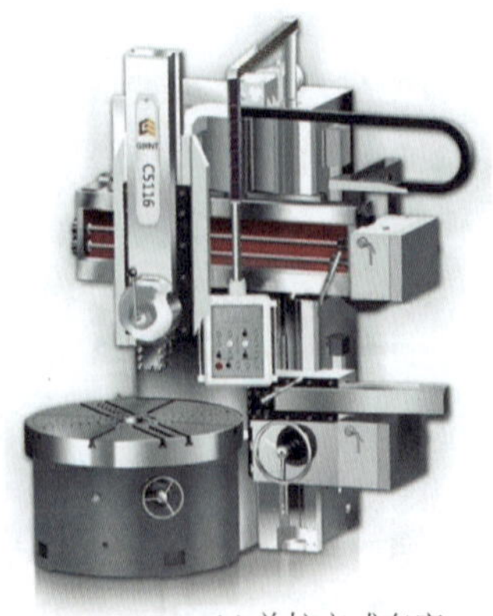

(c) 单柱立式车床

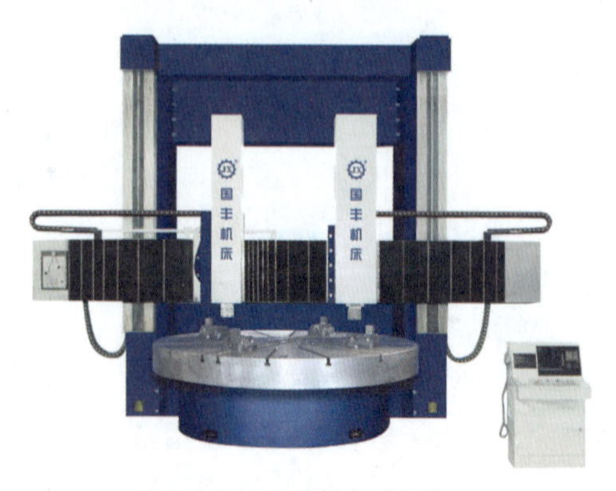

(d) 双柱立式车床

图 5.11 常用车床

(e) 数控车床

图 5.11 （续）

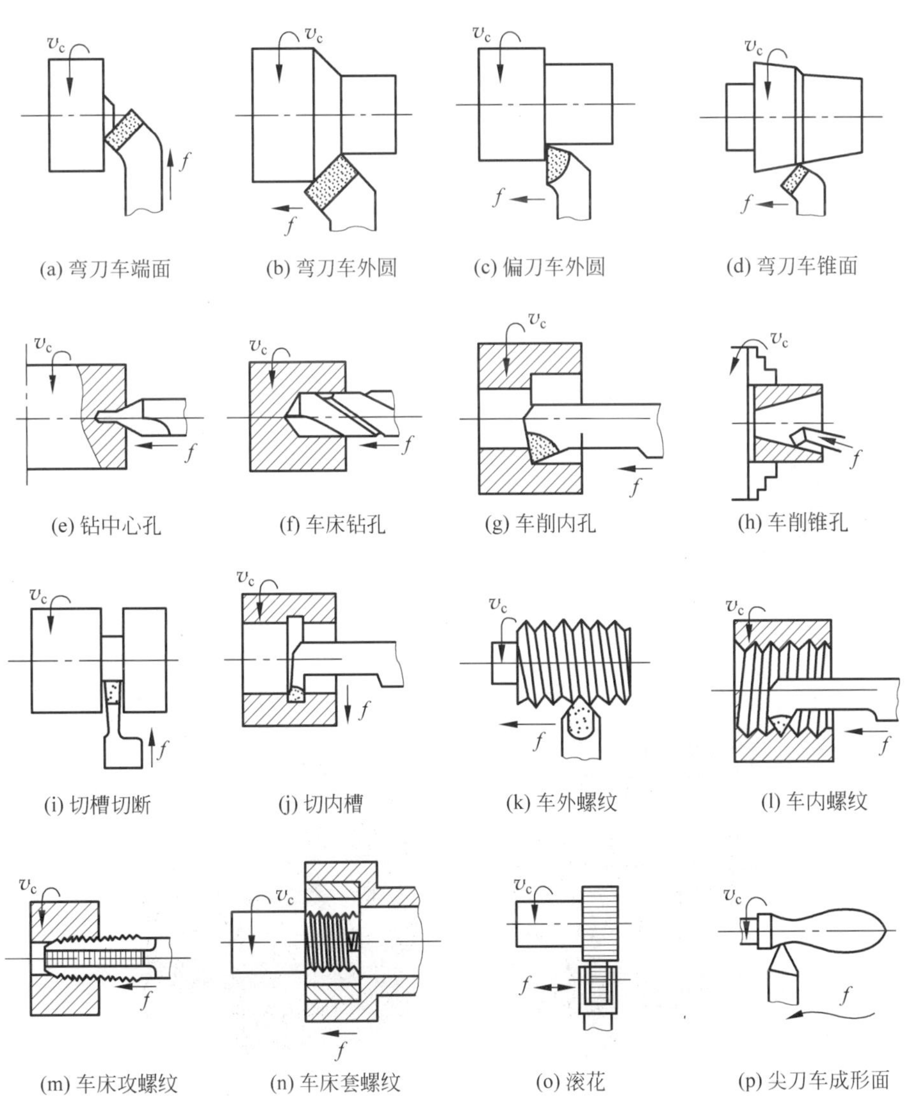

(a) 弯刀车端面　(b) 弯刀车外圆　(c) 偏刀车外圆　(d) 弯刀车锥面

(e) 钻中心孔　(f) 车床钻孔　(g) 车削内孔　(h) 车削锥孔

(i) 切槽切断　(j) 切内槽　(k) 车外螺纹　(l) 车内螺纹

(m) 车床攻螺纹　(n) 车床套螺纹　(o) 滚花　(p) 尖刀车成形面

图 5.12　车削方法及所用刀具

5.3.3 铣削加工

铣削是平面加工的主要方法之一，它可以加工水平面、垂直面、斜面、沟槽、成形表面、螺纹和齿形等，也可以用来切断材料。因此，铣削加工的范围是相当广泛的，如图5.13所示。铣床的种类很多，常用的是升降台卧式、立式铣床和龙门铣床(图5.14)等。

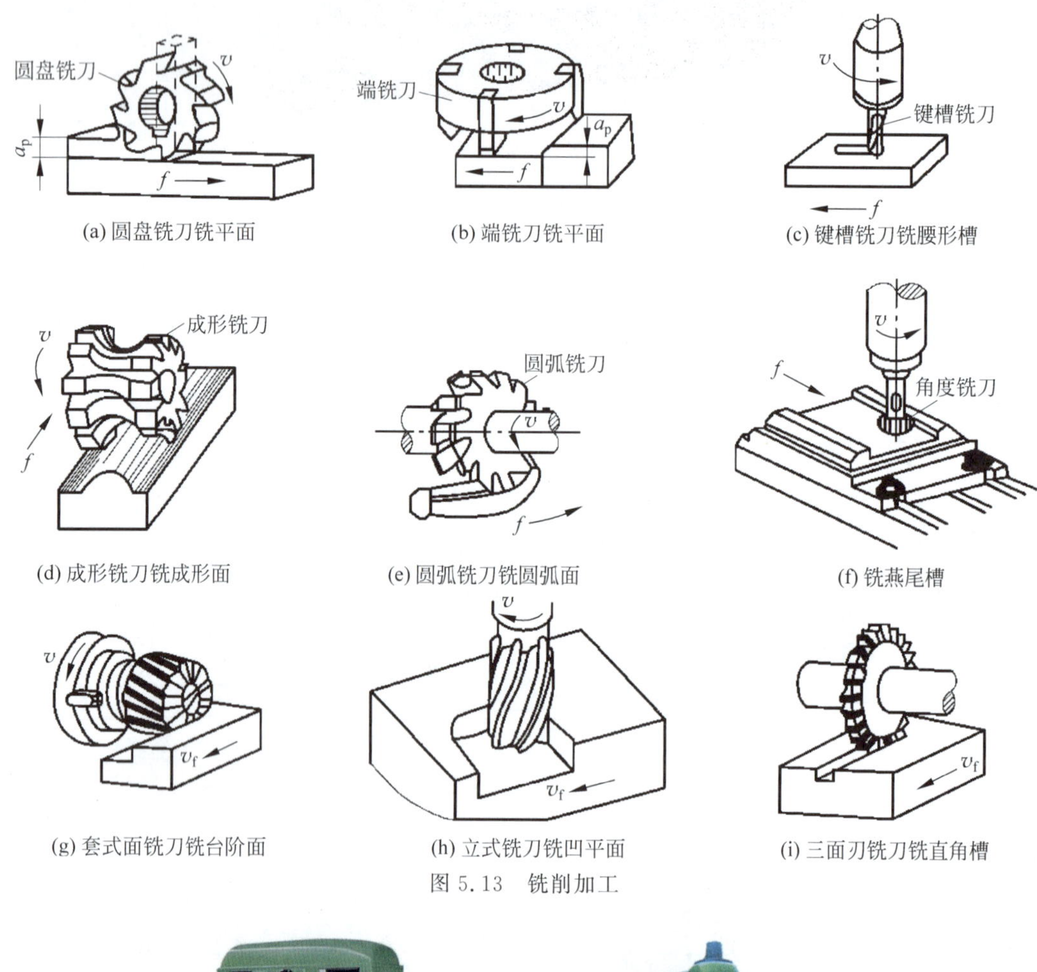

(a) 圆盘铣刀铣平面　(b) 端铣刀铣平面　(c) 键槽铣刀铣腰形槽

(d) 成形铣刀铣成形面　(e) 圆弧铣刀铣圆弧面　(f) 铣燕尾槽

(g) 套式面铣刀铣台阶面　(h) 立式铣刀铣凹平面　(i) 三面刃铣刀铣直角槽

图5.13　铣削加工

(a) 升降台卧式铣床

(b) 升降台立式铣床

图5.14　常用铣床

5.3.4 磨削加工

磨削通常作为半精车后的精加工工序,可以采用磨具对平面、外圆表面和内圆表面以及复杂型面进行精加工。磨床分为外圆磨床、内圆磨床、坐标磨床、无心磨床、平面磨床、砂带磨床、珩磨机、导轨磨床、工具磨床、多用磨床、专用磨床、端面磨床(图5.15)。磨削加工的材料适应性好,既可以加工硬度较高的材料(如淬硬钢、硬质合金等),也可以加工脆性材料(如玻璃、花岗石等)。

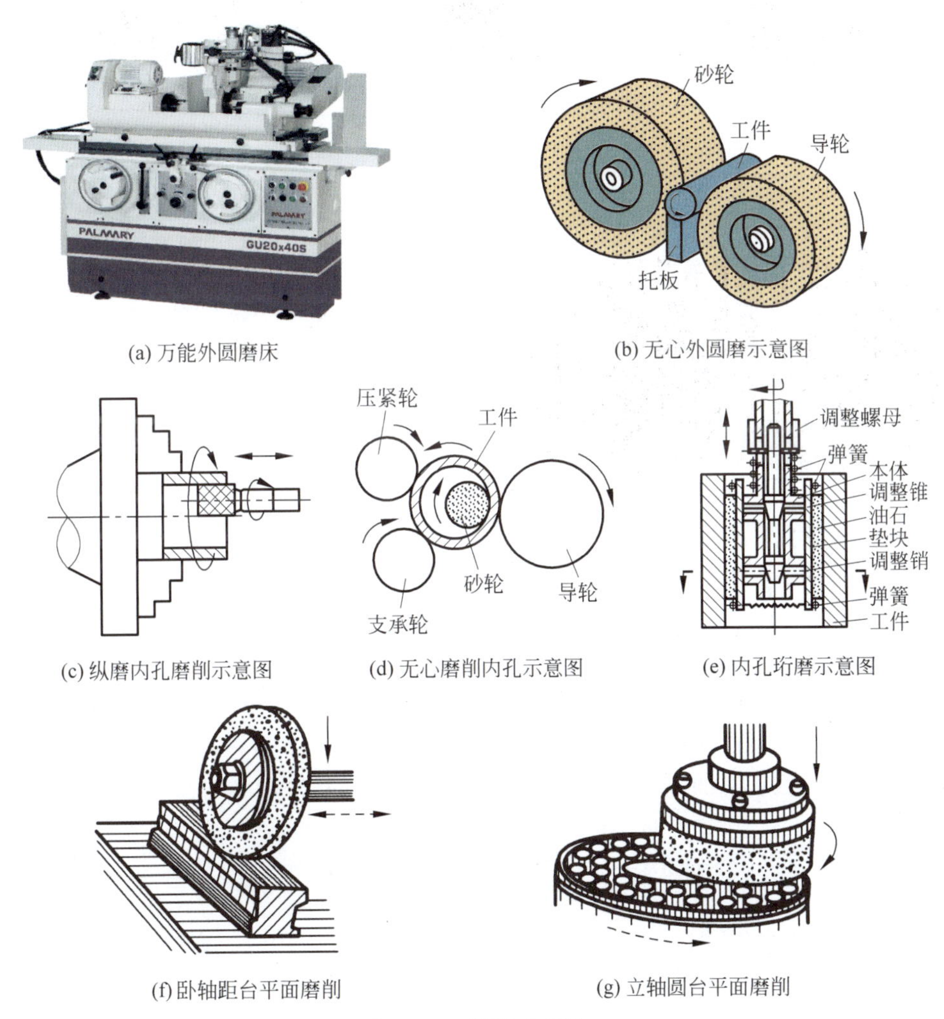

(a) 万能外圆磨床
(b) 无心外圆磨示意图
(c) 纵磨内孔磨削示意图
(d) 无心磨削内孔示意图
(e) 内孔珩磨示意图
(f) 卧轴距台平面磨削
(g) 立轴圆台平面磨削

图5.15 磨削示意图

5.3.5 钻削加工

钻削通常是在实体材料上加工孔的方法,主要在钻床上进行。常用的钻床有台式钻床、立式钻床和摇臂钻床等,如图5.16所示。用钻头在实体材料上加工孔的方法称为钻孔,它是一种最基本的孔加工方法。常用的钻头有麻花钻头(图 5.17)、深孔钻头(图 5.18)等。钻孔可以在车床、钻床或镗床上进行,也可以在铣床上进行。

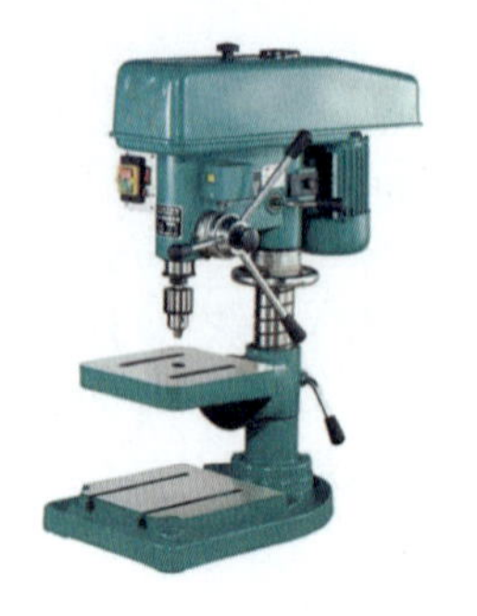
(a) 台式钻床

(b) 立式钻床

(c) 摇臂钻床

图 5.16 常用钻床

图 5.17 麻花钻头

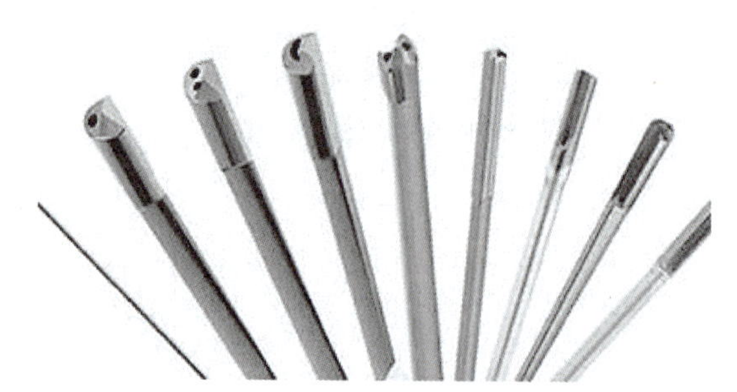
图 5.18 深孔钻头

5.3.6 镗削加工

镗孔是镗刀在已加工孔的工件上使孔径扩大并达到精度、表面粗糙度要求的加工方法。镗孔可在多种机床上进行,回转体零件上的孔,多用车床加工;而箱体类零件上的孔或孔系(即要求相互平行或垂直的若干孔),则常在镗床上加工。镗床包括卧式镗床、立式镗床、坐标镗床等,如图 5.19 所示。镗刀是在镗床、车床等机床上用以镗孔的刀具,如图 5.20 所示。由于它们的结构和工作条件不同,工艺特点和应用也有所不同。

5.3.7 拉削加工

在拉床上用拉刀加工工件的工艺过程,叫作拉削加工。拉削是指用拉刀加工工件内、外表面的加工方法。拉削在卧式拉床和立式拉床上进行。拉刀的后一个刀齿高出前一个刀齿(齿升量 a_f)(图 5.21),从而能在一次行程中,一层一层地从工件上切去多余的金属层,而获得所要求的表面。拉刀是由许多刀齿组成的,后面的刀齿比前面的刀齿高出一个齿升量(一般为 0.02~0.1mm)。每一个刀齿只负担很小的切削量,加工时依次切去一层金属,所以拉刀的切削部分很长。图 5.22 为常见的几种拉刀。拉削不但可以加工各种型孔,还可以拉削平面、半圆弧面和其他组合表面(图 5.23)。

(a) 卧式镗床

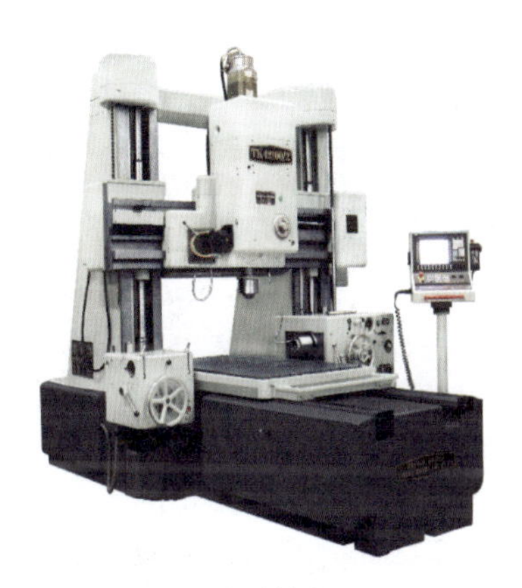

(b) 立式镗床

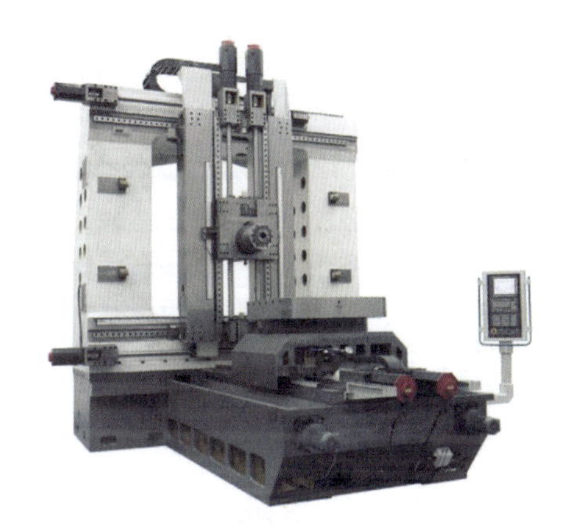

(c) 卧式镗床

图 5.19　常用镗床

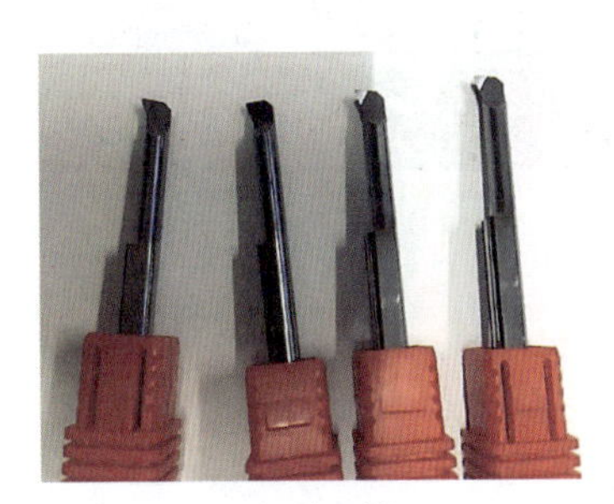

(a) 单刃镗刀

(b) 双刃镗刀

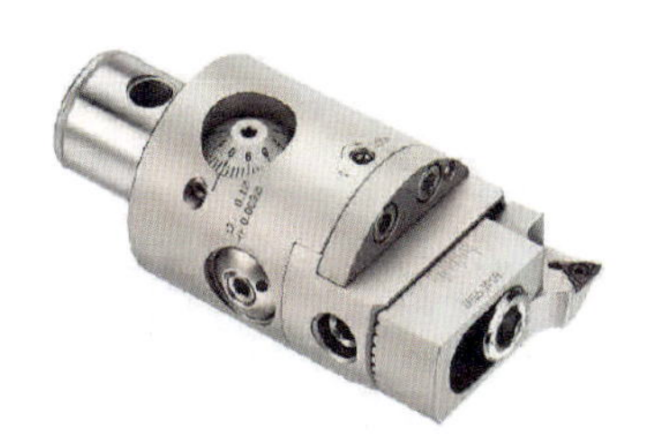

(c) 微调镗刀

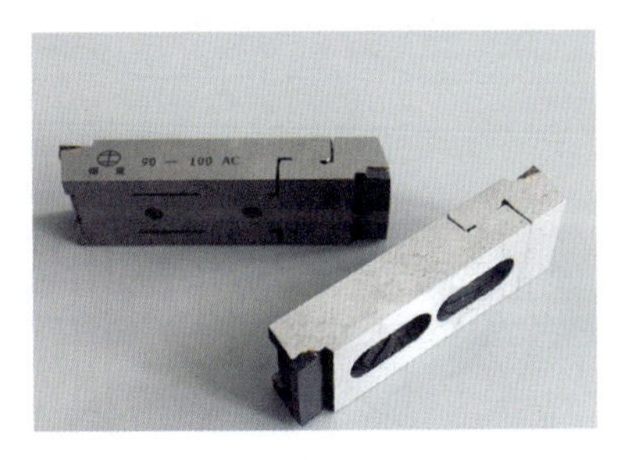

(d) 浮动镗刀

图 5.20　常用镗刀

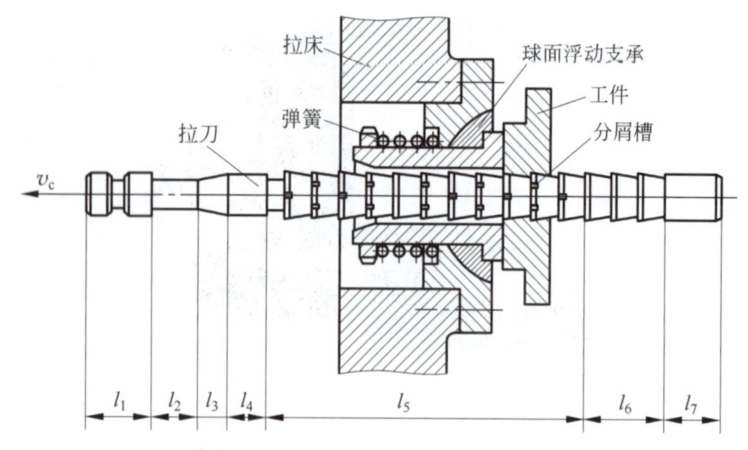

图 5.21　圆孔拉刀结构及拉削方法

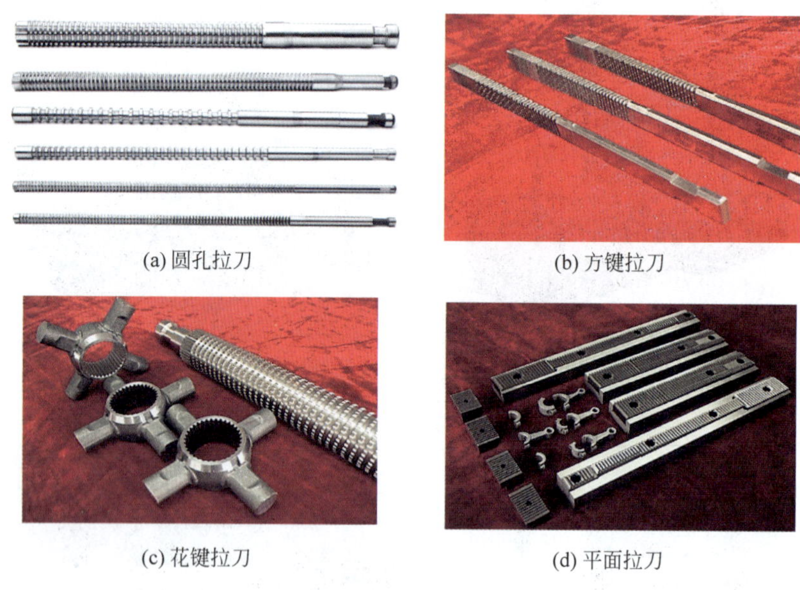

(a) 圆孔拉刀　(b) 方键拉刀　(c) 花键拉刀　(d) 平面拉刀

图 5.22　常用拉刀

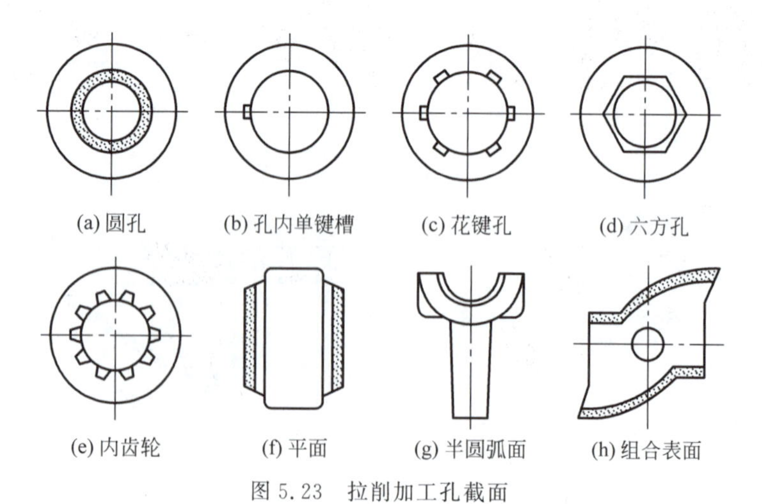

(a) 圆孔　(b) 孔内单键槽　(c) 花键孔　(d) 六方孔　(e) 内齿轮　(f) 平面　(g) 半圆弧面　(h) 组合表面

图 5.23　拉削加工孔截面

5.3.8　刨削加工

刨削可以在牛头刨床或龙门刨床(图 5.24)上进行。中小零件加工,一般多在牛头刨床上进行。龙门刨床主要用于大型零件(如机床床身和箱体零件)的平面加工。刨削加工不仅可加工平面,还可加工各类直通沟槽,如图 5.25 所示。

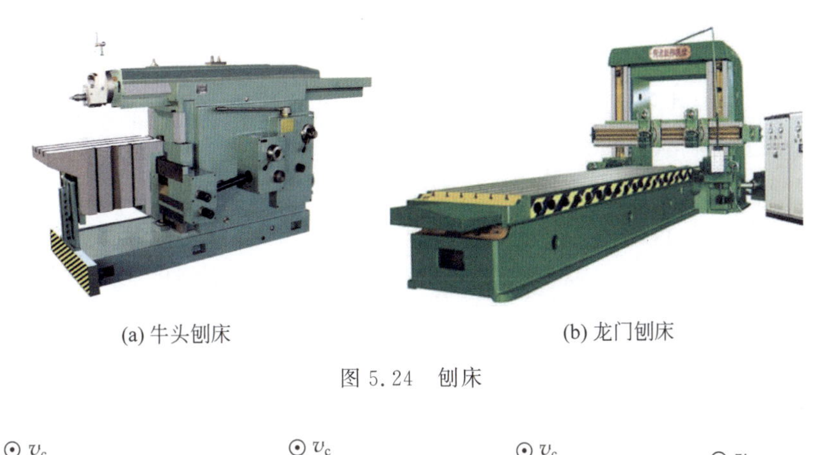

(a) 牛头刨床　(b) 龙门刨床

图 5.24　刨床

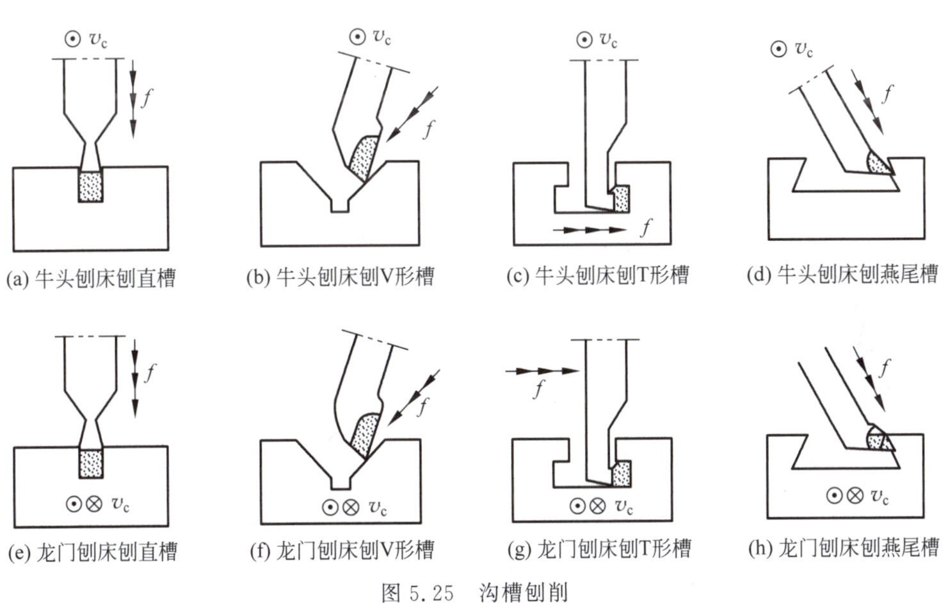

(a) 牛头刨床刨直槽　(b) 牛头刨床刨V形槽　(c) 牛头刨床刨T形槽　(d) 牛头刨床刨燕尾槽

(e) 龙门刨床刨直槽　(f) 龙门刨床刨V形槽　(g) 龙门刨床刨T形槽　(h) 龙门刨床刨燕尾槽

图 5.25　沟槽刨削

5.4　特种加工技术

5.4.1　特种加工的概念

特种加工是指直接利用电能、热能、电化学能、光能、声能、化学能以及特殊机械能对材料进行加工。

20世纪40年代，苏联科学家拉扎连柯夫妇研究开关触点遭受火花放电腐蚀损坏的现象和原因，发现电火花的瞬时高温可使局部的金属熔化、气化而被腐蚀掉，开创和发明了电火花加工。后来，由于各种先进技术的不断应用，产生了多种有别于传统机械加工的新加工方法。这些新加工方法从广义上定义为特种加工(non-traditional machining，NTM)，也被称为非传统加工技术。与传统的机械加工相比，特种加工的不同点是：

(1) 不是主要依靠机械能，而是主要用其他能量(如电、化学、光、声、热等)去除工件材料。

(2) 加工过程中，工具和工件之间不存在显著的机械切削力。因此，可加工细微表面(如窄缝和小孔)和柔性零件(如细长件、薄壁件和弹性元件等)，获得较好的表面质量，热应力、残余应力、冷作硬化、热影响区以及毛刺均较小。

(3) 加工的难易与工件硬度无关，刀具硬度可以低于工件硬度。因此，可加工超硬、耐热、高熔点的金属以及软、脆非金属材料。

(4) 能用简单的运动加工复杂的型面。使得工件与工具之间的运动简单，可以简化特种加工所用的机床传动系统。

特种加工技术在国际上被称为21世纪的技术，对新型武器装备的研制和生产，起到举足轻重的作用。随着新型武器装备的发展，国内外对特种加工技术的需求日益迫切。不论飞机、导弹，还是其他作战平台都要求降低结构重量，提高飞行速度，增大航程，降低燃油消耗，达到战技性能高、结构寿命长、经济可承受性好的各项指标。武器系统和作战平台都要求采用整体结构、轻量化结构、先进冷却结构等新型结构，以及钛合金、复合材料、粉末材料、金属间化合物等新材料。为此，需要采用特种加工技术，以解决武器装备制造中用常规加工方法无法实现的加工难题。此外，特种加工在工具、模具等行业也有广泛的应用，主要用于解决下列三类问题：

(1) 难加工材料的加工，如钛合金、耐热不锈钢、高强钢、复合材料、工程陶瓷、金刚石、红宝石、硬化玻璃等高硬度、高脆性、高韧性、高强度和高熔点材料。

(2) 难加工零件的加工。解决特殊复杂表面和低刚度零件的加工问题，如复杂零件三维型腔、型孔、群孔和窄缝等的加工，薄壁零件、弹性元件等零件的加工。

(3) 超精、光整及具有特殊要求的表面加工。此外，利用特种加工中的高能量密度束流，可以实现焊接、切割、制孔、喷涂、表面改性、刻蚀和精细加工。特种加工的分类还没有明确的规定，一般按能量来源和作用形式以及加工原理可分为表5.1所示的形式。

表5.1 常用特种加工方法的分类

加工方法		主要能量来源	作用形式
电火花加工	电火花成形加工	电能、热能	熔化、气化
	电火花线切割加工	电能、热能	熔化、气化
电化学加工	电解加工	电化学能	金属离子阳极溶解
	电解磨削	电化学能、机械能	阳极溶解、磨削
	电解研磨	电化学能、机械能	阳极溶解、研磨
	电铸	电化学能	金属离子阴极沉淀
	涂镀	电化学能	金属离子阴极沉淀

续表

加工方法		主要能量来源	作用形式
高能束加工	激光束加工	光能、热能	熔化、气化
	电子束加工	光能、热能	熔化、气化
	离子束加工	电能、机械能	切蚀
	等离子弧加工	电能、热能	熔化、气化
物料切蚀加工	超声加工	声能、机械能	切蚀
	磨料流加工	机械能	切蚀
	液体喷射加工	机械能	切蚀
化学加工	化学铣削	化学能	腐蚀
	化学抛光	化学能	腐蚀
	光刻	光能、化学能	光化学腐蚀
复合加工	电化学电弧加工	电化学能	熔化、气化腐蚀
	电解电化学机械磨削	电能、热能	离子溶解、熔化、切割

5.4.2 电火花加工

电火花加工是利用电能和热能进行加工的方法，国外称为放电加工。电火花加工的原理是利用工具和工件（正、负电极）之间脉冲性火花放电时的电腐蚀现象来去除多余的金属，以达到对零件尺寸、形状和表面质量的要求。

如图 5.26 所示，加工时工具电极和工件电极浸在绝缘工作液（常用煤油和去离子水等）中。将脉冲电压加至两电极间，并使工具电极向工件电极逐渐靠拢，当两电极间达到一定距离时，极间电压将在某一最接近点处使绝缘介质被击穿而电离。电离后的电子和正离子在电场力的作用下，向着相反极性的电极做加速运动，最终轰击电极（工件），形成放电通道，同时产生大量热，瞬间高温可达 10000℃ 以上，使放电点周围的金属迅速熔化和气化，将熔化的金属屑抛离工件表面，在工件的表面就形成一个微小、带电、凸边的凹坑，至此，完成了一次脉冲放电。如此不断地进行放电腐蚀，工具电极持续向工件进给，只要维持一定的放电间隙，就会在工件表面上腐蚀出无数微小的圆形凹坑，随着工具电极不断进给，材料逐渐被蚀除，工具电极的轮廓开始复印在工件上。

电火花加工可以加工任何硬、脆、软、韧、高熔点的导电材料，而且在一定条件下还可加

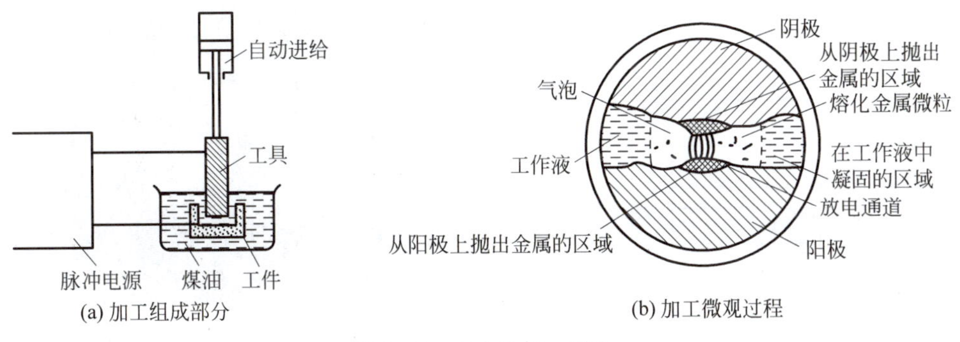

(a) 加工组成部分

(b) 加工微观过程

图 5.26 电火花加工原理

工半导体材料和非导体材料。加工时无切削力,有利于窄槽、小孔、薄壁以及各种复杂形状型孔、型腔的加工,特别有利于低刚度零件和精密、细微表面的加工。常用的电火花加工的应用有电火花穿孔、电火花型腔加工和电火花线切割加工(图5.27)。

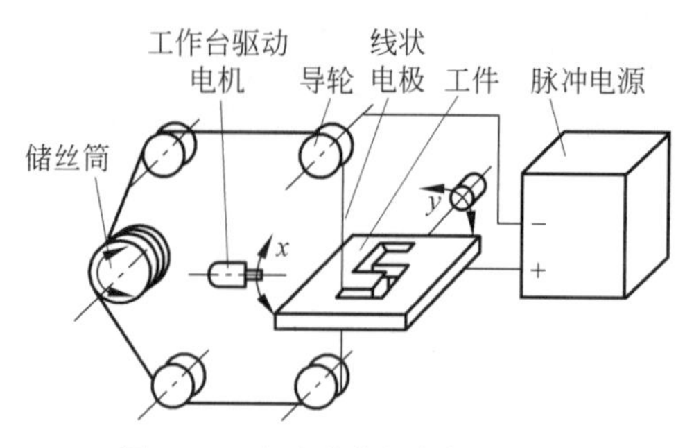

图5.27　电火花线切割加工原理

5.4.3　电化学加工

电解加工与电铸加工是利用电化学能进行加工的方法,统称为电化学加工。图5.28所示为电化学加工的原理。两片金属铜(Cu)板浸在导电溶液(氯化铜($CuCl_2$)的水溶液)中,此时水(H_2O)离解为氧负离子O^{2-}和氢正离子H^+,$CuCl_2$离解为两个氯负离子$2Cl^-$和二价铜正离子Cu^{2+}。当两个铜片接上直流电形成导电通路时,导线和溶液中均有电流流过,在金属片(电极)和溶液的界面上会有交换电子的反应。溶液中的离子将作定向移动,Cu^{2+}正离子移向阴极,在阴极上得到电子而进行还原反应,沉积出铜。在阳极表面Cu原子失掉电子而成为Cu^{2+}正离子进入溶液。溶液中正、负离子的定向移动称为电荷迁移。在阳、阴电极表面发生得失电子的化学反应称为电化学反应。这种利用电化学反应原理对金属进行加工的方法即电化学加工。

目前,电解加工主要应用于深孔加工,如枪筒、炮筒的膛线以及花键孔等型孔加工;还可用于成形表面的加工,如模具型腔、涡轮叶片等;还可用于管件内孔抛光、各种型孔的倒圆和去毛刺、整体叶轮的加工等方面。图5.29为微细电解加工的整体叶片。

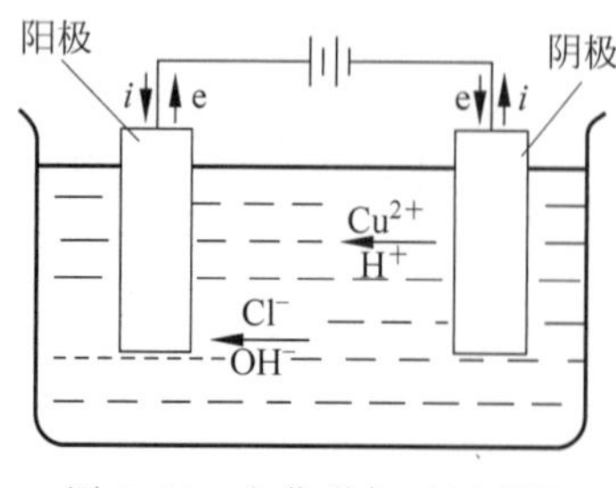

图5.28　电化学加工原理图

图5.29　微细电解加工的整体叶片

5.4.4　激光加工

激光加工是利用光能进行加工的方法，是 20 世纪 60 年代激光技术发展以后形成的一种新的加工方法。激光是一种受激辐射强度非常高、方向性非常好的单色光，通过光学系统可以使它聚焦成一个极小的光斑(直径为几微米到几十微米)，从而获得极高的能量密度(10^7～10^{10} W/cm^2)和极高的温度(10000℃以上)。当激光聚焦在被加工表面时，光能被加工表面吸收并转换成热能，使工件材料在千分之几秒时间内熔化和气化或改变物质性能，以达到加工或使材料局部改性的目的。图 5.30 为激光加工示意图。典型的激光加工机主要包括激光器、光源、光学系统和机械系统部分。

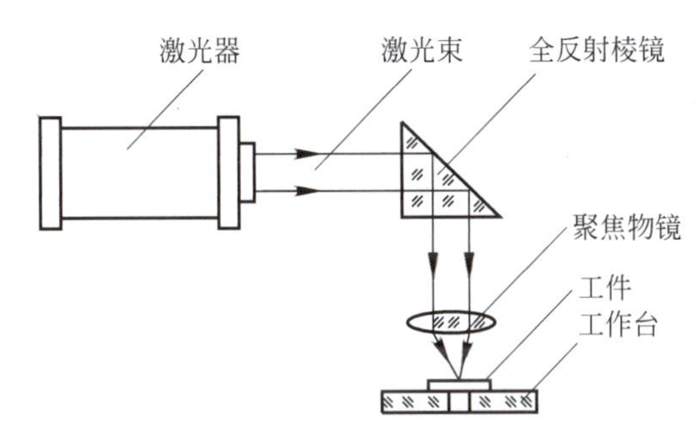

图 5.30　激光加工示意图

激光加工包括以下内容：

(1) 激光打孔。激光打孔是激光加工中应用最广的一种。激光打孔速度快、效率高，可打很小的孔和在超硬材料上打孔。目前已应用于柴油机喷油嘴和化学纤维喷丝头上打孔(ϕ100mm 喷丝头有 1.2 万个直径 0.06mm 的小孔)、钟表钻石轴承和仪表宝石轴承上打孔以及金刚石拉丝模上打孔等。

(2) 激光切割。激光切割时工件要移动，为了提高切割速度，大多采用重复频率较高的脉冲激光器或连续振荡的激光器。

(3) 激光雕刻。激光雕刻所需能量密度较低，安装工件的工作台由二维数控系统传动。激光雕刻多用于印染行业及工艺美术行业。

(4) 激光焊接。激光焊接所需能量密度也较低，只需使被焊工件在焊接处局部熔化，使两者结合在一起即可。焊接迅速，生产率高，适应性好。

(5) 激光表面处理。用大功率激光器对金属表面扫描，使工件表面在极短时间内加热到相变温度，并由于热量迅速向工件内部传导而使表面冷却，使工件表层材料相变硬化。还可用激光在普通金属表层熔入其他元素，使其具有优良合金的性能。

5.4.5　超声波加工

超声波加工(ultrasonic machining，USM)是利用声能进行加工的方法。如图 5.31 所示，利用工具端面的超声频振动(16～25kHz)，使工作液中的悬浮磨粒对工件表面冲击琢磨的加工称为超声波加工，国外又称为冲击磨削。超声波发生器产生 16kHz 以上的高频交流

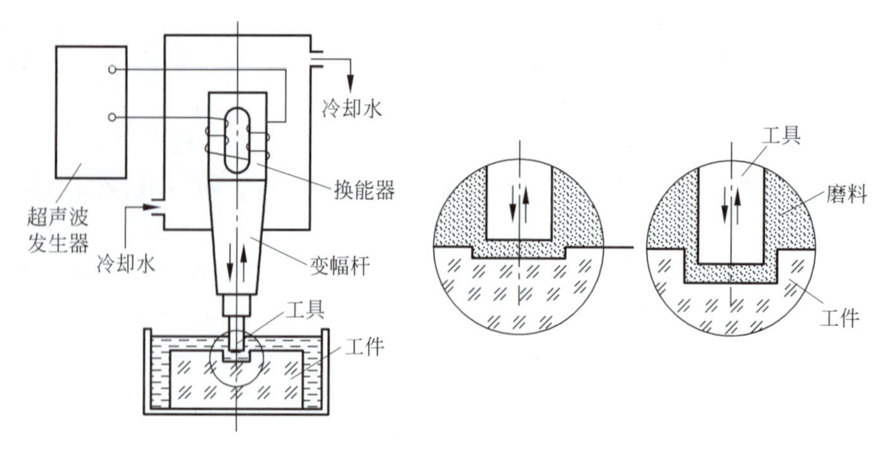

图 5.31　超声波加工原理

电源，输送给超声换能器，使由镍片组成的换能器产生超声频纵向振动，再通过振幅扩大棒把振幅扩大到 0.05～0.1mm，使装在振幅扩大棒下端的工具产生强烈振动。工作液由磨粒悬浮在水中组成。工具的强烈振动迫使磨粒以很大的速度和加速度撞击加工表面，从工件上琢磨下许许多多颗微粒。微粒被循环的工作液带走。工具连续向下进给，冲击磨削继续进行，工具的形状便复映到工件上，直至达到要求的尺寸。为了冷却超声换能器，需用冷却水循环散热。

超声波加工的应用：①超声波可以加工硬脆材料的孔和型面；②充分利用超声波加工精度高的优点，在电火花、电解加工模具的型面后，用超声波加工来研磨抛光；③在清洗的溶剂中引入超声波，可强化清洗喷油嘴、喷丝板、微型轴承和手表机芯等；④利用超声波高频振动的撞击能量，可以焊接尼龙、塑料制品，特别是表面易产生氧化层的难焊金属材料；⑤超声波加工可以和其他加工方法结合，构成复合加工方法，如用超声波振动车削难加工材料，用超声波振动攻螺纹，以及超声波电火花加工、超声波电解加工和超声波调制激光打孔等。

5.5　机械装配方法

5.5.1　机械装配的概念

机器的质量是以机器的工作性能、可靠性、使用效果和寿命等综合指标来评定的。这些指标除与产品结构设计和材质选择有关外，还取决于零件的加工质量、热处理性能等和机器的装配质量。装配是机器制造的最后环节，直接影响机器的总体性能。

将加工好的各个零件(或部件)根据一定的技术条件连接成完整的机器(或部件)的过程，称为机器(或部件)的装配。通常机器是由数十个甚至几千个零件组成的，其装配工作是一个相当复杂的过程。按照规定的技术要求，将若干个零件组合成组件、部件，称为部件装配；将若干个零件、部件组合成产品的过程，称为总装配。

装配是机器制造过程中最后一个阶段的工作。机器能否可靠地运转，保证良好的工作性能和经济性，很大限度上决定于装配工作的优劣，装配工艺过程对产品质量具有极为重要的影响。因此，为了提高装配质量和生产率，必须对与装配工艺有关的问题，例如装配精度、装配方法、装配组织形式、装配工艺过程及注意问题和装配技术规范等，进行分析研究。

装配不只是将合格零件简单地连接起来，它包括装配前对零件的清洗、连接、校正等工作，装配过程中的套装、组装、部装与总装等工作，以及装配后的调整、检验和试验等一系列内容。装配的组织形式主要取决于生产规模、装配过程的劳动量和产品的结构特点等因素。目前，在一般的机器制造中，装配的组织形式主要有固定式装配和移动式装配两种。图 5.32 为现代汽车装配生产线。

图 5.32　现代汽车装配生产线

5.5.2　机械装配精度与方法

机械制造时，不仅要保证各零件具有规定的精度，而且还要保证机器装配后能达到规定的装配技术要求，即达到规定的装配精度。机器的装配精度既与各组成零件的尺寸精度和形状精度有关，也与各组成部件和零件的相互位置精度有关。尤其是作为装配基准面的加工精度，对装配精度的影响最大。

例如，为了保证机器在使用中工作可靠、寿命长以及磨损少，应使装配间隙在满足机器使用性能要求的前提下尽可能小。这就要求提高装配精度，即要求配合件的规定尺寸参数同装配技术要求的规定参数尽可能相符合。此外，形状和位置精度也尽可能同装配技术要求所规定的各项参数相符合。

为了提高装配精度，应采取以下一些措施：

(1) 提高零件的机械加工精度；

(2) 提高机器各部件的装配精度；

(3) 改善零件的结构，尽量减少配合面；

(4) 采用合理的装配方法和装配工艺过程。

机器及其部件中各个零件的精度，很大程度上取决于它们的制造公差。为了在装配时能保证各部件和整台机器达到规定的最终精度(即各部分的装配技术要求)，有必要利用尺寸链原理来确定机器及其部件中各零件的尺寸和表面位置的公差，确定最适当的装配方法和工艺措施。

在机械装配时,应根据产品的结构、装配精度要求、装配尺寸链环数的多少、生产类型及具体生产条件等因素合理选择装配方法。一般情况下,只要组成环的加工比较经济可行,就应优先采用完全互换法。若生产批量较大,组成环又较多时,应考虑采用不完全互换法。当采用互换法装配使组成环加工比较困难或不经济时,可考虑采用其他方法,如大批大量生产,组成环数较少时可以考虑采用分组装配法,组成环数较多时应采用调整法;单件小批生产常用修配法,成批生产也可酌情采用修配法。表5.2为常用装配方法的工艺特点及其适用范围。

表5.2 常用装配方法的工艺特点及其适用范围

装配方法	工艺特点	适用范围
完全互换法	① 配合件公差之和小于/等于规定装配公差;②装配操作简单,便于组织流水作业和维修工作	互换性要求高。适用于大批量生产中零件数较少、零件可用加工经济精度制造,或零件数较多但装配精度要求不高的场合
大数互换法	① 配合件公差平方和的平方根小于/等于规定的装配公差;②装配操作简单,便于流水作业;③会出现极少数超差件	互换性要求高。适用于大批量生产中零件数略多、装配精度有一定要求,零件加工公差较完全互换法可适当放宽的场合
分组选配法	① 零件按尺寸分组,将对应尺寸组零件装配在一起;②零件误差较完全互换法可以放大数倍	适用于大批量生产中零件数少、装配精度要求较高但又不便采用其他调整装置的场合
修配法	预留修配量的零件,在装配过程中通过手工修配或机械加工,达到装配精度	互换性要求低。适用于单件小批量生产中装配精度要求高的场合
调节法	装配过程中调整零件之间的相互位置,或选用尺寸分级的调整件,以保证装配精度	互换性要求较低。可动调整法多用于对装配间隙要求较高并可以设置调整机构的场合;固定调整法多用于大批量生产中零件数较多、装配精度要求较高的场合

5.6 先进制造技术研究领域

5.6.1 增材制造(3D打印)

1. 增材制造技术的概念

增材制造(additive manufacturing),又称快速原型,3D打印,是指基于离散材料逐层堆积成形的原理,依据产品三维CAD模型,通过材料添加方式逐点、逐线、逐层堆积出产品原型或零部件的新型制造技术,其原理如图5.33所示。

增材制造的重要意义可与数控(CNC)技术相比。该技术采用材料累加的新成形原理,直接通过CAD数据制成三维实体模型。这一技术可快速、精密地制造出任意复杂形状的零件模型,从而实现“自由制造”。增材制造技术创立了产品开发的新模式,使设计师以前所未有的直观方式体会设计的感觉,感性地、迅速地验证和检查所设计产品的结构和外形,从

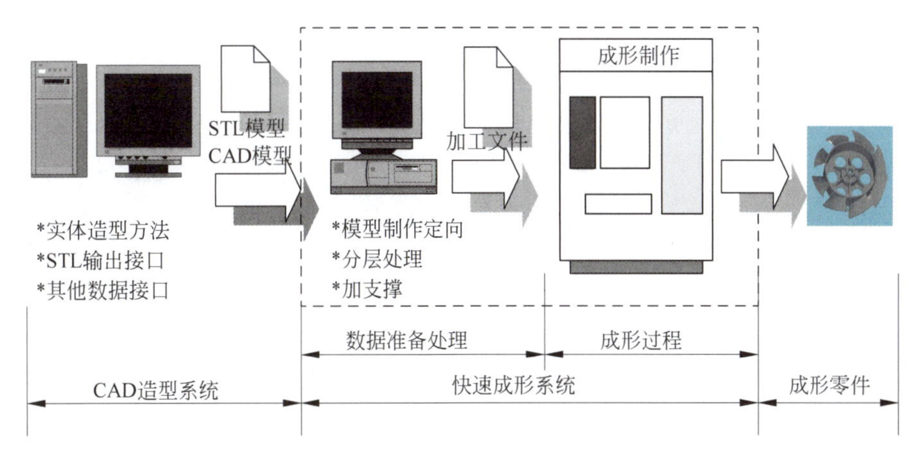

图5.33 增材制造原理图

而使设计工作进入一种全新的境界，改善了设计过程中的人机交流，缩短了产品开发周期，加快了产品更新换代的速度，降低了企业投资新产品的风险。

增材制造技术的基本原理都是叠层制造，在 X-Y 平面内通过扫描形式形成工件的截面形状，而在 Z 坐标间断地作层面厚度的位移，最终形成三维制件。自1988年世界上第一台快速成形机问世以来，各种不同的增材制造工艺相继出现并逐渐成熟。目前增材制造技术主要包括光固化成形(SL)、熔丝堆积(FDM)、激光直接沉积(LMD)、激光选择烧结(SLS)、3D打印(3DP)和叠层实体制造(LOM)等。

2. 增材制造技术的应用

3D打印技术可广泛用于汽车、家电、电动工具、医疗、机械加工、精密铸造、航天航空、工艺品制作以及儿童玩具等行业，2013年Wohlers报告显示各部分的应用比例如图5.34所示。

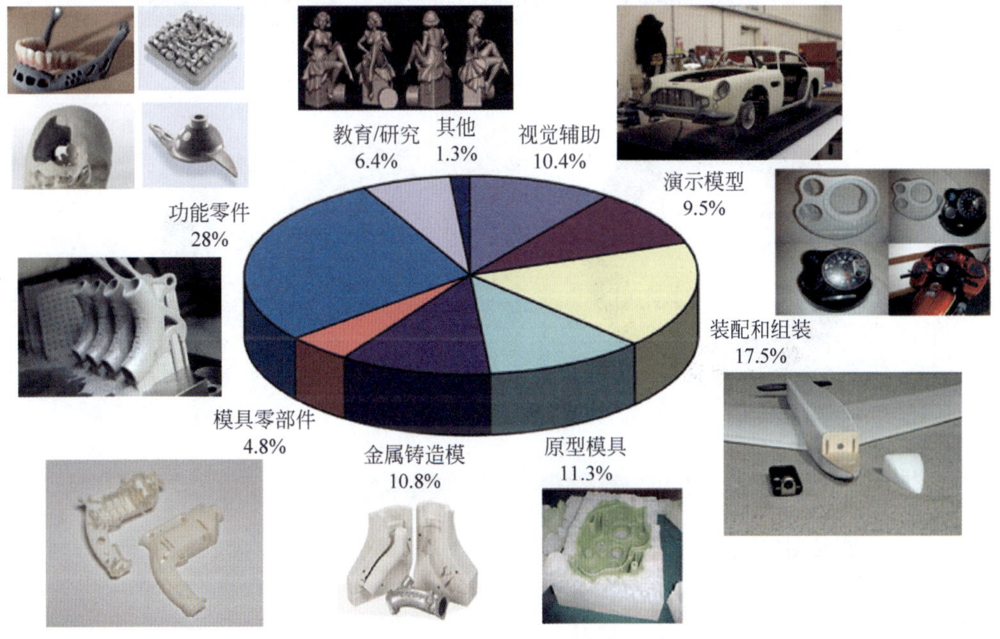

图5.34 增材制造应用领域

2017年,Wohlers Associates所接受调查的服务商中有51%仅提供聚合物材料,19.8%仅提供金属部件,其余29.2%提供金属和聚合物部件制造服务。

(1) 汽车、摩托车:外形及内饰件的设计、改型、装配试验、发动机、气缸头试制。

(2) 家电:各种家电产品的外形与结构设计,装配试验与功能验证,市场宣传,模具制造。

(3) 通信产品:产品外形与结构设计,装配试验,功能验证,模具制造。

(4) 航空、航天:特殊零件的直接制造,叶轮、涡轮、叶片的试制,发动机的试制,装配试验。

(5) 轻工业:各种产品的设计、验证、装配、市场宣传,玩具、鞋类模具的快速制造。

(6) 医疗:根据CT扫描信息,应用熔融挤压快速成形的方法可以快速制造人体的骨骼(如颅骨、牙齿)和软组织(如肾)等模型,并且不同部位采用不同颜色的材料成形,病变组织可以用醒目颜色,可以进行手术模拟、人体骨关节的配制、颅骨修复。在康复工程上,采用熔融挤压成形的方法制造人体假肢具有最快的成形速度,假肢和肌体的结合部位能够做到最大程度的吻合,减轻了假肢使用者的痛苦。

(7) 国防:各种武器零件的设计、装配、试制,特殊零件的直接制作,遥感信息的模拟。如图5.35所示为利用3D打印技术制作的各种制品。

(a) 多层复合整体叶轮

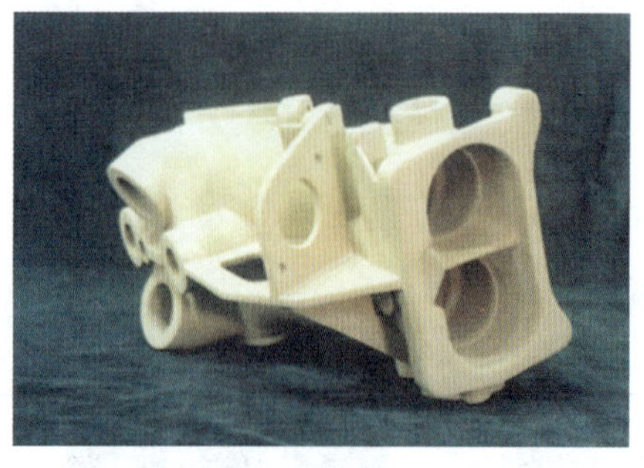

(b) 复杂多腔零件

(c) 整体镍基合金转子

(d) 模具

图5.35 利用3D打印技术制作的各种制品

3. 增材制造关键技术

目前增材制造技术面临制造效率低、制造精度差、制造成本高和成形质量难以控制等问题，因此需要围绕上述问题开展研究。

（1）增材制造精度控制技术：通过激光或电子束光斑直径、成形工艺（扫描速度、能量密度）、材料性能的协调，有效控制增材单元尺寸是提高制件精度的关键技术。实现增材厚度和增材单元尺寸从现有的 0.1mm 级向 0.01～0.001mm 发展，制造精度达到纳米级。

（2）高效制造技术：如何实现多激光束同步制造、提高制造效率、保证同步增材组织制件的一致性和制造结合区域质量是发展的关键技术。此外，发展增材制造与材料去除制造的复合制造技术是提高制造效率的关键技术。增材制造与传统切削加工结合，使复杂金属零件的高效高精度制造技术在工业生产上得到广泛应用。

（3）复合材料零件增材制造技术：未来将发展多材料的增材制造，在成形过程中多材料组织之间的同步性是关键技术。如不同材料如何控制相近温度范围进行物理或化学转变、如何控制增材单元的尺寸和增材层的厚度。实现不同材料在微小制造单元的复合，达到陶瓷与金属成分的主动控制；实现生命体单元的受控成形与微结构制造，从结构自由成形向结构域性能可控成形方向发展。

5.6.2　精密、超精密加工与微纳制造技术

1. 精密、超精密加工

精密和超精密加工代表了加工精度发展的不同阶段。通常，按加工精度划分，可将机械加工分为一般加工、精密加工、超精密加工三个阶段。

精密加工：加工精度在 0.1～1μm，加工表面粗糙度 Ra 在 0.1～0.02μm 之间的加工方法称为精密加工；

超精密加工：加工精度高于 0.1μm，加工表面粗糙度 Ra 小于 0.01μm 的加工方法称为超精密加工（微细加工、超微细加工、光整加工和精整加工等）。

超精密切削是使用精密的单晶天然金刚石刀具加工有色金属和非金属，可以直接加工出超光滑的加工表面（粗糙度 Ra=0.02～0.005μm，加工精度<0.01μm）。

超精密切削也是金属切削的一种，服从金属切削的普遍规律。金刚石刀具的超精密加工技术主要应用于单件大型超精密零件的切削加工和大量生产中的中小型超精密零件加工。金刚石刀具切削刃钝圆半径的大小是金刚石刀具超精密切削的一个关键技术参数，目前世界水平已达到 2nm。

金刚石刀具主要是对铝、铜及其合金等材料进行超精密切削，而对于黑色金属、硬脆材料的精密与超精密加工，则主要是应用精密和超精密磨料加工。所谓精密和超精密磨料加工，就是利用细粒度的磨粒和微粉对黑色金属、硬脆材料等进行加工，以得到高加工精度和低表面粗糙度值。金刚石微粉砂轮超精密磨削，使制造水平有了大幅度提高，突出地解决了超精密磨削磨料加工效率低的问题。

超精密加工所能达到的精度、表面粗糙度、加工尺寸范围和几何形状是一个国家制造技术水平的重要标志之一。超精密加工技术与国防工业关系密切，如陀螺仪的加工涉及多项超精密加工，导弹系统的陀螺仪质量直接影响其命中率，1kg 的陀螺转子，其质量中心偏离其对称轴 0.0005μm，则会引起 100m 的射程误差和 50m 的轨道误差。

大型天体望远镜的透镜,直径达2.4m,形状精度为0.01μm,如著名的哈勃太空望远镜,能观察140亿光年的天体(六轴CNC研磨抛光机)。红外线探测器反射镜,其抛物面反射镜形状精度为1μm,表面粗糙度 Ra 为0.01μm,其加工精度直接影响导弹的引爆距离和命中率。激光核聚变用的曲面镜,其形状精度小于1μm,表面粗糙度 Ra 小于0.01μm,其质量直接影响激光的光源性能。

计算机上的芯片、磁板基片、光盘基片等都需要超精密加工技术来制造。录像机的磁鼓、复印机的感光鼓、各种磁头、激光打印机的多面体、喷墨打印机的喷墨头等都必须进行超精密加工,才能达到质量要求。

现代小型、超小型的成像设备,如摄像机、照相机等上的各种透镜,特别是光学曲面透镜,激光打印机、激光打标机等上的各种反射镜都要靠超精密加工技术来完成。至于超精密加工机床、设备和装置当然更需要超精密加工技术来制造。

近年来,在传统加工方法中,金刚石刀具超精密切削、金刚石微粉砂轮超精密磨削、精密高速切削、精密砂带磨削等已占有重要地位;在非传统加工中,出现了电子束、离子束、激光束等高能加工、微波加工、超声加工、蚀刻、电火花和电化学加工等多种方法,特别是复合加工,如磁性研磨、磁流体抛光、电解研磨、超声珩磨等,在加工机理上均有所创新。精密、超精密加工对加工设备的要求是高精度、高刚度、高稳定性和高自动化。

加工设备的质量与基础元部件,如主轴系统、导轨、直线运动单元和分度转台等密切相关,应注意这些元部件质量。此外,夹具、辅具等也要求有相应的高精度、高刚度和高稳定性。

精密、超精密加工的研究内容与方向如下:

(1) 超精密加工的加工机理。"进化加工"及"超越性加工"机理研究;微观表面完整性研究;在超精密范畴内对各种材料(包括被加工材料和刀具磨具材料)的加工过程、现象、性能以及工艺参数进行提示性研究。

(2) 超精密加工设备制造技术。纳米级超精密车床工程化研究;超精密磨床研究;关键基础件,如轴系、导轨副、数控伺服系统、微位移装置等研究;超精密机床总成制造技术研究。

(3) 超精密加工刀具、磨具及刃磨技术。金刚石刀具及刃磨技术、金刚石微粉砂轮及其修整技术研究。

(4) 精密测量技术及误差补偿技术。纳米级基准与传递系统建立;纳米级测量仪器研究;空间误差补偿技术研究;测量集成技术研究。

(5) 超精密加工工作环境条件。超精密测量、控温系统和消振技术研究;超精密净化设备;新型特种排屑装置及相关技术的研究。

2. 微米及纳米技术

自微电子技术问世以来,人们不断追求越来越完善的微小尺度结构的装置,并对生物、环境控制、医学、航空航天、先进传感器与数字通信等领域,不断提出微小型化方面更新更高的要求。微米/纳米技术已成为现代科技研究的前沿,成为世界先进国家科技发展竞争的科技高峰之一。按照习惯的划分,微米技术是指在微米级(0.1~100μm)的材料、设计、制造、测量、控制和应用技术。

微米/纳米技术研究的途径亦可分为两类：一种是分子、原子组装技术的办法，即把具有特定理化性质的功能分子、原子，借助分子、原子内的作用力，精细地组成纳米尺度的分子线、膜和其他结构，再由纳米结构与功能单元进而集成为微米系统，这种方法称为由小到大的方法；另一种是用刻蚀等微细加工方法，将大的材料割小，或将现有的系统采用大规模集成电路中应用的制造技术，实现系统微型化，这种方法亦称为由大到小的方法。从目前的技术基础分析，由大到小的方法可能是主要应用的方法。

微米/纳米技术作为 20 世纪的高技术，发展十分迅猛。美国、日本及欧洲一些国家均投入相当的人力与财力进行开发。美国国家关键技术委员会将微米和纳米级制造列为国家重点支持的 22 项关键技术之一，在许多著名大学都设有纳米技术研究机构，如北卡罗来纳大学的精密工程中心、路易斯安那大学的微米制造中心、康奈尔大学的国家纳米加工实验室、亚利桑那大学的纳米工程工作站(NEWS)等。美国国家基金会亦将微米/纳米技术列为优先支持的关键技术，特别是美国国防部高级研究计划局支持并建造了一条微型机电系统(MEMS)工艺线，来促进微米/纳米技术的开发与研究。日本亦将微米/纳米技术列为高技术探索研究计划(ERATO)中六项优先支持的高技术探索研究项目之一，投资 2 亿美元发展该技术，其筑波科学城的交叉学科研究中心把微米/纳米技术列为两个主要发展方向之一。英国国家纳米技术(NION)计划已开始实施，并成立了纳米技术战略委员会，由英国科学与工程研究委员会(SERC)支持的有关纳米技术的合作研究计划(LINK 计划)已于 1990 年开始执行，并正式出版了《纳米技术》学术期刊。在英国的 Cranfield 研究院建立了世界著名的以微米/纳米技术为研究目标的精密工程中心。欧洲其他国家也不甘示弱，将微米/纳米技术列入“尤里卡计划”。

5.6.3　高速切削加工与高速磨削

1. 高速切削加工

高速切削理论是 1931 年 4 月德国物理学家 Salomon 提出的。他指出：在常规切削速度范围内，切削温度随着切削速度的提高而升高，但切削速度提高到一定值后，切削温度不但不升高反而会降低，且该切削速度值与工件材料的种类有关。对每一种工件材料都存在一个速度范围，在该速度范围内，由于切削温度过高，刀具材料无法承受，即切削加工不可能进行，称该区为“死谷”。虽然由于实验条件的限制，当时无法付诸实践，但这个思想给后人一个非常重要的启示，即如能越过这个“死谷”，在高速区工作，有可能用现有刀具材料进行高速切削，切削温度与常规切削基本相同，从而可大幅度提高生产效率。图 5.36 是高速切削时切削温度 Salomon 曲线。

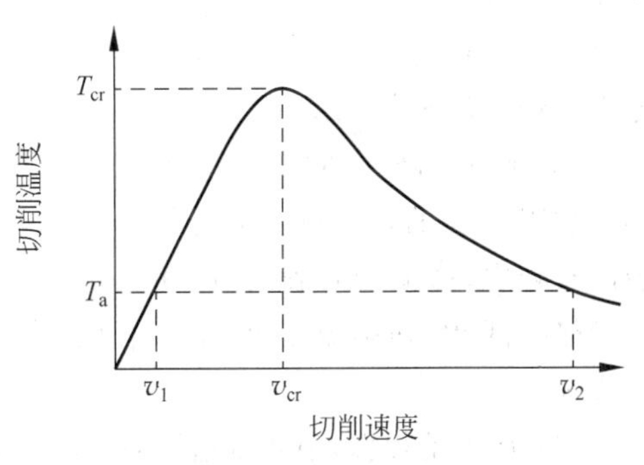

图 5.36　高速切削时温度的 Salomon 曲线

当高速钢刀具开始使用时，加工普通钢材的切削速度仅为 25～30m/min。相对于碳素工具钢和合金工具钢刀具而言，那种切削速度的加工即为“高速切削”，故“高速钢”(high speed steel)得以命名。19世纪50年代用硬质合金刀具切削普通钢材,可用80~100m/min的切削速度,这样的切削速度也被称为“高速切削”。近半个世纪,机床与刀具有了很大发展,对提高生产率又有了新的要求,切削速度得以进一步提高。由此可见,在不同历史时期,对于不同的工件材料、刀具材料和加工方法,高速切削加工应用的切削速度并不相同。自20世纪后期以来,如何界定高速切削,国际上有几种说法:

(1) 1978年,国际生产工程研究会(CIRP)切削委员会提出切削线速度达到500~7000m/min的加工为高速切削。

(2) 对铣削加工而言,主轴转速达到8000r/min以上为高速切削加工。

(3) 德国Darmstadt工业大学认为速度高于5~10倍普通切削速度的切削加工为高速切削。

(4) 从主轴设计的观点,以沿用多年的DN值(主轴轴承孔直径D与主轴最大转速N的乘积)来定义高速切削加工。DN值达到(5~2000)×105mm·r/min时为高速切削加工。

德国舒尔茨(Schulz)教授于1992年提出不同工件材料大致的切削速度区域划分。按照Schulz的观点,切削钢材时线速度达到400m/min以上即为高速切削。时至今日,机床制造技术和刀具技术的长足进步已大大地提高了这个最小界限值。

因此,高速切削是一个相对概念,是相对常规切削而言,用较高的切削速度对工件进行切削。一般认为应是常规切削速度的5~10倍。高速切削的速度范围与加工方法和工件材料密切相关。实际上,高速切削或高效率的加工应包括提高切削速度(主轴转速)与进给量两个方面。如果只把注意力放在提高切削速度上,就带有一定的片面性。

自Salomon提出高速切削的概念并于同年申请专利以来,高速切削技术的发展经历了高速切削的理论探索、应用探索、初步应用和较成熟应用等四个阶段,现已在生产中得到了一定的推广应用。特别是20世纪80年代以来,各工业发达国家投入了大量的人力和物力,研究开发了高速切削设备及相关技术,20世纪90年代以来发展更迅速。

高速加工的优势主要体现在以下几点:

(1) 提高生产效率。提高生产效率是机动时间和辅助时间大幅度减少、加工自动化程度提高的必然结果。由于主轴转速和进给的高速化,加工时间减少了50%,机床结构也大大简化,其零件的数量减少了25%,而且易于维护。

(2) 可获得较高的加工精度。由于切削力可减少30%以上,工件的加工变形减小,切削热还来不及传给工件,因而工件基本保持冷态,热变形小,有利于加工精度的提高。特别对大型的框架件、薄板件、薄壁槽形件的高精度高效率加工,超高速铣削则是目前唯一有效的加工方法。高速切削加工可加工硬度为45~65HRC的淬硬钢,实现以切代磨。

(3) 能获得较好的表面完整性。在保证生产效率的同时,可采用较小的进给量,从而减小了加工表面的粗糙度;又由于切削力小且变化幅度小,机床的激振频率远大于工艺系统的固有频率,故振动时表面质量的影响很小;切削热传入工件的概率大幅度减少,加工表面的受热时间短,切削温度低,加工表面可保持良好的物理力学性能;减少后续工序,降低加工成本。

(4) 加工能耗低,节省制造资源。超高速切削时,单位功率的金属切除率显著增大。以洛克希德飞机制造公司的铝合金超高速铣削为例,主轴转速从4000m/min提高到20000m/min,

切削力减小了 30%，金属切除率提高了 3 倍。由于单位功率的金属切除率高、能耗低、工件的在制时间短，从而提高了能源和设备的利用率，降低了切削加工在制造系统资源总量中的比例，故超高速切削完全符合可持续发展战略的要求。

正由于高速切削加工具有诸多优点，高速加工技术已在制造业中被广泛应用。

(1) 航空航天工业轻合金的加工：飞机上的零件通常采用"整体制造法"，其金属切除量相当大(一般在 70%以上)，采用高速切削可以大大缩短切削时间。

(2) 模具制造业：型腔加工同样有很大的金属切除量，过去一直为电加工所垄断，其加工效率低。

(3) 汽车工业：对技术变化较快的汽车零件，采用高速加工(过去多用组合机加工，柔性差)。

(4) 难加工材料的加工(如 Ni 基高温合金和 Ti 合金)。

(5) 纤维增强复合材料的加工。

(6) 精密零件的加工。

(7) 薄壁易变形零件的加工。

如图 5.37 所示，高精度铝质复杂型腔薄壁工件采用传统铣削加工时，由于铝的熔点低，铝屑容易黏附在刀具上，虽经后续的修整、抛光工序，型腔也很难达到精度要求，变形严重，在制时间多达 60h。采用高速铣削时，分粗、精两道工序，加工周期仅为 6h，完全达到质量要求。图 5.38 为 XSM600 高速铣削加工中心。

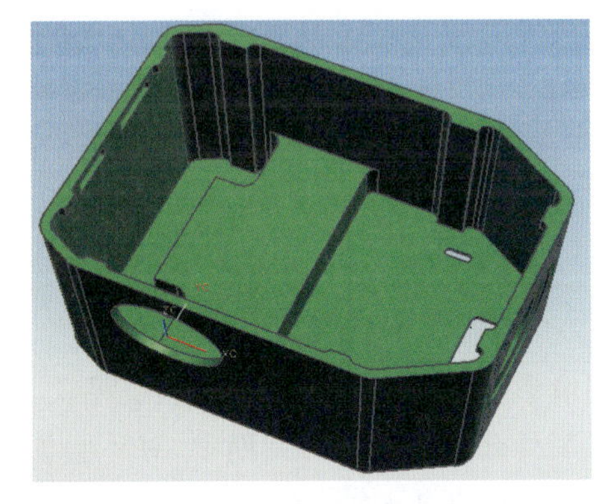

图 5.37　高精度铝质复杂型腔薄壁工件

图 5.38　XSM600 高速铣削加工中心

2. 高精与高效磨削

近年来，磨削正朝着两个方向发展：一个是高精度、低粗糙度磨削；另一个是高效磨削。

1) 高精度、低粗糙度磨削

高精度、低粗糙度磨削包括精密磨削(Ra 为 0.1～0.05μm)、超精磨削(Ra 为 0.025～0.012μm)和镜面磨削(Ra 为 0.008μm 以下)，可以代替研磨加工，以便节省工时和减轻劳动强度。

进行高精度、低粗糙度磨削时，除对磨床精度和运动平稳性有较高要求外，还要合理地选用工艺参数，所用砂轮要经过精细修整，以保证砂轮表面的磨粒具有等高性很好的微刃。

磨削时,磨粒的微刃在零件表面上切下微细切屑,同时在适当的磨削压力下,借助半钝状态的微刃,对零件表面产生摩擦抛光作用,从而获得高的精度和低的表面粗糙度。

2) 高效磨削

高效磨削包括高速磨削、强力磨削和砂带磨削,主要目标是提高生产效率。

高速磨削是指磨削速度 V_c(即砂轮线速度 V_s)>50m/s 的磨削加工,即使维持与普通磨削相同的进给量,也会因提高零件速度而增加金属切削率,使生产率提高。由于磨削速度高,单位时间内通过磨削区的磨粒数增多,每个磨粒的切削层厚度将变薄,切削负荷减小,砂轮的耐用度可显著提高。由于每个磨粒的切削层厚度小,零件表面残留面积的高度小,并且高速磨削时磨粒刻划作用所形成的隆起高度也小,因此磨削表面的粗糙度较小。高速磨削的背向力 F_p 将相应减小,有利于保证零件(特别是刚度差的零件)的加工精度。

强力磨削就是以大的背吃刀量(可达十几毫米)和小的纵向进给速度(相当于普通磨削的 1/100~1/10)进行磨削,又称缓进深切磨削或深磨。强力磨削适用于加工各种成形面和沟槽,特别能有效地磨削难加工材料(如耐热合金)。并且,它可以从铸、锻件毛坯直接磨出合乎要求的零件,生产率大大提高。

高速磨削和强力磨削都对机床、砂轮及冷却方式提出了较高的要求。

砂带磨削是一种新的高效磨削方法。砂带磨削的设备一般都比较简单。砂带回转为主运动,零件由传送带带动作进给运动,零件经过支承板上方的磨削区,即完成加工。砂带磨削的生产率高,加工质量好,能加工外圆、内孔、平面和成形面,有很强的适应性,因而成为磨削加工的发展方向之一,其应用范围越来越广。目前,工业发达国家的磨削加工中,估计有 1/3 左右为砂带磨削,今后它所占的比例还会增大。

5.6.4 绿色制造及少无切削加工

1. 绿色制造

绿色制造(green manufacturing)是综合考虑环境影响和资源消耗的现代制造模式,其目标是使得产品从设计、制造、包装、运输、使用到报废处理的整个生命周期中,对环境负面影响最小,资源利用率最高,并使企业经济效益和社会效益协调优化。

绿色制造的内容涉及产品整个生命周期的所有问题,主要应考虑的是“五绿”(绿色设计、绿色材料、绿色工艺、绿色包装、绿色处理)问题。“五绿”问题应集成考虑,其中绿色设计是关键,这里的“设计”是广义的,它不仅包括产品设计,也包括产品的制造过程和制造环境的设计。绿色设计在很大程度上决定了材料、工艺、包装和产品寿命终结后处理的绿色性。

1) 绿色设计

绿色设计即在产品的设计阶段,就将环境因素和防止污染的措施用于产品设计中,将产品的环境属性和资源属性,如可拆卸性、可回收性、可制造性等作为设计的目标,并行地考虑并保证产品的功能、质量、寿命和经济性。绿色设计要求在产品设计时,选择与环境友好的材料、机械结构和制造工艺,在适用过程中能耗最低,不产生或少产生毒副作用;在产品生命终结时,要便于产品的拆卸、回收和再利用,所剩废弃物最少。

2）绿色材料

材料，特别是一些不可再生的金属材料大量消耗，将不利于全社会的持续发展。绿色设计与制造所选择的材料既要有良好的适用性能，又要与环境有较好的协调性。为此，可改善机电产品的功能，简化结构，减少所用材料的种类；选用易加工的材料，低耗能、少污染的材料，可回收再利用的材料，如铝材料，若汽车车身改用轻型铝材制造，质量可减少40%，且节约了燃油量；采用天然可再生材料，如丰富的柳条、竹类、麻类木材等用于产品的外包装。

绿色制造所选择的材料既要有良好的适用性能，又要满足制造工艺特性以及与环境有较好的协调性，选择绿色材料是实现绿色制造的前提和关键因素之一。选择绿色制造的材料时应考虑以下几个原则。

（1）优先选用可再生材料，尽量选用回收材料，提高资源利用率，实现可持续发展。

（2）选用原料丰富、低成本、少污染的材料代替价格昂贵、污染大的材料。

（3）尽量选择环境兼容性好的材料，避免选用有毒、有害和有辐射性的材料。这样有利于提高产品的回收率，节约资源，减少产品毁弃物，保护生态环境。

3）低物耗的绿色制造工艺技术

绿色制造工艺技术是以传统的工艺技术为基础，结合材料科学、表面技术、控制技术等新技术的先进制造工艺技术。其目的是合理利用资源及原材料、降低零件制造成本，最大限度地减少对环境的污染。

（1）少无切削。随着新技术、新工艺的发展，精铸、冷挤压等成形技术和工程塑料在机械制造中的应用日趋成熟，从近似成形向净成形仿形发展。有些成形件不需要机械加工就可直接使用，不仅可以节约传统毛坯制造时的能耗、物耗，而且减少了产品的制造周期和生产费用。

（2）节水制造技术。水是宝贵的资源，在机械制造中起着重要作用。但由于我国北方缺水，从绿色可持续发展的角度，应积极探讨节水制造的新工艺。干式切削就是一例，它可消除在机加工时使用切削液所带来的负面效应，是理性的机械加工绿色工艺。它的应用不局限于铸铁的干铣削，也可扩展到机加工的其他方面，但要有其特定的边界条件，如要求刀具具有较高的耐热性、耐磨性和良好的化学稳定性，机床则要求高速切削，有冷风、吸尘等装置。

（3）减少加工余量。若机件的毛坯粗糙，机加工余量较大，不仅消耗较多的原材料，而且生产效率低下。因此，有条件的地区可组织专业化毛坯制造，提高毛坯精度；另外，采用先进的制造技术，如高速切削，随着切削速度的提高，则切削力下降，且加工时间短，工件变形小，以保证加工质量。在航空工业，特别是铝的薄壁件加工，目前已经可以切出厚度为0.1mm、高为几十毫米的成形曲面。

（4）新型刀具材料。减少刀具，尤其是复杂、贵重刀具材料的磨耗是降低材料消耗的另一重要途径，为此可采用新型刀具材料，发展涂层刀具。

（5）回收利用。绿色设计与制造，非常看重机械产品废弃后的回收利用，它使传统的物料运行模式从开放式变为部分闭环式。

4）低能耗的绿色制造技术

机械制造企业在生产机械设备时，需要大量钢铁、电力、煤炭和有色金属等资源，随着地球上矿物资源的减少和近期国际市场石油的不断波动，节能降耗已经是不争的事实，对此可

采取以下绿色技术:

(1) 技术节能。加强技术改造,提高能源利用率,如采用节能型电机、风扇,淘汰能耗大的老式设备。

(2) 工艺节能。改变原来能耗大的机械加工工艺,采用先进的节能新工艺和绿色新工装。

(3) 管理节能。加强能源管理,及时调整设备负荷,消除滴、漏、跑、冒等浪费现象,避免设备空车运转和机电设备长期处于待电状态。

(4) 适度利用新能源。可再生利用、无污染的新能源是能源发展的一个重要方向。如把太阳能聚焦,可以得到利用辐射加工的高能量光束。太阳能、天然气、风扇、地热能等新型洁净的能源还有待于进一步开发。

(5) 绿色设备。机械制造装备将向着低能耗、与环境相协调的绿色设备方向发展,现在已出现了干式切削加工机床、强冷风磨削机床等。绿色化设备减少了机床材料的用量,优化了机床结构,提高了机床性能,不使用对人和生产环境有害的工作介质。

5) 废弃物少的绿色制造技术

机械制造目前多是采用材料去除的加工方式,产生大量的切屑、废品等废弃物,既浪费了资源,又污染了环境,为此可采取以下绿色技术:

(1) 切削液的回收再利用。已使用过的废乳化液中,一般含油量为20g/L,化学需氧量(COD)为18g/L,此外还含有S、P等化学添加剂,如直接排放或燃烧,则将造成严重的环境污染。绿色制造对切削液的适用、回收利用或再生非常重视。

(2) 磨屑二次资源利用。在磨削中,磨屑的处理有些困难,若采用干式磨削,磨屑处理则较为方便。由于CBN砂轮的磨削比较高,磨屑中很少有砂轮的微粒,磨屑纯度很高,可通过一定的装置,搜集被加工材料的磨粒,作二次资源利用。

(3) 快速原型制造技术(RPM)。应用材料堆积成形原理,突破了传统机加工去除材料的方法,采用分层实体制造(LOM)、熔化沉积制造(FDM)等,能迅速制造出形状复杂的三维实体和零件,即能节约资源,又能减少加工废弃物的处理,是很有发展前途的绿色制造技术。

6) 少污染的绿色制造技术

(1) 大气污染。机械制造中的大气污染主要来自工业窑炉(如铸造的冲天炉、烘干炉等)、工业锅炉和热处理车间的炉具等,它们在生产加热时产生大量的烟尘,含硫、含氮化合物,对工人及居民的人身健康造成危害。

(2) 水污染。机械制造业的废水主要有含油废水、含酸(碱)废水、电镀废水和洗涤废水等,由于工业废水处理难度大、费用高,综合防治是现阶段处理水污染较为有效的措施,不过这仍是末端治理技术,绿色化程度不高,还需要从源头上治理。

(3) 其他污染。除了上述污染源外,机械制造还存在振动污染、噪声污染、热污染、射频辐射污染、光污染等其他的污染源,应积极研究,采取相应的防护和改善措施。

若从节能、降耗、缩短产品开发周期的角度出发,诸如3D打印技术、并行工程及敏捷制造、智能制造等先进制造技术都可纳入绿色制造技术的应用范畴。在汽车、家电等支柱产业中,绿色制造技术得到较为成功的应用。在汽车能源方面,将绿色燃料天然气作为汽车的能源,它的燃料同汽油相比,CO降低70%,非甲烷类降低80%等,同时也消除了铅、苯等有害物质的产生。在采用新设计的加工工艺方面，2000年3月，博世、康明斯、卡特彼勒等国外著名的汽车发动机公司，发动了绿色柴油机行动，在技术上作了较大的改进，大大降低了汽车尾气的排放。在适用于环境友好的材料方面，世界上著名的汽车生产企业，使用新材料来替代以前使用的石棉、汞、铅等有害物质，采用轻型材料——铝材制造车身，使汽车质量减少40%，能耗也降低了。在部件回收方面，从1990年开始，美国仅汽车零件回收、拆卸、翻新、出售一项，每年就可获利数十亿美元。

2. 少无切削加工

少无切削加工(chipless forming)是机械制造中用精确成形方法制造零件的工艺，也称少无切屑加工。传统的生产工艺最终多应用切削加工方法来制造有精确的尺寸和形状要求的零件，生产过程中坯料质量的30%以上变成切屑。这不仅浪费大量的材料和能源，而且占用大量的机床和人力。采用精确成形工艺，工件不需要或只需要少量切削加工即可成为机械零件，可大大节约材料、设备和人力。少无切削加工工艺包括精密锻造、冲压、精密铸造、粉末冶金、工程塑料的压塑和注塑等。型材改制，如型材、板材的焊接成形，有时也被归入少无切削加工。

20世纪以来，人们开始探索各种减少切削或不切削的精密成形新方法和新材料，以减少工时和材料耗费。例如，采用挤压、冷镦、搓丝等工艺生产螺栓、螺母和机械配件，使材料利用率大大提高，有时可完全不需要切削；采用金属模压力铸造制造铝合金件，与普通铸造相比，制件质量提高，且可基本不用切削加工；采用粉末冶金方法可制造高强度、高密度的机械零件，如精密齿轮等。工程塑料的压塑和注塑件强度高、成形容易，基本上没有加工余量。其他传统的铸造、锻压工艺也都能提高精度、减少加工余量，实现毛坯精化。焊接结构的应用，改变了过去整体铸造、整体锻造的传统结构，使构件质量大大减轻。

与传统工艺相比，少无切削加工具有显著的技术经济效益，有利于合理利用资源及原材料，降低零件制造成本，最大限度地减少对环境的污染程度，能实现多种冷、热工艺综合交叉、多种材料复合选用，把材料与工艺有机地结合起来，是机械制造技术的一项突破。少无切削加工技术是精密锻造、冷温挤压等精密成形技术的总称。该技术最适合用于加工异形孔类零件、端面爪齿件、齿轮花键、台阶轴类件及其类似零件，特别适合有色金属制件。该技术较传统的"锻造—机械切削"工艺节材30%～70%，成本降低20%～70%。因此，一般批量较大的机械切削或电加工零件均应优先考虑采用少无切削加工工艺。

第6章

机械电子工程

6.1 概　　述

机械电子工程俗称机电一体化。我们可以通过一个有趣的比方来更好地理解这个专业，比如：我们人类有四肢，要吃饭穿衣，并进行一些体力劳动；我们还有思想，要考虑事情，规划工作，进行所谓的脑力劳动。人类的这些行为都是在大脑的指挥下通过神经传导使躯体和手脚的配合来完成的。一台机器也是这样，要想让它又快又好、高质量、高标准地完成某项工作，也需要人们指挥它按照一定的顺序、力度和路线轨迹运作，也要像人类一样，需要大脑和神经系统。机械电子工程专业就是一门既研究机器的构造，同时又研究它的大脑和神经系统的专业。

机械电子工程专业是工程科学中的一个跨学科专业，是将机械学、电子学、信息技术、计算机技术、控制技术等有机融合而形成的一门综合性学科。机械电子工程的知识体系来源于学科间的交叉融合，它是机械、电子、控制、信息、计算机、人工智能、管理等诸多理论体系的集合，其特点是知识结构庞大、理论丰富、应用范围广泛。

机械电子工程专业主要研究对象是机电一体化系统，包括执行机构、控制器、检测装置、动力装置和传动装置。机电一体化系统早已在我们的日常生活中广泛应用，如安全气囊、防滑制动系统、复印机、CD机、行驶模拟装置、自动售票机和智能机器人等都运用了机械电子技术的产品。

机械电子工程专业主要培养掌握机械工业自动化、电力电子和计算机应用等技术，从事机械装备运行管理，机电新产品设计、开发，计算机辅助设计、计算机辅助管理，以及机器人控制等方面工作的高级工程技术人才。机械电子的工程师必须对专业有全面和系统的认识，并且与机械制造、电子工程和计算机科学领域的专家合作。与这些专家不同的是，机械电子的工程师应该具有通才的素质，对项目和问题有决策和协调的能力。机械电子工程师可在机械和设备制造、电子工程和电子工业等重要领域担任职务，就职于需要使用汽车和航空制造技术、自动化技术、机器人技术、微型和精密仪器技术、印刷和多媒体技术、音频视频技术、医疗技术的企业。

机械电子专业可细分为机械电子系统（传动和模拟技术、机器和设备、机械人技术及其运动系统、传感和执行元件技术、测量技术和图像处理等），微型、超微型机械（微系统技术、微型和精密仪器的功能、微系统的测量技术等）和生物机械（机器人技术、生物系统、仿生执行技术、控制和设计、控制系统等）。不同大学的专业设置不一样，取决于专业的具体方向和培养的重点。

6.2 机电一体化

6.2.1 机电一体化的概念

机电一体化，英文名称为 mechatronics，由英文机械学 mechanics 的前半部分与电子学 electronics 的后半部分组合而成。机电一体化最早出现在 1971 年日本杂志《机械设计》的副刊上，随着机电一体化技术的快速发展，机电一体化的概念已被人们广泛接受和普遍应用。

起初，机电一体化是机械技术与电子技术相结合的产物。后来随着时间的推移和科学技术的进步，机电一体化的概念也一直在不断地发展和完善。1983 年，日本机械振兴协会经济研究所对机电一体化做了如下解释："机电一体化乃是在机械的主功能、动力功能、信息功能和控制功能上引进微电子技术，并将机械装置与电子装置用相关软件有机结合而构成的系统的总称。"1996 年，美国电气与电子工程师协会/美国机械工程师协会(IEEE/ASME)给机电一体化下了如下定义："在工业产品的设计与制造过程中，机械工程和电子与智能计算机控制的协调集成。"综上所述，机电一体化是指在设计和制造机电系统的过程中，以感知、控制信息为纽带，将机械和电子装置有机地融合在一起构成智能化机电系统的理念、技术和产品。

机电一体化技术的核心是多学科技术的相互融合，它已不仅要分门别类地去研究机电一体化系统所涉及的不同学科(机械、电子、电工、传感、检测、控制、计算机、通信、信息等)的理论与技术，而更要研究如何更好地将各学科已有的理论与技术融入系统中，或是研究出更适于机电一体化的新技术。只有实现多种技术的有机结合，才能实现整体最佳，这样的产品才能称得上是机电一体化产品。如果仅用微型计算机简单取代原来的控制器，则不能称为机电一体化产品。由当前制造出的许多机电一体化产品(人造卫星、空间站、月球车、高速列车、深海潜水工作站、各种仿人机器人、数控机床、计算机集成制造系统等)我们可以充分悟出机电一体化的含义。

6.2.2 机电一体化系统的组成及关键技术

1. 机电一体化系统的组成

机电一体化系统一般由机械本体、动力与驱动单元、检测传感单元、执行机构单元和控制及信息处理单元五部分构成。这些组成单元内部及其之间形成一个通过接口来实现运动传递、信息控制、能量转换等有机融合的完整系统。

1) 机械本体

机械本体是系统所有功能元素的机械支持结构，包括机身、框架、机械连接等。由于机电一体化产品在技术性能、水平和功能上的提高，机械本体要在机械结构、材料、加工工艺性以及几何尺寸等方面适应产品的高效、多功能、可靠、节能、小型、轻量和美观等要求。图 6.1

为数控机床床身,图 6.2 为汽车车身。

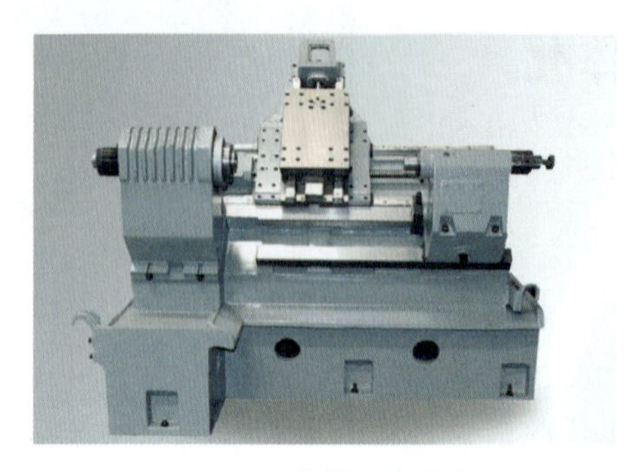

图 6.1　数控机床床身

图 6.2　汽车车身

2）动力与驱动单元

动力单元是机电一体化产品能量供应部分,提供能量的方式包括电能、气能和液压能,其中电能是主要的供能方式。驱动单元是在控制信息的作用下提供动力,驱动各种执行机构完成各种动作和功能。高性能步进驱动、直流和交流伺服驱动方法已经大量地应用于机电一体化系统。图 6.3 为常用的电机。

(a) 电动机

(b) 伺服电机

图 6.3　常用的电机

3）检测传感单元

测试传感部分对系统运行中所需的本身和外界环境的各种参数及状态进行检测,变成可识别的信号,传输到信息处理单元,经过分析和处理后产生相应的控制信息。测试传感部分的功能一般由专门的传感器和仪表来完成。传感器的精度决定了系统精度的上限。图 6.4 为各种功能传感器。

(a) 位移传感器

(b) 加速度传感器

(c) 振动传感器

图 6.4　各种功能传感器

4）执行机构单元

执行机构单元的功能就是根据控制信息和指令驱动机械部件运动从而完成要求的动

作。执行机构是运动部件，它将输入的各种形式的能量转换为机械能。常用的执行机构可分为两类：一类是电气式执行部件，旋转运动元件主要指各种电动机，直线运动元件有电磁铁、压电驱动器等；另一类是气压和液压式执行部件，主要包括液压缸和液压马达等执行元件。图 6.5 为液压马达，图 6.6 为机床用直线导轨。

图 6.5　液压马达

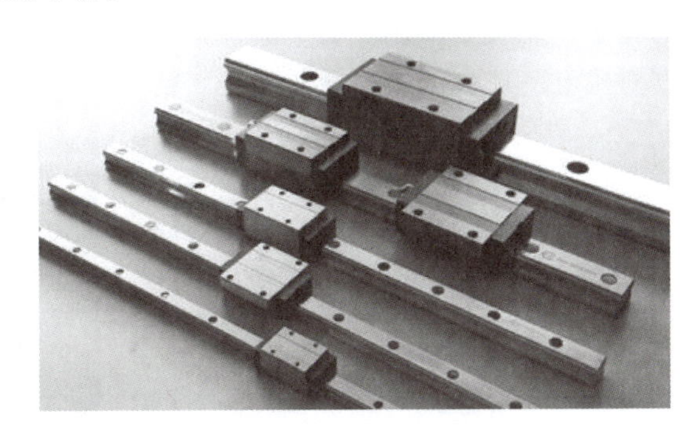

图 6.6　机床用直线导轨

5）控制及信息处理单元

控制及信息处理单元，将来自各传感器的检测信息和外部输入命令进行集中、存储、分析、加工，根据信息处理结果，按照一定的程序和节奏发出相应的指令，控制整个系统有目的地运行。它一般由计算机、可编程逻辑控制器(PLC)、数控装置以及逻辑电路、A/D 与 D/A 转换(模数与数模转换)、I/O(输入输出)接口和计算机外部设备等组成。机电一体化系统自诊断对控制和信息处理单元的基本要求是提高信息处理速度和可靠性，增强抗干扰能力，完善系统自诊断功能，实现信息处理智能化和小型、轻量、标准化等。图 6.7 和图 6.8 分别为机床数控系统和飞机的控制系统。

图 6.7　机床数控系统

图 6.8　飞机的控制系统

2. 机电一体化关键技术

发展机电一体化技术所面临的共性关键技术包括精密机械技术、传感与检测技术、伺服驱动技术、计算机与信息处理技术、自动控制技术、接口技术和系统总体技术等。现代的机电一体化产品甚至还包含了光、声、化学、生物等技术的应用。

1）机械技术

机械技术是机电一体化的基础。随着高新技术引入机械行业，机械技术面临着挑战和变革。在机电一体化产品中,它不再是单一地完成系统间的连接,而是要优化设计系统结构、质量、体积、刚性和寿命等参数对机电一体化系统的综合影响。机械技术的着眼点在于如何与机电一体化的技术相适应,利用其他高新技术来更新概念,实现结构上、材料上、性能上以及功能上的变更,满足减少质量、缩小体积、提高精度、提高刚度、改善性能和增加功能的要求。尤其是那些关键零部件,如导轨、滚珠丝杠、轴承、传动部件等的材料(图6.9)、精度对机电一体化产品的性能和控制精度影响很大。

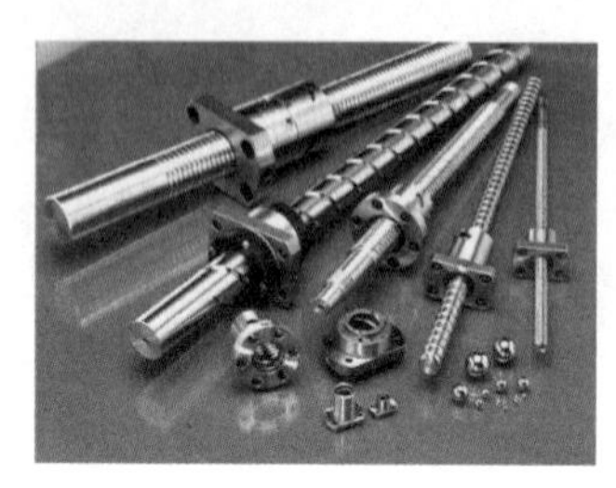

(a) 滚珠丝杠

(b) 轴承

图6.9 传动部件

制造过程的机电一体化系统、经典的机械理论与工艺应借助于计算机辅助技术,同时采用人工智能与专家系统等,形成新一代的机械制造技术。这里原有的机械技术以知识和技能的形式存在。如计算机辅助工艺规程编制(CAPP)是目前CAD/CAM系统研究的瓶颈,其关键问题在于如何将各行业、企业、技术人员中的标准、习惯和经验进行表达和陈述,从而实现计算机的自动工艺设计与管理。

2) 传感与检测技术

传感与检测装置是系统的感受器官,它与信息系统的输入端相连并将检测到的信息输送到信息处理部分。传感与检测是实现自动控制、自动调节的关键环节,其功能越强,系统的自动化程度就越高。传感与检测的关键元件是传感器。传感器是将被测量(包括各种物理量、化学量和生物量等)变换成系统可识别的、与被测量有确定对应关系的有用电信号的一种装置。

机电一体化系统或产品的柔性化、功能化和智能化都与传感器的品种多少、性能好坏密切相关。现代工程技术要求传感器能快速、精确地获取信息,并能经受各种严酷环境的考验。传感器的发展正进入集成化、智能化阶段。传感器技术本身是一门多学科、知识密集的应用技术。传感原理、传感材料及加工制造装配技术是传感器开发的三个重要方面。

与计算机技术相比,传感器的发展显得缓慢,难以满足技术发展的要求。不少机电一体化装置不能达到满意的效果或无法实现设计的关键原因在于没有合适的传感器。因此大力开展传感器的研究,对于机电一体化技术的发展具有十分重要的意义。

3) 伺服驱动技术

伺服系统是实现电信号到机械动作的转换装置或部件,对系统的动态性能、控制质量和功能具有决定性的影响。伺服驱动技术主要是指机电一体化产品中的执行元件和驱动装置设计中的技术问题,它涉及设备执行操作的技术,对所加工产品的质量具有直接的影响。机电一体化产品中的伺服驱动执行元件包括电动、气动、液压等各种类型,其中电动执行元件居多。在机电一体化系统中,通常微型计算机通过接口电路与驱动装置相连接,控制执行元件的运动，执行元件通过机械接口与机械传动和执行机构相连，带动工作机械作回转、直线以及其他各种复杂的运动。

常见的伺服驱动单元有电液马达、脉冲油缸、步进电机、直流伺服电机和交流伺服电机等。由于变频技术的发展，交流伺服驱动技术取得突破性进展，为机电一体化系统提供了高质量的伺服驱动单元，极大地促进了机电一体化技术的发展。

4）计算机与信息处理技术

信息处理技术包括信息的交换、存取、运算、判断和决策，实现信息处理的工具大都采用计算机，因此计算机技术与信息处理技术是密切相关的。计算机技术包括计算机的软件技术和硬件技术、网络与通信技术、数据技术等。机电一体化系统中主要采用工业控制计算机（包括单片机、可编程逻辑控制器等）（图6.10）进行信息处理。人工智能技术、专家系统技术、神经网络技术（图6.11）等都属于计算机信息处理技术。

图6.10 单片机

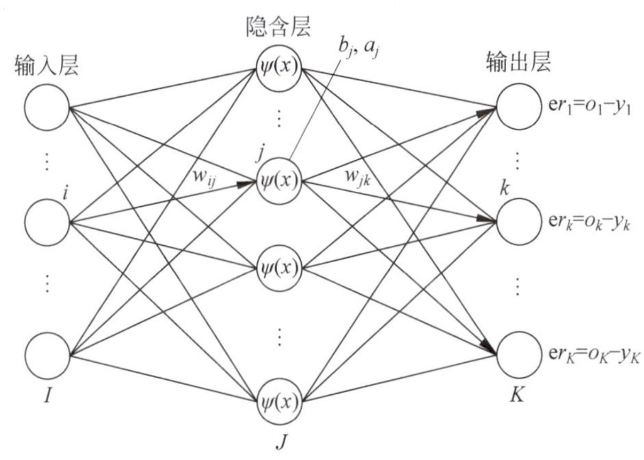

图6.11 神经网络结构图

在机电一体化系统中，计算机信息处理部分指挥整个系统的运行。信息处理是否正确、及时，直接影响到系统工作的质量和效率。因此，计算机应用及信息处理技术已成为促进机电一体化技术发展和变革的最活跃的因素。

5）自动控制技术

自动控制技术范围很广。机电一体化的系统设计是在基本控制理论指导下，对具体控制装置或控制系统进行设计，然后对设计后的系统进行仿真、现场调试，最后使研制的系统可靠地投入运行。由于控制对象种类繁多，所以控制技术的内容极其丰富，例如高精度定位控制、速度控制、自适应控制、自诊断、校正、补偿、再现、检索等。随着微型机的广泛应用，自动控制技术越来越多地与计算机控制技术联系在一起，成为机电一体化中十分重要的关键技术。

6）接口技术

机电一体化系统是机械、电子、信息等性能各异的技术融为一体的综合系统，其构成要素和子系统之间的接口极其重要，主要有电气接口、机械接口、人机接口等（图6.12）。电气接口实现系统间的信号联系，机械接口则完成机械与机械部件、机械与电气装置的连接，人机接口提供人与系统间的交互界面(图 6.13)。接口技术是机电一体化系统设计的关键环节。

图 6.12 计算机接口

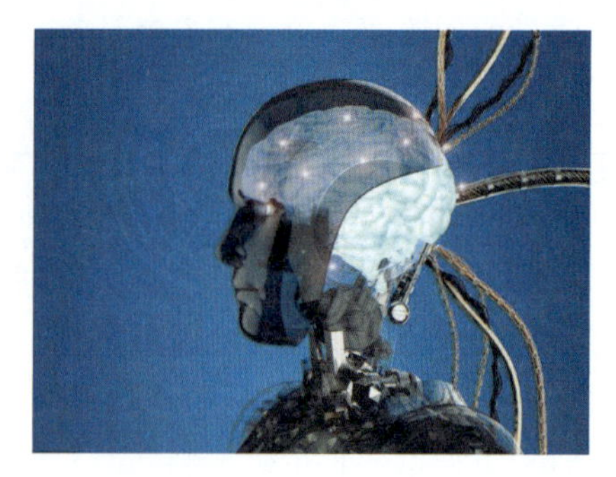

图 6.13 人机接口示意图

7）系统总体技术

系统总体技术是一种从整体目标出发,用系统的观点和全局角度,将总体分解成相互有机联系的若干单元,找出能完成各个功能的技术方案,再把功能和技术方案组成方案组进行分析、评价和优选的综合应用技术。系统总体技术解决的是系统的性能优化问题和组成要素之间的有机联系问题,即使各个组成要素的性能和可靠性很好,如果整个系统不能很好协调,系统也很难保证正常运行。

在机电一体化产品中,机械、电气和电子是性能、规律截然不同的物理模型,因而存在匹配上的困难;电气、电子又有强电与弱电及模拟与数字之分,必然遇到相互干扰和耦合的问题;系统的复杂性带来的可靠性问题;产品的小型化增加的状态监测与维修困难;多功能化造成诊断技术的多样性等。因此就要考虑产品整个寿命周期的总体综合技术。

为了开发出具有较强竞争力的机电一体化产品,系统总体设计除考虑优化设计外,还包括可靠性设计、标准化设计、系列化设计以及造型设计等。

6.2.3 人工智能与机械电子工程

1. 机械电子与人工智能的关系

机械电子工程的发展大体可以分为三个阶段:第一阶段是以传统手工业为劳动力代表;第二阶段是机械化逐步普及,生产流水线逐步实施完毕;第三阶段是指互联网以及电子信息化的到来,给机械电子工程领域带来了突飞猛进的发展。目前我国正处于第三阶段的中期,机械电子工程与信息化技术不断融合发展,并且机械电子工程技术开始向人工智能化迈进。

人工智能(artificial intelligence)也称机器智能,它是研究用于模拟、延伸和扩展人的智能的理论、方法、技术及应用系统的一门新的技术科学,又是计算机科学、控制论、信息论、神经生理学等多种学科相互渗透而发展起来的一门综合性学科。

人工智能的目的就是让计算机能够指挥机器像人一样地思考和行动,它始终是计算机科学的前沿学科,在一些地方计算机利用编程语言和其他一些软件帮助人们进行原来只属于人类的工作。人工智能技术的发展,使得机械电子在传统的机械系统能量和功能连接的基础上，更加强调了信息连接和驱动，并逐步使机械电子系统向具有一定智能化的方向发展。

机械电子工程的发展和人工智能技术的发展是相辅相成的，是共同促进共同发展的。机械电子行业智能化的发展离不开人工智能技术的应用，而人工智能技术可以在机械电子行业得到应用。人工智能是一种先进的信息技术，它需要以一定的行业为载体，来发挥它的优势，而机械电子如果引入人工智能技术则能够迅速加快产品的研发过程，同时还能够增加产品的智能化过程，极大地丰富了人们的需求。人工智能技术通过大数据分析，能够充分了解用户的需求，将用户的喜好考虑在内，这样制作的产品更加个性化和市场化，在实际应用过程中，更能促进产品的应用和发展。因此机械电子行业的发展离不开人工智能技术的发展，而人工智能技术又可以使机械电子产业化，因此它们之间相互促进、共同发展。

2. 人工智能在机械电子工程领域中的应用

1）优化设置机械电子产品诊断流程

在现代机械电子工程发展中，人工智能技术与机械电子产品诊断工作存在着密不可分的联系。众所周知，机械电子产品自身系统最为显著的特征就是其复杂性，在系统运行稳定性上普遍具有一定的弊端，需要相关工作人员深入研究，采取有效方法解决该问题。传统解决方法主要包括了推导数学方程、建立示范库以及学习生成知识等，但是这些方法操作起来都不够方便快捷，需要投入大量的时间，不利于提高机械电子产品诊断的工作效率。在当前机械电子产品设计应用中，通过将人工智能技术融入机械电子产品制造生产中，能够帮助工作人员最大化提高对机械电子产品检测诊断的准确性和科学性，从而优化改善企业生产的机械电子产品各项使用性能，科学明确机械电子产品诊断流程，缩短机械电子产品在诊断工作中所要消耗的时间。

2）精确机械电子系统操作

人工智能系统具备了良好的科学计算能力和逻辑分析能力，通过将人工智能技术融入机械电子系统中，能够满足机械电子系统工程的各项操作要求，提高企业工作水平。因此，现代机械制造企业培养出了大量的人工智能研究应用人才，加强对人工智能技术的培训教育工作，通过将先进人工智能系统嵌入企业机械电子工程系统中，能够让本身复杂、不易操作的机械电子工程系统变得更加人性化和简单化。相关工作人员在实际操作控制过程中，只需要根据人工智能系统显示的操作要求和目的，经过模糊推理以及神经网络系统自主完成优化设计，这样一来就能够促使企业将机械电子模型管理控制，变成通过简单几个按钮就能够完成操作，同时保障机械电子系统操作的良好工作效果。

3）确定表达空间

机械电子制造企业通过将人工智能应用在机械电子工程中，能够根据相关数据信息找到最佳表达空间，实现对机械电子系统数据的优化整合，从中挖掘出具有价值的数据信息，为高层领导作出科学管理决策提供可靠依据。在人工智能应用中，增强函数连接方式是推动机械电子工程展开空间表达的关键方式之一。通过增强函数连接方式能够有效达成数值高速运算过程的高精度，促使该种空间表达方式在语言表达能力上，让语言表达系统变得更加具有逻辑性和严谨性。与此同时，企业工作人员将人工智能函数连接技术有效应用在机械电子工程中，能够帮助自身实现对整个网络系统空间的优化构建工作目标，全面提高机械电子工程的系统控制操作水平。

6.3 机械电子工程的研究领域

6.3.1 机器人

1. 机器人的定义

机器人问世半个多世纪以来,对它的定义仍然没有一个统一意见,原因之一是机器人在不断发展,新的机型、新的功能不断涌现。下面给出一些不同组织对机器人不同的定义。

(1) 美国机器人协会(RIA)的定义:机器人是一种用于移动各种材料、零件、工具或专用装置的、通过可编程序动作来执行种种任务的、具有编程能力的多功能机械手。

(2) 日本工业机器人协会的定义:工业机器人是一种装备有记忆装置和末端执行器的能够转动并自动完成各种移动来代替人类劳动的通用机器。

(3) 美国国家标准局(NBS)的定义:机器人是一种能进行编程并在自动控制下执行某种操作和移动作业任务的机械装置。

(4) 国际标准化组织(ISO)的定义:机器人是一种自动的、位置可控的、具有编程能力的多功能机械手。这种机械手具有几个轴,能够借助于可编程序操作来处理各种材料、零件、工具和专用装置,以执行各种任务。

(5) 我国科学家起初对机器人的定义:机器人是一种自动化的机器,所不同的是这种机器具备一些与人或生物相似的智能能力,如感知能力、规划能力、动作能力和协同能力,是一种具有高度灵活性的自动化机器。

2. 机器人的分类

机器人的快速发展将会有效地节约人力成本,提高工作效率,有效地解决人口老龄化、青壮年劳动力缺乏等诸多问题。种类繁多,拥有各式各样用途的机器人根据不同的标准可以进行不同的分类。

1) 国际通常分类

国际上通常将机器人分为工业机器人和服务机器人两大类。

(1) 工业机器人:是集机械、电子、控制、计算机、传感器、人工智能等多学科先进技术于一体的现代制造业重要的自动化装备。自1962年美国研制出世界上第一台工业机器人以来,机器人技术及其产品发展很快,已成为柔性制造系统(FMS)、自动化工厂(CFA)、计算机集成制造系统(ClMS)的自动化工具。图6.14为工业机器人用于车身焊接。

(2) 服务机器人:是机器人家族中的一个年轻成员,可以分为专业领域服务机器人和个人、家庭服务机器人。服务机器人的应用范围很广,主要从事维护保养、修理、运输、清洗、保安、救援、监护等工作。

2) 按应用环境分类

我国的机器人专家从应用环境出发,将机器人分为两大类,即工业机器人和特种机器人。

图 6.14 工业机器人

(1) 工业机器人：面向工业领域的多关节机械手或多自由度机器人。

(2) 特种机器人：除工业机器人之外的、用于非制造业并服务于人类的各种先进机器人，包括服务机器人(图 6.15)、娱乐机器人(图 6.16)、军用机器人(图 6.17)、水下机器人(图 6.18)、农业机器人等。在特种机器人中，有些分支发展很快，有独立成体系的趋势，如服务机器人、水下机器人、军用机器人、微操作机器人等。特种机器人属于非制造环境下的机器人。

图 6.15 餐厅服务机器人

图 6.16 娱乐机器人

图 6.17 军用机器人

图 6.18 水下机器人

3) 按机械结构分类

(1) 串联机器人：一个轴的运动会改变另一个轴的坐标原点，比如六关节机器人(图 6.19)。

(2) 并联机器人：一个轴的运动不影响另一个轴的坐标原点，比如蜘蛛机器人(图6.20)。

图6.19 六关节机器人

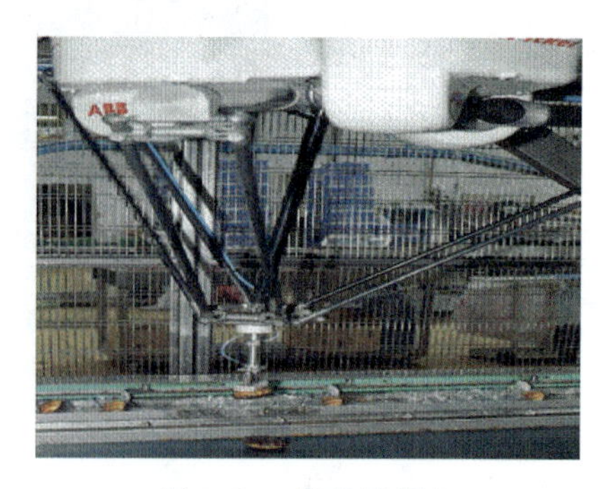

图6.20 蜘蛛机器人

4) 按控制方式分类

(1) 编程输入型机器人：编程输入型是将计算机上已编好的作业程序文件，通过RS232串口或者以太网等通信方式传送到机器人控制柜。

(2) 示教输入型机器人：示教输入型的示教方法有两种：一种是由操作者用手动控制器(示教操纵盒)，将指令信号传给驱动系统，使执行机构按要求的动作顺序和运动轨迹操演一遍；另一种是由操作者直接带动执行机构，按要求的动作顺序和运动轨迹操演一遍。在示教过程的同时，工作程序的信息即自动存入程序存储器中。在机器人自动工作时，控制系统从程序存储器中检出相应信息，将指令信号传给驱动机构，使执行机构再现示教的各种动作。

(3) 遥控型机器人：由人用有线或无线遥控器控制机器人在人难以到达或危险的场所完成某项任务。如防爆排险机器人、军用机器人、在有核辐射和化学污染环境工作的机器人等。

(4) 自主控制型机器人：是机器人控制中最高级、最复杂的控制方式，它要求机器人在复杂的非结构化环境中具有识别环境和自主决策能力，也就是要具有人的某些智能行为。

5) 按操作机坐标形式分类

(1) 直角坐标型机器人：机器人的臂部可沿三个直角坐标移动，其运动是解耦的，控制简单，但运动灵活性较差，自身占据空间最大，如图6.21所示。

(2) 圆柱坐标型机器人：机器人的臂部可作升降、回转和伸缩动作，其运动耦合性较弱，控制也较简单，运动灵活性稍好，但自身占据空间也较大，如图6.22所示。

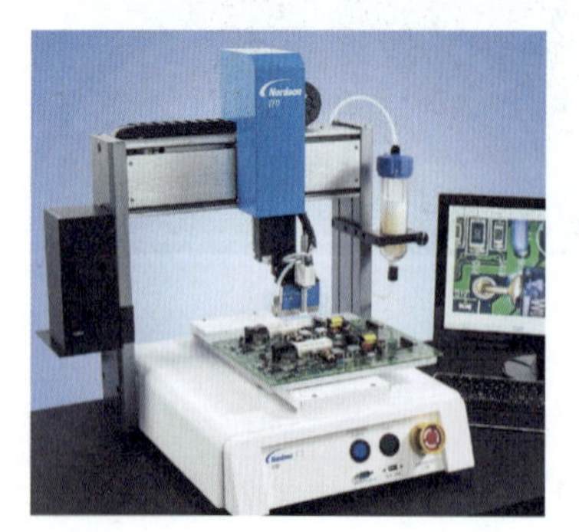
图6.21 直角坐标型机器人

(3) 极坐标型机器人(也称球面坐标型机器人)：机器人的臂部能回转、俯仰和伸缩，其运动耦合性较强，控制也较复杂，但运动灵活性好，自身占据空间也较小，如图6.23所示。

(4) 关节坐标型机器人：机器人的臂部有多个转动关节，其运动耦合性强，控制较复杂，但运动灵活性最好，自身占据空间最小，如图6.24所示。

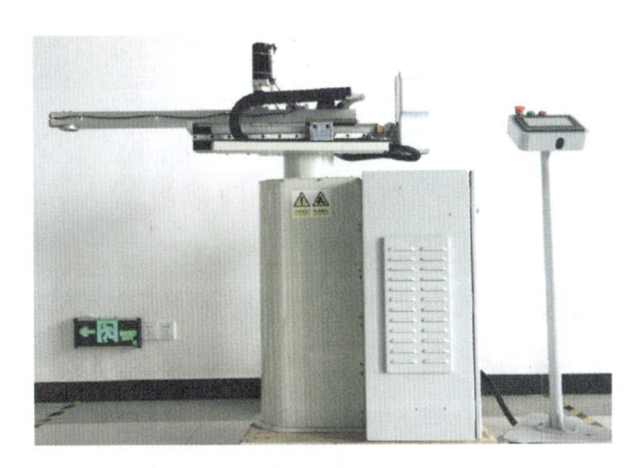
图 6.22　圆柱坐标型机器人

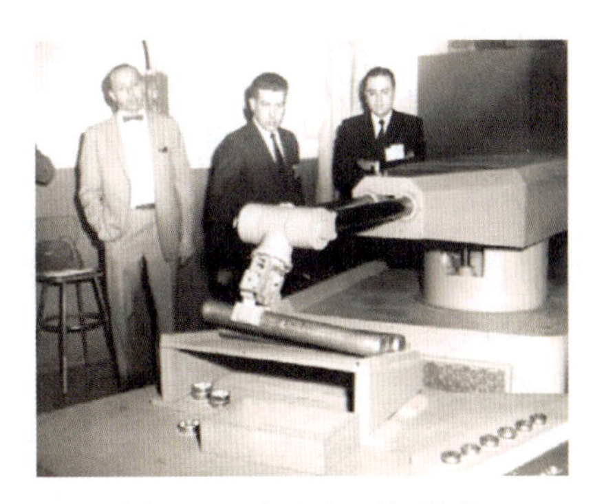
图 6.23　极坐标型机器人

(5) 平面关节型机器人：机器人的轴线相互平行，实现平面内定位和定向，仅平面运动有耦合性，控制较通用关节型简单，运动灵活性更好，铅垂平面刚性好，如图 6.25 所示。

图 6.24　关节坐标型机器人

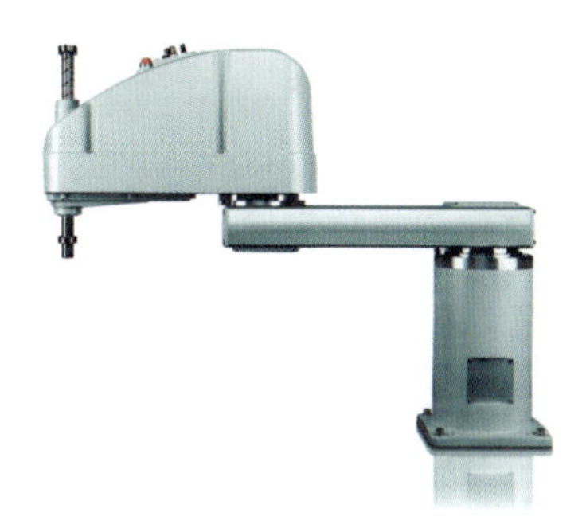
图 6.25　平面关节型机器人

3. 工业机器人

1) 工业机器人的发展

在发达国家中，工业机器人自动化生产线成套设备已成为自动化装备的主流及未来的发展方向。国外汽车行业、电子电器行业、工程机械等行业已经大量使用工业机器人自动化生产线，以保证产品质量，提高生产效率，同时避免了大量的工伤事故。全球诸多国家近半个世纪的工业机器人的使用实践表明，工业机器人的普及是实现自动化生产，提高社会生产效率，推动企业和社会生产力发展的有效手段。机器人技术是具有前瞻性、战略性的高技术领域。国际电气电子工程师协会(IEEE)的科学家在对未来科技发展方向进行预测中提出了四个重点发展方向，机器人技术就是其中之一。

日本工业机器人产业早在 20 世纪 90 年代就已经普及了第一类和第二类工业机器人，并达到了其工业机器人发展史的鼎盛时期，如今已在发展第三类、四类工业机器人的路上取得了举世瞩目的成就。日本下一代机器人的发展重点有低成本技术、高速化技术、小型和轻量化技术、提高可靠性技术、计算机控制技术、网络化技术、高精度化技术、视觉和触觉等传感器技术等。

根据日本政府 2007 年制定的一份计划，日本 2050 年工业机器人产业规模将达到 1.4 兆日元，拥有百万工业机器人。按照一个工业机器人等价于 10 个劳动力的标准，百万工业机器人相当于千万劳动力,占当前日本全部劳动人口的15%。

我国工业机器人起步于20世纪70年代初,其发展过程大致可分为三个阶段:70年代的萌芽期;80年代的开发期;90年代的实用化期。2015年5月19日,国务院正式印发《中国制造2025》,这是中国实施制造强国战略第一个10年的行动纲领,明确把机器人作为十大重点发展的领域之一,当前我国已生产出部分机器人关键元器件,开发出弧焊、点焊、码垛、装配、搬运、注塑、冲压、喷漆等工业机器人,一批国产工业机器人已服务于国内诸多企业的生产线上;一批机器人技术的研究人才也涌现出来;一些相关科研机构和企业已掌握了工业机器人操作机的优化设计制造技术,工业机器人控制、驱动系统的硬件设计技术,机器人软件的设计和编程技术,运动学和轨迹规划技术,弧焊、点焊及大型机器人自动生产线与周边配套设备的开发和制备技术等。

2) 工业机器人的组成与性能要素

工业机器人是面向工业领域的多关节机械手或多自由度的机器装置,它能自动执行工作,是靠自身动力和控制能力来实现各种功能的一种机器。它可以接受人类指挥,也可以按照预先编排的程序运行,现代的工业机器人还可以根据人工智能技术制定的原则纲领行动。

工业机器人系统可以分成四大部分:机器人执行机构、驱动装置、控制系统、感知反馈系统。执行机构包括手部、腕部、臂部、腰部和基座等,相当于人的肢体。驱动装置包括驱动源、传动机构等,相当于人的肌肉、筋络。感知反馈系统包括内部信息传感器,检测位置、速度等信息;外部信息传感器,检测机器人所处的环境信息,相当于人的感官和神经。控制系统包括处理器及关节伺服控制器等,进行任务及信息处理,并给出控制信号,相当于人的大脑和小脑。机器人各系统工作关系如图6.26所示。

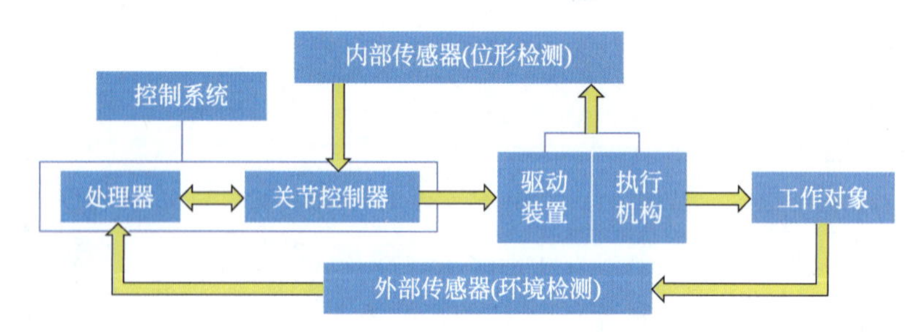

图6.26 机器人各系统工作关系

工业机器人的性能要素包括:自由度数、负荷能力、运动范围、精度、重复精度、运动速度和其他动态特性。自由度数是衡量机器人适应性和灵活性的重要指标,一般等于机器人的关节数,机器人所需要的自由度数决定其作业任务。负荷能力是指机器人在满足其他性能要求的前提下,能够承载的负荷质量。运动范围指机器人在其工作区域内可以达到的最大距离,它是机器人关节长度和其构型的函数。精度指机器人到达指定点的精确程度,它与机器人驱动器的分辨率及反馈装置有关。重复精度指机器人重复到达同样位置的精确程度,它不仅与机器人驱动器的分辨率及反馈装置有关,还与传动机构的精度及机器人的动态性能有关。运动速度包括单关节速度、合成速度。其他动态特性包括稳定性、柔顺性等。

3) 工业机器人的种类及其关键技术

(1) 移动机器人

移动机器人(如automated guided vehicle,AGV)是工业机器人的一种类型(图6.27),

它由计算机控制，具有移动、自动导航、多传感器控制、网络交互等功能，可广泛应用于机械、电子、纺织、卷烟、医疗、食品、造纸等行业的柔性搬运和传输，也可用于自动化立体仓库、柔性加工系统、柔性装配系统（以 AGV 作为活动装配平台），同时可在车站、机场、邮局的物品分捡中作为运输工具。

图 6.27　AGV 小车

国际物流技术是发展的新趋势之一，而移动机器人是其中的核心技术和设备，是用现代物流技术配合、支撑、改造、提升传统生产线，实现点对点自动存取的高架箱储、作业和搬运相结合，实现精细化、柔性化、信息化，缩短物流流程，降低物料损耗，减少占地面积，降低建设投资等的高新技术和装备。

（2）点焊机器人

焊接机器人具有性能稳定、工作空间大、运动速度快和负荷能力强等特点，焊接质量明显优于人工焊接，大大提高了点焊作业的生产率。

点焊机器人主要用于汽车整车的焊接工作，生产过程由各大汽车主机厂负责完成。国际工业机器人企业凭借与各大汽车企业的长期合作关系，向各大型汽车生产企业提供各类点焊机器人单元产品并以焊接机器人与整车生产线配套形式进入中国，在该领域占据市场主导地位。

随着汽车工业的发展，焊接生产线要求焊钳一体化，质量越来越大，165kg 点焊机器人是当前汽车焊接中最常用的一种机器人。2008 年 9 月，机器人研究所研制完成国内首台 165kg 级点焊机器人，并成功应用于奇瑞汽车焊接车间。2009 年 9 月，经过优化和性能提升的第二台机器人完成并顺利通过验收，该机器人整体技术指标已经达到国外同类机器人水平。

（3）弧焊机器人

弧焊机器人主要应用于各类汽车零部件的焊接生产。在该领域，国际大型工业机器人生产企业主要以向成套装备供应商提供单元产品为主。

弧焊机器人的关键技术包括以下几个方面。

① 弧焊机器人系统优化集成技术：采用交流伺服驱动技术以及高精度、高刚性的 RV 减速机和谐波减速器，具有良好的低速稳定性和高速动态响应，并可实现免维护功能。

② 协调控制技术：控制多机器人及变位机协调运动，既能保持焊枪和工件的相对姿态以满足焊接工艺的要求，又能避免焊枪和工件的碰撞。

③ 精确焊缝轨迹跟踪技术：结合激光传感器和视觉传感器离线工作方式的优点，采用激光传感器实现焊接过程中的焊缝跟踪，提升焊接机器人对复杂工件进行焊接的柔性和适

应性，结合视觉传感器离线观察获得焊缝跟踪的残余偏差，基于偏差统计获得补偿数据并进行机器人运动轨迹的修正，在各种工况下都能获得最佳的焊接质量。图 6.28 所示为焊接机器人。

图 6.28 焊接机器人

(4) 激光加工机器人

激光加工机器人是将机器人技术应用于激光加工中，通过高精度工业机器人实现更加柔性的激光加工作业。机器人系统通过示教盒进行在线操作，也可通过离线方式进行编程。该系统通过对加工工件的自动检测，产生加工件的模型，继而生成加工曲线，也可以利用 CAD 数据直接加工。可用于工件的激光表面处理、打孔、焊接和模具修复等。

激光加工机器人的关键技术包括以下几个方面。

① 激光加工机器人结构优化设计技术：采用大范围框架式本体结构，在增大作业范围的同时，保证机器人精度。图 6.29 所示为用于激光加工的机器人。

(a) 激光打孔

(b) 激光切割

图 6.29 激光加工机器人

② 机器人系统的误差补偿技术：针对一体化加工机器人工作空间大、精度高等要求，并结合其结构特点，采取非模型方法与基于模型方法相结合的混合机器人补偿方法，完成几何参数误差和非几何参数误差的补偿。

③ 高精度机器人检测技术：将三坐标测量技术和机器人技术相结合，实现机器人高精度在线测量。

④ 激光加工机器人专用语言实现技术：根据激光加工及机器人作业特点，完成激光加工机器人专用语言。

⑤ 网络通信和离线编程技术：具有串口、CAN 等网络通信功能，实现对机器人生产线的监控和管理，并实现上位机对机器人的离线编程控制。

(5) 真空机器人

真空机器人是一种在真空环境下工作的机器人,主要应用于半导体工业中,实现晶圆在真空腔室内的传输。真空机械手难进口、受限制、用量大、通用性强,是制约半导体装备整机研发进度和整机产品竞争力的关键部件。而且国外对中国买家严加审查,归属于禁运产品目录。真空机械手已成为严重制约我国半导体设备整机装备制造的"卡脖子"问题。直驱型真空机器人技术属于原始创新技术。图6.30和图6.31所示为用于半导体加工的真空机器人和洁净机器人。

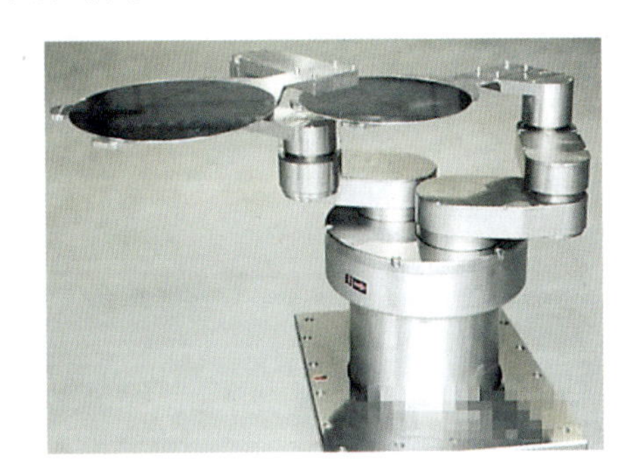

图6.30　真空机器人

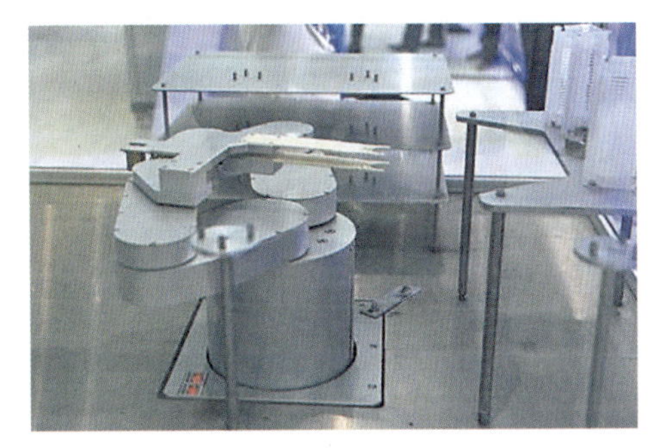

图6.31　洁净机器人

真空机器人的关键技术包括以下几个方面。

① 真空机器人新构型设计技术:通过结构分析和优化设计,避开国际专利,设计新构型满足真空机器人对刚度和伸缩比的要求。

② 大间隙真空直驱电机技术:涉及大间隙真空直接驱动电机和高洁净直驱电机,开展电机理论分析、结构设计、制作工艺、电机材料表面处理、低速大转矩控制、小型多轴驱动器等方面的工作。

③ 真空环境下的多轴精密轴系的设计:采用轴在轴中的设计方法,减小轴之间的不同心以及惯量不对称的问题。

④ 动态轨迹修正技术:通过传感器信息和机器人运动信息的融合,检测出晶圆与手指之间基准位置之间的偏移,通过动态修正运动轨迹,保证机器人准确地将晶圆从真空腔室中的一个工位传送到另一个工位。

⑤ 符合半导体制程设备安全检测(SEMI)标准的真空机器人语言:根据真空机器人搬运要求、机器人作业特点及SEMI标准,完成真空机器人专用语言。

⑥ 可靠性系统工程技术:在IC制造中,设备故障会带来巨大的损失。根据半导体设备对平均无故障周期(MCBF)的高要求,对各个部件的可靠性进行测试、评价和控制,提高机械手各个部件的可靠性,从而保证机械手满足IC制造的高要求。

(6) 洁净机器人

洁净机器人是一种在洁净环境中使用的工业机器人。随着生产技术水平不断提高,其对生产环境的要求也日益苛刻,很多现代工业产品生产都要求在洁净环境中进行,洁净机器人是在洁净环境下生产所需要的关键设备。

洁净机器人的关键技术包括以下几个方面。

① 洁净润滑技术:通过采用负压抑尘结构和非挥发性润滑脂,实现对环境无颗粒污

染,满足洁净要求。

② 高速平稳控制技术：通过轨迹优化和提高关节伺服性能,实现洁净搬运的平稳性。

③ 控制器的小型化技术：洁净室建造和运营成本高,通过控制器小型化技术减小洁净机器人的占用空间。

④ 晶圆检测技术：通过光学传感器,能够通过机器人的扫描,获得卡匣中晶圆有无缺片、倾斜等信息。

4. 机器人的研究内容

机器人技术集计算机技术、自动化技术、检测技术、机械设计技术、材料与加工技术、各种仿生技术、人工智能技术等学科为一体,是多学科科技发展的结果。每一款机器人都是知识密集和技术密集的高科技化身。

机器人研究的内容主要集中在以下几个方面。

1）空间机构学

空间机构在机器人上的应用体现在机器人机身和臂部机构设计、机器人手部机构设计、机器人行走机构设计、机器人关节部件结构设计,包括仿生结构设计。

2）机器人运动学

机器人执行机构实际是一个多刚体系统,研究涉及组成这一系统的各杆件之间以及系统与对象之间的相互关系,因此需要一种有效的数学描述方法,机器人运动学可帮助解决这类问题。

3）机器人静力学

机器人与环境之间的接触会在机器人与环境之间引起相互的作用力和力矩,而机器人的输入关节转矩由各个关节的驱动装置提供,通过手臂传至手部,使力和力矩作用在环境的接触面上。这种力和力矩的输入和输出关系在机器人控制上是十分重要的。静力学主要探讨机器人的手部端点力和驱动器输入力矩之间的关系。

4）机器人动力学

机器人是一个复杂的动力学系统,要研究和控制这个系统,首先要建立它的动力学方程。动力学方程是指作用于机器人各机构的力和力矩及其位置、速度、加速度关系的方程式,以利于提高高速、重载机器人的运动性能。

5）机器人控制技术

机器人控制技术是在传统机械系统的控制技术基础上发展起来的,两者之间没有根本的不同。但机器人控制技术也有许多特殊之处,例如,它是有耦合的、非线性的、多变量的控制系统；其负载、惯量、重心等随着时间都可能变化,不仅要考虑运动学关系,还要考虑动力学因素；其模型为非线性而工作环境又是多变的,等等。其主要研究的内容有机器人控制方式和机器人控制策略。

6）机器人传感器

人类一般具有触觉、视觉、听觉、味觉以及嗅觉等感觉,机器人的感觉主要是通过各种传感器来实现的。根据检测对象的不同,可分为内部传感器和外部传感器。内部传感器主要是用来检测机器人本身状态的传感器,如检测手臂的位置、速度、加速度,电器元件的电压、电流、温度等的传感器。外部传感器是用来检测机器人所处环境状况的传感器,具体有物体探伤传感器、距离传感器、力觉传感器、听觉传感器、化学元素检测传感器、温度传感器，以及机器视觉装置、三维激光扫描装置等。

7）机器人运动规划方法的研究

机器人运动规划包括序列规划（又可称为全局路径规划）、路径规划和轨迹规划三个部分。序列规划是指在一个特定的工作区域中自动生成一个从起始作业点开始，经过一系列作业点，再回到起始点的最优工作序列；路径规划是指在相邻序列点之间通过一定的算法搜索一条无碰撞的机器人运动路径；轨迹规划是指通过插补函数获得路径上的插补点，再通过求解运动学逆解转换到关节空间（若插补在关节空间进行则无需转换），形成各关节的运动轨迹。

8）机器人编程语言

机器人编程语言是机器人和用户的软件接口，编程语言的功能决定了机器人的适应性和给用户的方便性。至今还没有完全公认的机器人编程语言，通常每个机器人制造厂都有自己的机器人语言。实际上，机器人编程与传统的计算机编程不同，机器人手部运动在一个复杂空间的环境中，还要监视和处理传感器的各种信息。因此，其编程语言主要有两类：面向机器人的编程语言和面向任务的编程语言。

面向机器人的编程语言的主要特点是描述机器人的动作序列，每一条语句大约相当于机器人的一个动作，主要有三种：

（1）专用的机器人语言，如 PUMA 机器人的 VAL 语言，是专用的机器人控制语言。

（2）在现有的计算机语言的基础上加机器人子程序库，如美国机器人公司开发的 AR-BASIC 和 Intelledex 公司的 RobotBASIC 语言，都是建立在 BASIC 语言基础上的。

（3）开发一种新的通用语言加上机器人子程序库，如 IBM 公司开发的 AML 机器人语言。

面向任务的机器人编程语言允许用户发出直接命令，以控制机器人去完成一个具体的任务，而不需要说明机器人需要采取的每一个动作细节。如美国的 RCCL 机器人编程语言就是利用 C 语言和一组 C 函数来控制机器人运动的任务级机器人语言。

6.3.2 数控技术

1. 数控技术的概念

数字控制（NC）简称为数控，是一种自动控制技术，它能用数字化信号对机床的运动及加工过程进行控制。数控技术是指用数字、文字和符号组成的数字指令来实现一台或多台机械设备动作控制的技术。目前，由于数控技术是采用计算机实现数字程序控制的，所以也称为计算机数控（CNC）技术。这种技术可用计算机按事先存储的控制程序来执行对设备的控制功能。图 6.32 所示为数控机床控制系统。

数控系统是指采用数控技术的控制系统。计算机数控系统是指以计算机为核心的数控系统。数控机床是指采用数字控制技术，控制刀具（或工件）运动速度和轨迹进行自动加工的一类机床，简称数控机床或 NC 机床。它是一种高效率、高精度、高柔性和高自动化的机电一体化的数控设备，集现代机械制造技术、自动控制技术及计算机信息技术于一体，采用数控装置或计算机来全部或部分地取代人工对一般通用机床的控制。

图 6.32　数控机床的控制系统

数控加工技术是一种高效、优质地实现产品零件特别是复杂形状零件加工的技术，它是自动化、柔性化和数字化制造加工的基础与关键技术。

2. 机床数控系统

1）机床数控系统的分类

（1）车削、铣削类数控系统

车削、铣削类数控系统是针对数控车床控制的数控系统和针对加工中心控制的数控系统。这一类数控系统属于最常见的数控系统。日本发那科公司(FANUC)用 T、M 来区别这两大类型号；德国西门子公司则是用在统一的数控内核上配置不同的编程工具——Shopmill、Shopturn 来区别。两者最大的区别在于：车削系统要求能够随时反映刀尖点相对于车床轴线的距离，以表达当前加工工件的半径，或乘以 2 表达为直径；车削系统有各种车削螺纹的固定循环；车削系统支持主轴与 C 轴的切换，支持端面直角坐标系或回转体圆柱面坐标系编程，而数控系统要变换为极坐标进行控制；而对于铣削数控系统更多地要求复杂曲线、曲面的编程加工能力，包括五轴和斜面的加工等。随着车铣复合化工艺的日益普及，要求数控系统兼具车削、铣削功能，例如大连光洋公司的 GNC60/61 系列数控系统。如图 6.33 和图 6.34 所示分别为数控车床和数控铣床。

图 6.33　数控车床

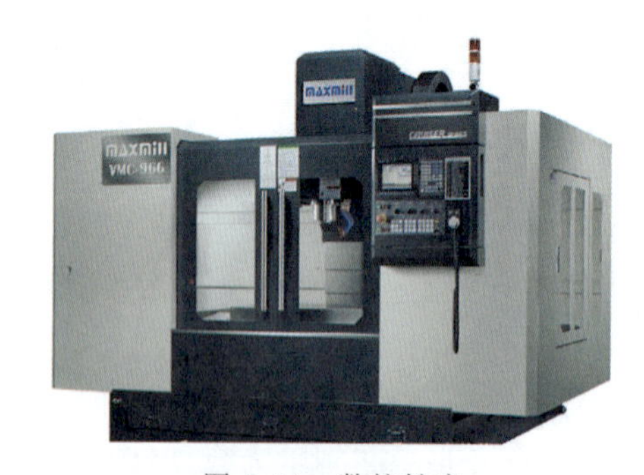

图 6.34　数控铣床

（2）磨削数控系统

磨削数控系统是针对磨床控制的专用数控系统。FANUC 公司用 G 代号区别；西门子公司须配置功能。与其他数控系统的区别主要在于支持工件在线量仪的接入，量仪主要监测尺寸是否到位，并通知数控系统退出磨削循环。磨削数控系统还要支持砂轮修整，并将修正后的砂轮数据作为刀具数据计入数控系统。此外,磨削数控系统的 PLC 还要具有较强的温度监测和控制回路,具有与振动监测、超声砂轮切入监测仪器接入、协同工作的能力。对于非圆磨削,数控系统及伺服驱动在进给轴上需要更高的动态性能。有些非圆加工件(如凸轮)由于被加工表面高精度和高光洁度的要求,数控系统对曲线平滑技术方面也要有特殊处理。图 6.35 所示为五轴数控磨床及其磨削产品。

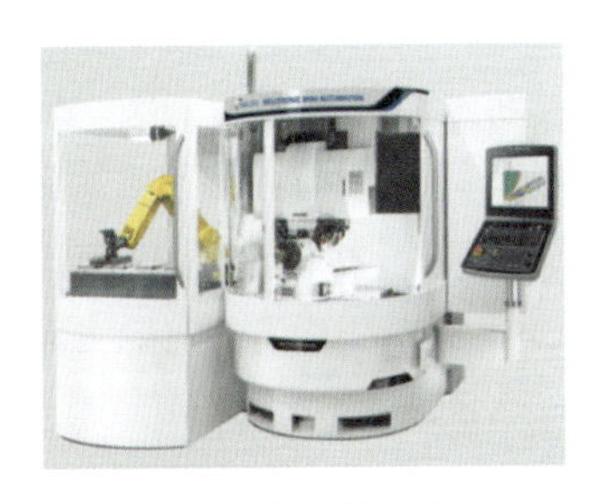

(a) 瓦尔特工具磨床

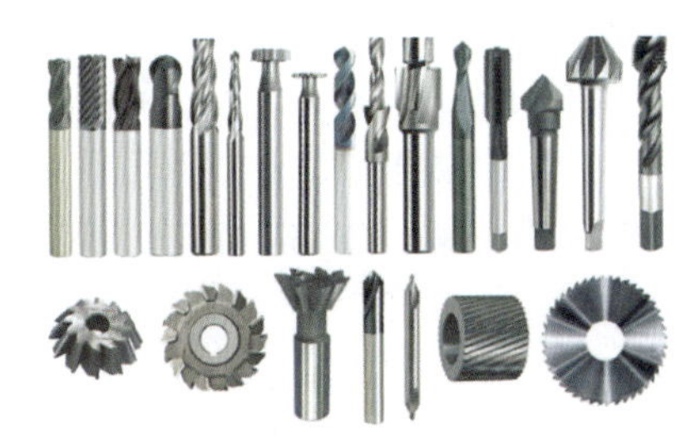

(b) 磨削产品

图 6.35 五轴数控磨床及其磨削产品

(3) 面向特种加工的数控系统

这类系统为了适应特种加工往往需要有特殊的运动控制处理和加工作动器控制。例如,控制并联机床需要在常规数控运动控制算法中加入相应并联结构解耦算法;线切割加工中需要支持沿路径回退;齿轮加工则要求数控系统能够实现符合齿轮范成规律的电子齿轮速比关系或表达式关系;激光加工则要保证激光头与板材距离恒定,需要数控系统控制激光能量。图 6.36 为激光切割机床。

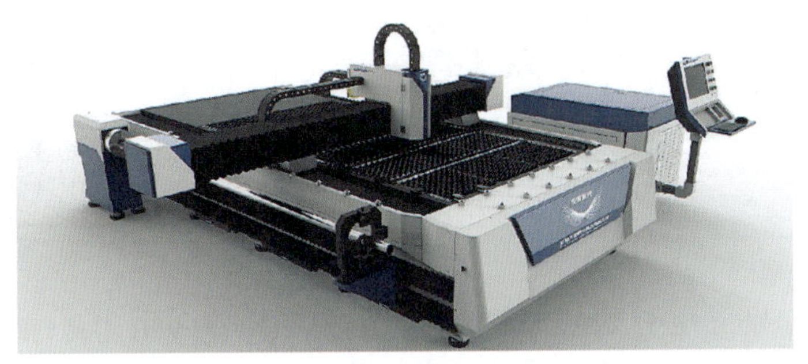

图 6.36 激光切割机床

2) 全球十大数控系统及其特点

(1) 日本 FANUC 数控系统(图 6.37)

(a)

(b)

图 6.37 日本 FANUC 数控系统

FANUC是当今世界上数控系统科研、设计、制造、销售实力最强大的企业,占据了全球70%的市场份额。

高可靠性的PowerMate 0系列用于控制2轴的小型车床,取代步进电机的伺服系统;可配画面清晰、操作方便、中文显示的CRT/MDI,也可配性能/价格比高的DPL/MDI。

普及型CNC 0-D系列中,0-TD用于车床;0-MD用于铣床及小型加工中心;0-GCD用于圆柱磨床;0-GSD用于平面磨床;0-PD用于冲床。

全功能型的0-C系列中,0-TC用于通用车床、自动车床;0-MC用于铣床、钻床、加工中心;0-GCC用于内、外圆磨床;0-GSC用于平面磨床;0-TTC用于双刀架4轴车床。

高性能/价格比的0i系列整体软件功能包,可实现高速、高精度加工,并具有网络功能。0i-MB/MA用于加工中心和铣床,4轴4联动;0i-TB/TA用于车床,4轴2联动;0i-mateMA用于铣床,3轴3联动;0i-mateTA用于车床,2轴2联动。

具有网络功能的超小型、超薄型CNC 16i/18i/21i系列控制单元与LCD集成于一体,具有网络功能、超高速串行数据通信。其中,FS 16i-MB的插补、位置检测和伺服控制以纳米为单位。16i最大可控8轴,6轴联动;18i最大可控6轴,4轴联动;21i最大可控4轴,4轴联动。

除此之外,还有实现机床个性化的CNC 16/18/160/180系列。

(2) 德国西门子数控系统(图6.38)

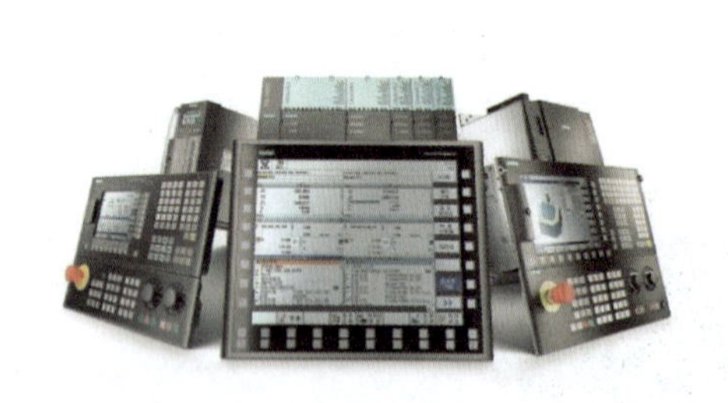

图6.38 德国西门子数控系统

西门子是全球电子电气工程领域的领先企业,主要业务集中在工业、能源、医疗、基础设施与城市四大业务领域。140年来,西门子以其创新的技术、卓越的解决方案和产品坚持不懈地与中国开展全面合作,并以不断的创新、出众的品质和令人信赖的可靠性得到广泛认可。2018财年(2017年10月1日至2018年9月30日),西门子在中国的总营收达到81亿欧元。西门子在中国拥有超过33000名员工,中国已成为西门子第二大海外市场,建立了16个研发中心、65家运营企业和65个地区办事处。

西门子公司的数控装置采用模块化结构设计,经济性好,在一种标准硬件上配置多种软件,使它具有多种工艺类型,满足各种机床的需要,并成为系列产品。西门子公司CNC装置主要有SINUMERIK 3/8/810/820/850/880/805/802/840系列。随着微电子技术的发展,越来越多地采用大规模集成电路(LSI)、表面安装器件(SMC)及应用先进加工工艺,所以新的系统结构更为紧凑,性能更强,价格更低。采用SIMATICS系列可编程逻辑控制器或集成式可编程逻辑控制器,用SYEP编程语言,具有丰富的人机对话功能,具有多种语言的显示。

（3）日本三菱数控系统（图 6.39）

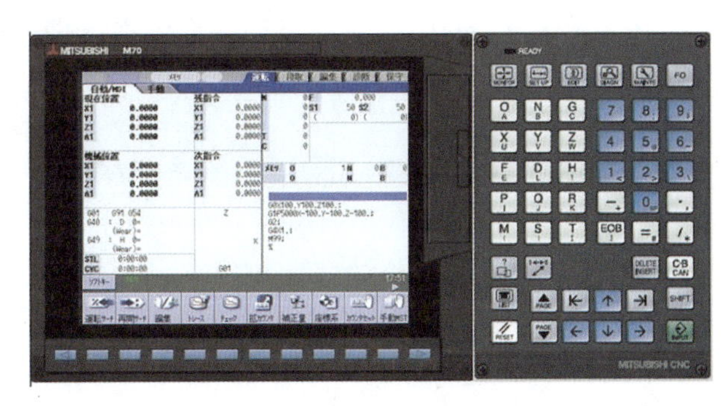

图 6.39　日本三菱数控系统

三菱电机自动化（中国）有限公司投资总额 2000 万美元，主要生产配电用机械器具（含低压断路器、电磁开闭器）、电加工产品（包括数控电火花成形机、线切割放电加工机、激光加工机）、变频调速器、伺服系统机器、数控装置及其零部件，销售自产产品，提供相关售后服务。

工业中常用的三菱数控系统有 M700V 系列、M70V 系列、M70 系列、M60S 系列、E68 系列、E60 系列、C6 系列、C64 系列、C70 系列。其中，M700V 系列属于高端产品，完全纳米控制系统，高精度高品位加工，支持 5 轴联动，可加工复杂表面形状的工件。

（4）德国海德汉数控系统（图 6.40）

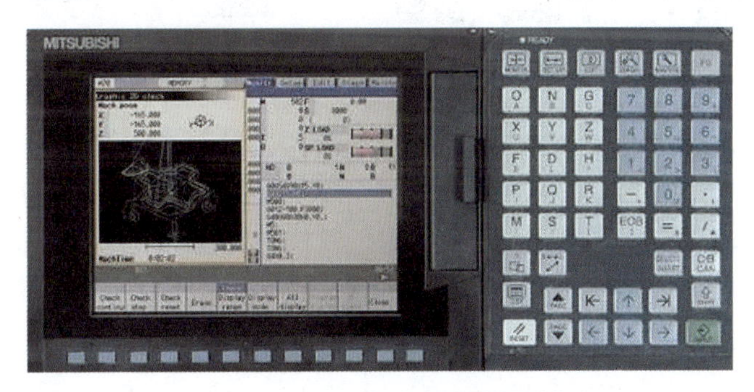

图 6.40　德国海德汉数控系统

海德汉公司研制生产光栅尺、角度编码器、旋转编码器、数显装置和数控系统。其产品被广泛应用于机床、自动化机器，尤其是半导体和电子制造业等领域。

海德汉的 iTNC 530 控制系统是适合铣床、加工中心或需要优化刀具轨迹控制之加工过程的通用性控制系统，属于高端数控系统。该系统的数据处理时间比以前的 TNC 系列产品快 8 倍，所配备的“快速以太网”通信接口能以 100Mbit/s 的速率传输程序数据，比以前快了 10 倍，新型程序编辑器具有大型程序编辑能力，可以快速插入和编辑信息程序段。

图 6.41　德国力士乐数控系统

（5）德国力士乐数控系统（图 6.41）

力士乐公司（Bosch Rexroth）由原博世自

动化技术部与原力士乐公司于2001年合并组成,属博世集团全资拥有。博世力士乐是世界知名的传动与控制公司,在工业液压,电子传动与控制,线性传动与组装技术,气动、液压传动服务以致行走机械液压方面居世界领先地位。

(6) 法国NUM数控系统(图6.42)

世界领先的自动化系统生产商——施耐德自动化控制系统有限公司是当今世界上最大的自动化设备供应商之一,专门从事CNC数控系统的开发和研究。NUM公司是法国著名的一家国际性公司,专门从事CNC数控系统的开发和研究,是施耐德电气公司的子公司,欧洲第二大数控系统供货商。主要产品有NUM1020/1040、NUM1020M、NUM1020T、NUM1040M、NUM1040T、NUM1060、NUM1050、NUM驱动及电机。

(7) 西班牙FAGOR数控系统(图6.43)

图6.42 法国NUM数控系统

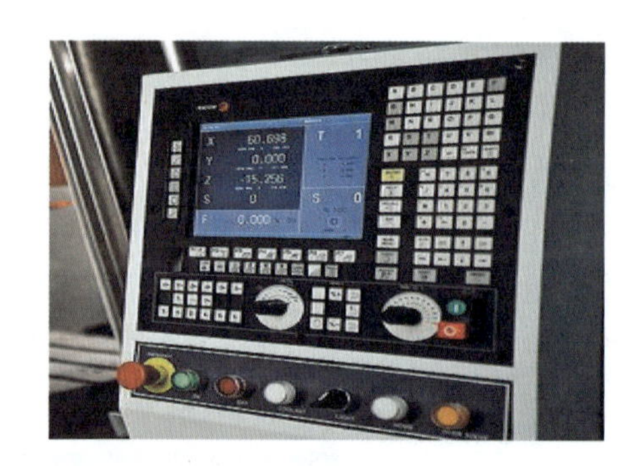

图6.43 西班牙FAGOR数控系统

发格自动化设备有限公司(FAGOR)是世界著名的数控系统(CNC)、数显表(DRO)和光栅测量系统的专业制造商。FAGOR隶属于西班牙蒙德拉贡集团公司,成立于1972年,侧重于在机床自动化领域的发展,其产品涵盖了数控系统、伺服驱动/电机/主轴系统、光栅尺、旋转编码器及高分辨率高精度角度编码器、数显表等。

(8) 日本MAZAK数控系统(图6.44)

图6.44 日本MAZAK数控系统

日本山崎马扎克公司(MAZAK)成立于1919年,主要生产CNC车床、复合车铣加工中心、立式加工中心、卧式加工中心、CNC激光系统、FMS柔性生产系统、CAD/CAM系统、CNC装置和生产支持软件等。

Mazatrol Fusion 640数控系统在世界上首次使用了CNC和PC融合技术,实现了数控系统的网络化、智能化功能。数控系统直接接入互联网,即可接受小巨人机床有限公司提供的 24h 网上在线维修服务。

(9) 华中数控系统(图 6.45)

武汉华中数控股份有限公司生产具有自主知识产权的数控装置，形成了高、中、低三个档次的系列产品，研制了华中 8 型系列高档数控系统新产品，已有数十台套与列入国家重大专项的高档数控机床配套应用。具有自主知识产权的伺服驱动和主轴驱动装置的性能指标达到国际先进水平。

HNC-848 数控装置是全数字总线式高档数控装置，瞄准国外高档数控系统，采用双 CPU 模块的上下位机结构，模块化、开放式体系结构，基于具有自主知识产权的 NCUC 工业现场总线技术，具有多通道控制技术、五轴加工、高速高精度、车铣复合、同步控制等高档数控系统的功能，采用 15″液晶显示屏；主要应用于高速、高精、多轴、多通道的立式、卧式加工中心、车铣复合、五轴龙门机床等。

(10) 广州数控系统(图 6.46)

图 6.45　华中数控系统

图 6.46　广州数控系统

广州数控设备有限公司是广东省 20 家重点装备制造企业之一，国家“863”重点项目“中档数控系统产业化支撑技术”承担企业。主营业务有数控系统、伺服驱动、伺服电机研发生产，数控机床连锁营销、机床数控化工程，工业机器人、精密数控注塑机研制等。

该公司拥有车床数控系统，钻、铣床数控系统，加工中心数控系统，磨床数控系统等多领域的数控系统。其中，GSK27 系统采用多处理器实现纳米级控制；人性化人机交互界面，菜单可配置，根据人体工程学设计，更符合操作人员的加工习惯；采用开放式软件平台，可以轻松与第三方软件连接；高性能硬件支持最大 8 通道、64 轴控制。

3. 数控技术的研究热点

数控技术的应用不但给传统制造业带来了革命性的变化，使制造业成为工业化的象征，而且随着数控技术的不断发展和应用领域的扩大，对国计民生的一些重要行业(IT、汽车、轻工、医疗等)的发展起着越来越重要的作用，因为这些行业所需装备的数字化已是现代发展的大趋势。从世界上数控技术及其装备发展的趋势来看，其主要研究热点有以下几个方面。

1) 高速、高精加工技术及装备的新趋势

效率、质量是先进制造技术的主体。高速、高精加工技术可极大地提高效率，提高产品的质量和档次，缩短生产周期和提高市场竞争能力。为此日本先端技术研究会将数控技术列为五大现代制造技术之一,国际生产工程学会(CIRP)将其确定为21世纪的中心研究方向之一。

在轿车工业领域,年产30万辆的生产节拍是40s/辆,而且多品种加工是轿车装备必须解决的重点问题之一;在航空和宇航工业领域,其加工的零部件多为薄壁和薄筋,刚度很差,材料为铝或铝合金,只有在高切削速度和切削力很小的情况下,才能对这些筋、壁进行加工。采用大型整体铝合金坯料"掏空"的方法制造机翼、机身等大型零件,来替代多个零件通过众多的铆钉、螺钉和其他连接方式拼装,使构件的强度、刚度和可靠性得到提高。这些都对加工装备提出了高速、高精和高柔性的要求。

高速加工中心进给速度可达80m/min,甚至更高,空运行速度可达100m/min左右,世界上许多汽车厂,包括我国的上海通用汽车公司,已经采用以高速加工中心组成的生产线部分替代组合机床。美国CINCINNATI公司的HyperMach机床的进给速度最大达60m/min,快速为100m/min,加速度达$2g$,主轴转速已达60000r/min。加工一薄壁飞机零件只用30min,而同样的零件在一般高速铣床上加工需3h,在普通铣床上加工需8h;德国DMG公司的双主轴车床的主轴速度及加速度分别达12000r/min和$1g$。

在加工精度方面,普通级数控机床的加工精度已由10μm提高到5μm,精密级加工中心则从3～5μm,提高到1～1.5μm,并且超精密加工精度已开始进入纳米级(0.01μm)。

在可靠性方面,国外数控装置的平均故障间隔时间(MTBF)值已达6000h以上,伺服系统的MTBF值达到30000h以上,表现出非常高的可靠性。为了实现高速、高精加工,与之配套的功能部件,如电主轴、直线电机得到了快速发展,应用领域进一步扩大。

2) 五轴联动加工和复合加工机床快速发展

采用五轴联动对三维曲面零件进行加工,可用刀具最佳几何形状进行切削,不仅光洁度高,而且效率也大幅度提高。一般认为,1台五轴联动机床的效率可以等于两台三轴联动机床,特别是使用立方氮化硼等超硬材料铣刀进行高速铣削淬硬钢零件时,五轴联动加工可比三轴联动加工发挥更高的效益。但过去因五轴联动数控系统、主机结构复杂等原因,其价格要比三轴联动数控机床高出数倍,加之编程技术难度较大,制约了其发展。

当前由于电主轴的出现,使得实现五轴联动加工的复合主轴头结构大为简化,制造难度和成本大幅度降低,数控系统的价格差距缩小。因此促进了复合主轴头类型五轴联动机床和复合加工机床(含五面加工机床)的发展。在EMO 2001展会上,新日本工机生产的五面加工机床采用复合主轴头,可实现四个垂直平面的加工和任意角度的加工,使得五面加工和五轴加工可在同一台机床上实现,还可实现倾斜面和倒锥孔的加工。德国DMG公司展出的DMUVoution系列加工中心,可在一次装夹下完成五面加工和五轴联动加工,可由CNC系统控制或CAD/CAM直接或间接控制。图6.47为五轴数控机床加工复杂模具和叶片。

3) 智能化、开放式、网络化成为当代数控系统发展的主要趋势

21世纪的数控装备将是具有一定智能化的系统,智能化的内容包括在数控系统中的各个方面:追求加工效率和加工质量方面的智能化,如加工过程的自适应控制、工艺参数自动生成;提高驱动性能及使用连接方便的智能化,如前馈控制、电机参数的自适应运算、自动识别负载自动选定模型、自整定等;简化编程、简化操作方面的智能化,如智能化的自动编程、智能化的人机界面等;还有智能诊断、智能监控方面的内容,方便系统的诊断及维修等。

数控系统开放化已经成为数控系统的未来之路。所谓开放式数控系统,就是数控系统

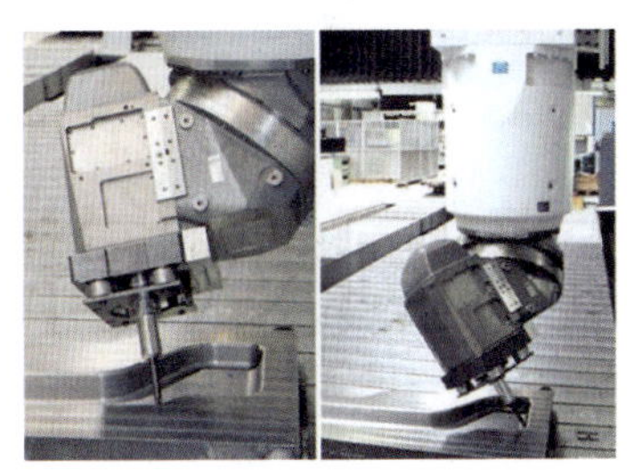

(a) 加工复杂模具　　(b) 加工复杂叶片

图 6.47　五轴联动数控机床加工复杂模具和叶片

的开发可以在统一的运行平台上，面向机床厂家和最终用户，通过改变、增加或剪裁结构对象(数控功能)，形成系列化，并可方便地将用户的特殊应用和技术诀窍集成到控制系统中，快速实现不同品种、不同档次的开放式数控系统，形成具有鲜明个性的名牌产品。开放式数控系统的体系结构规范、通信规范、配置规范、运行平台、数控系统功能库以及数控系统功能软件开发工具等是当前研究的核心。

网络化数控装备是近两年国际著名机床博览会的一个新亮点。数控装备的网络化将极大地满足生产线、制造系统、制造企业对信息集成的需求，也是实现新的制造模式，如敏捷制造、虚拟企业、全球制造的基础单元。国内外一些著名数控机床和数控系统制造公司都在近两年推出了相关的新概念和样机，如日本山崎马扎克(MAZAK)公司展出的 Cyber Production Center(智能生产控制中心，简称 CPC)；日本大隈(OKUMA)机床公司展出的 IT plaza(信息技术广场，简称 IT 广场)；德国西门子(SIEMENS)公司展出的 Open Manufacturing Environment(开放制造环境，简称 OME)等，反映了数控机床加工向网络化方向发展的趋势。

4) 重视新技术标准、规范的建立

(1) 关于数控系统设计开发规范

如前所述，开放式数控系统有更好的通用性、柔性、适应性、扩展性，美国、欧共体和日本等国纷纷实施战略发展计划，并进行开放式体系结构数控系统规范(OMAC、OSACA、OSEC)的研究和制定，世界三个最大的经济体在短期内进行了几乎相同的科学计划和规范的制定，预示了数控技术的一个新的变革时期的来临。我国在 2000 年也开始进行中国的 ONC 数控系统规范框架的研究和制定。

(2) 关于数控标准

数控标准是制造业信息化发展的一种趋势。数控技术诞生后的 50 年间的信息交换都是基于 ISO 6983 标准，即采用 G、M 代码描述如何(how)加工，其本质特征是面向加工过程，显然，它已越来越不能满足现代数控技术高速发展的需要。为此，国际上正在研究和制定一种新的 CNC 系统标准 ISO 14649(STEP-NC)，其目的是提供一种不依赖于具体系统的中性机制，能够描述产品整个生命周期内的统一数据模型，从而实现整个制造过程，乃至各个工业领域产品信息的标准化。STEP-NC 的出现可能是数控技术领域的一次革命，对于数控技术的发展乃至整个制造业，将产生深远的影响。首先，STEP-NC 提出了一种崭新的制造理念，传统的制造理念中，NC 加工程序都集中在单个计算机上；而在新标准下，NC 程序可以分散在互联网上，这正是数控技术开放式、网络化发展的方向。其次，STEP-NC 数控系统还可大大减少加工图纸(约75%)、加工程序编制时间(约35%)和加工时间(约50%)。

6.3.3 微机电系统

1. 微机电系统的基本概念

微机电系统(micro-electro-mechanical system,MEMS),也叫作微电子机械系统、微系统、微机械等,是指尺寸在几毫米乃至更小的高科技装置,其内部结构一般在微米甚至纳米量级,是一个独立的智能系统,如图6.48所示,主要由传感器、动作器(执行器)和微能源三大部分组成。

MEMS是将微机械、信息输入的微型传感器、控制器、模拟或数字信号处理器、输出信号接口、致动器(驱动器)、电源等都微型化并集成在一起,成为一个微机电系统。微机电系统内部可分成几个独立的功能单元,同时又集成为一个统一的系统,如图6.49所示。它是一项革命性的新技术,广泛应用于高新技术产业,是一项关系到国家科技发展、经济繁荣和国防安全的关键技术。

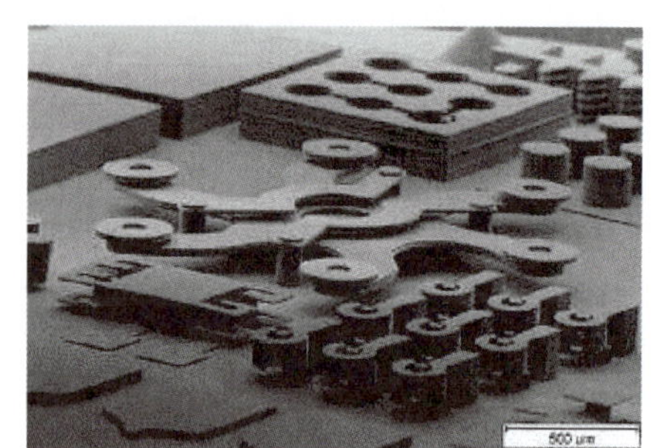

图6.48 微机电系统

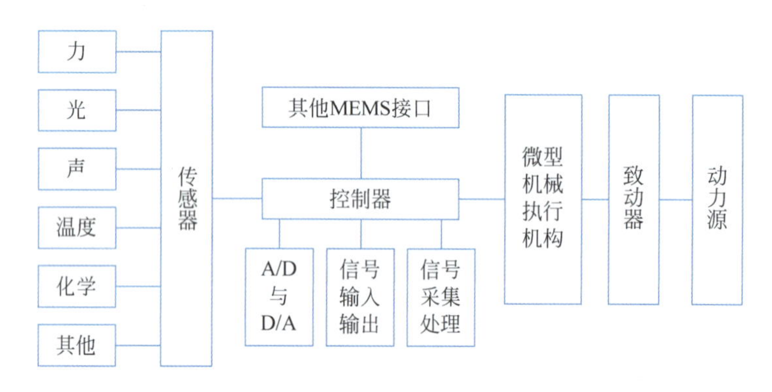

图6.49 MEMS系统的组成

MEMS涉及物理学、半导体、光学、电子工程、化学、材料工程、机械工程、医学、信息工程及生物工程等多种学科和工程技术,为智能系统、消费电子、可穿戴设备、智能家居、系统生物技术的合成生物学与微流控技术等领域开拓了广阔的应用前景。常见的产品包括MEMS加速度计、MEMS麦克风、微马达、微泵、微振子、MEMS压力传感器、MEMS陀螺仪、MEMS湿度传感器等以及它们的集成产品。

2. MEMS技术的主要分类

1) 传感MEMS技术

传感MEMS技术是指用微机械加工出来的,用敏感元件如电容、压电、压阻、热电耦、谐振、隧道电流等来感受转换电信号的器件和系统。它包括速度、压力、湿度、加速度、气体、磁、光、声、生物、化学等各种传感器，按种类分主要有面阵触觉传感器、谐振力敏感传感器、微型加速度传感器、真空微电子传感器等。传感器的发展方向是阵列化、集成化、智能化。由于传感器是人类探索自然界的触角，是各种自动化装置的神经元，且应用领域广泛，未来将备受世界各国的重视。

2）生物 MEMS 技术

生物 MEMS 技术是用 MEMS 技术制造的化学/生物微型分析和检测芯片或仪器，有一种在衬底上制造出的微型驱动泵、微控制阀、通道网络、样品处理器、混合池、计量、增扩器、反应器、分离器以及检测器等元器件并集成为多功能芯片，可以实现样品的进样、稀释、加试剂、混合、增扩、反应、分离、检测和后处理等分析全过程。它把传统的分析实验室功能微缩在一个芯片上。生物 MEMS 系统具有微型化、集成化、智能化、成本低的特点。功能上有获取信息量大、分析效率高、系统与外部连接少、实时通信、连续检测的特点。国际上生物 MEMS 的研究已成为热点，不久将为生物、化学分析系统带来一场重大的革新。

3）光学 MEMS 技术

随着信息技术、光通信技术的迅猛发展，MEMS 发展的又一领域是与光学相结合，即综合微电子、微机械、光电子技术等基础技术，开发新型光器件，称为微光机电系统（MOEMS）。它能把各种 MEMS 结构件与微光学器件、光波导器件、半导体激光器件、光电检测器件等完整地集成在一起，形成一种全新的功能系统。MOEMS 具有体积小、成本低、可批量生产、可精确驱动和控制等特点。较成功的应用科学研究主要集中在两个方面：

①基于 MOEMS 的新型显示、投影设备，主要研究如何通过反射面的物理运动来进行光的空间调制，典型代表为数字微镜阵列芯片和光栅光阀；②通信系统，主要研究通过微镜的物理运动来控制光路发生预期的改变，较成功的有光开关调制器、光滤波器及复用器等光通信器件。MOEMS 是综合性和学科交叉性很强的高新技术，开展这个领域的科学技术研究，可以带动大量的新概念的功能器件开发。

4）射频 MEMS 技术

射频 MEMS 技术传统上分为固定的和可动的两类。固定的 MEMS 器件包括本体微机械加工传输线、滤波器和耦合器；可动的 MEMS 器件包括开关、调谐器和可变电容。按技术层面又分为由微机械开关、可变电容器和电感谐振器组成的基本器件层面；由移相器、滤波器和压控振荡器（VCO）等组成的组件层面；由单片接收机、变波束雷达、相控阵雷达天线组成的应用系统层面。

制作 MEMS 的技术包括微电子技术和微加工技术两大部分。微电子技术的主要内容有氧化层生长、光刻掩膜制作、光刻选择掺杂（屏蔽扩散、离子注入）、薄膜（层）生长、连线制作等。微加工技术的主要内容有硅表面微加工和硅体微加工（各向异性腐蚀、牺牲层）技术、晶片键合技术、制作高深宽比结构的 LIGA 技术等。利用微电子技术可制造集成电路和许多传感器。微加工技术很适合于制作某些压力传感器、加速度传感器、微泵、微阀、微沟槽、微反应室、微执行器、微机械等，这就能充分发挥微电子技术的优势，利用 MEMS 技术大批量、低成本地制造高可靠性的微小卫星。

3. 微机电系统的应用

由于MEMS器件和系统具有体积小、质量轻、功耗小、成本低、可靠性高、性能优异、功能强大、可以批量生产等传统传感器无法比拟的优点,因此在航空航天、生物医药、汽车工业、信息技术、国防军事以及几乎人们接触到的所有领域中都有着十分广阔的应用前景。

1) 航空航天

MEMS技术首先将促进航天器内传感器的微型化,使之节能、降低成本和大幅度提高系统可靠性,如在运载火箭和导弹上采用微型温度传感器、压力计等。由于这些传感器体积和能耗很小,可大量分布,使系统进行更精确的控制,在欧洲阿里安娜火箭上已采用。微机电惯性仪表的体积为立方毫米级,质量为数克,能耗一般小于2W,过载大,一般为103g以上,启动时间约1s,成本低,批量生产时可控制在10美元以内,工作寿命长达105h,易于实现数字化和智能化,可进行微惯性系统集成(陀螺、加速度计、控制线路和计算机部件等全集成,体积可控制在20mm×20mm×5mm量级,质量仅5g)。图6.50为美国洲际导弹陀螺仪。

(a) 导弹陀螺仪

(b) 民兵洲际导弹

图6.50 美国洲际导弹陀螺仪

现有战术导弹用的捷联惯性系统的体积为400mm×250mm×200mm,质量为15kg,且成本能耗大,寿命不超过100h,无法装备微型飞机、微卫星。目前用于小卫星的光纤陀螺惯性测量系统的体积、质量大且寿命短,采用MEMS技术后可减轻质量10kg,大大提高了可靠性,极大地降低了发射成本。

MEMS在微型卫星设计制造也有着重要应用。基于现有的小卫星、微卫星、纳米卫星和皮米卫星的概念,提出了全硅卫星的设计方案(图6.51),即整个卫星由硅太阳能电池板、硅导航模块、硅通信模块等组合而成,这样,整个卫星的质量缩小到以千克计算,进而大幅度降低成本,使较密集的分布式卫星系统成为现实。

2) 生物医药

生物医学领域是MEMS技术前景最为广阔的应用领域之一。应用于生物医学领域的微机电系统又名微型医疗机器人,具有体积小、容错率高、可降低手术风险等优良特性,已在部分医疗手术中进行尝试或广泛应用。微型机器人在医学领域中的应用具体有以下几方面:"血管清洁工",该类微型机器人可以进入血管内清理主动脉管壁上堆积的脂肪,疏通患脑血栓病人阻塞的血栓,如图6.52所示。"胶囊内镜"是集图像处理、信息通信、光电工程、生物医学等多学科技术为一体的典型的MEMS高科技产品,由智能胶囊、图像记录仪、手持无线监视仪、影像分析处理软件等组成。患者像服药一样用水将智能胶囊吞下后,它即随着

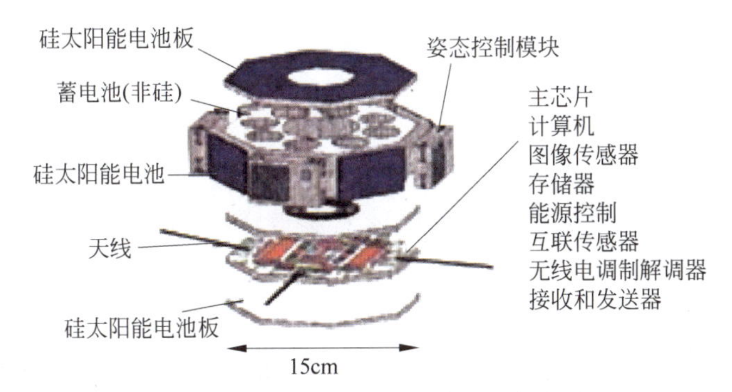

图 6.51 美国提出的硅固态卫星概念图

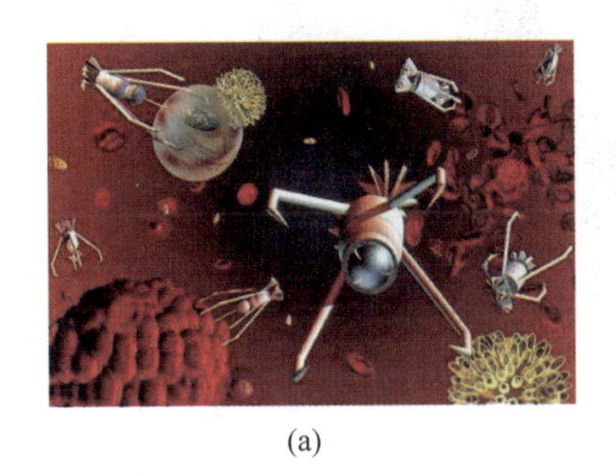

(a)

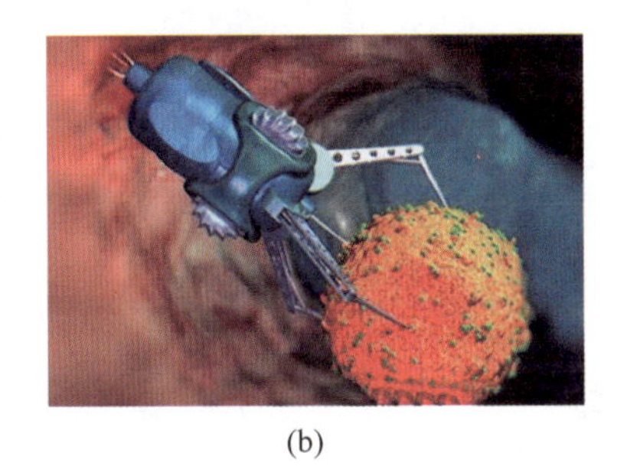

(b)

图 6.52 医用微型机器人

胃肠肌肉的运动节奏沿着胃→十二指肠→空肠与回肠→结肠→直肠的方向运行，同时对经过的腔段连续摄像，并以数字信号传输图像给患者体外携带的图像记录仪进行存储记录，工作时间达6～8h，在智能胶囊吞服8～72h后就会随粪便排出体外。医生通过影像工作站分析图像记录仪所记录的图像就可以了解患者整个消化道的情况，从而对病情做出诊断。图6.53为“胶囊内镜”消化道影像无线检测系统。“眼科医生”，外科医生可以通过遥控微型机器人更精确地完成毫米级的近视矫正手术或视网膜手术，与传统手术相比更为细致与安全；低损伤用机器人，生物大分子的厚度为纳米量级，长为微米量级，而微型机器人约为几十微米甚至更小，适用于此范围之内，因而适合用以定向投放药物、操作生物大分子。另外，

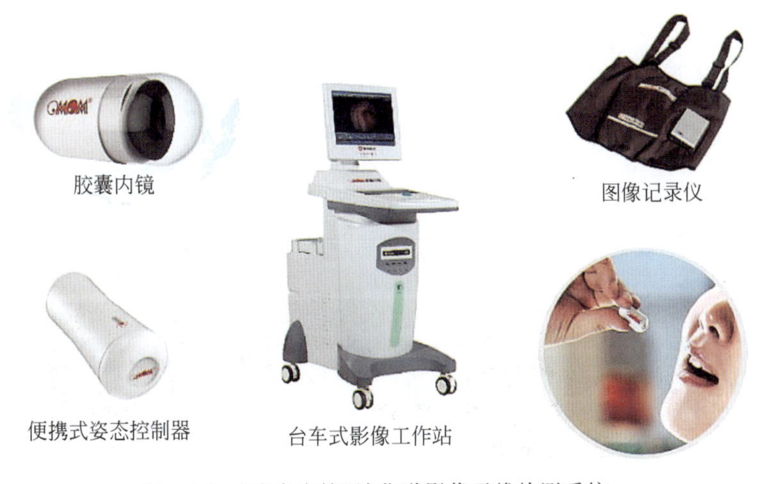

图 6.53 “胶囊内镜”消化道影像无线检测系统

临床化验和司法鉴定、遗传诊断所需要的各种微阀、微泵、微器皿都属于MEMS技术制造的范畴。

3）汽车工业

在安全系统中的应用：智能皮囊系统、头灯光线定向系统、防盗系统、乘员检测系统、主动安全系统；在发动机和动力系统中的应用：各种各样的MEMS传感器被应用在现代汽车的发动机上，包括气流控制、排气分析和控制、燃料泵压力控制、机轴定位等。图6.54为汽车安全气囊。

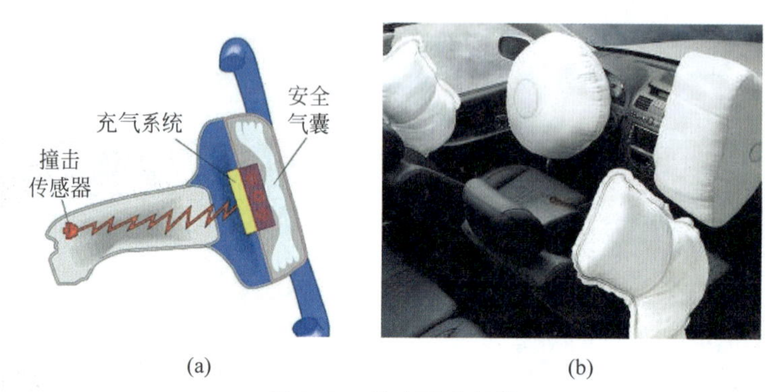

(a) (b)

图6.54 汽车安全气囊

4）信息技术

MEMS的最高目标是从信息获取到处理再到执行的全过程均实现集成化。目前MEMS在信息技术领域的相关研发已步入正轨，许多用于通信系统的MEMS器件工艺已日趋成熟，如光解调器、光调制器、光纤驻准器、集成光编码器等。与传统光纤通信元器件相比，MEMS元器件具有对比度大，性能与波长、极化情况无关，串扰小等优势。目前MEMS在信息技术领域主要应用于微型智能机器人，其工作原理为用微陀螺装在机器人半球磁头上以稳定其运动，使其在磁道上的运行精度大大提高，提高磁盘的磁道密度，增大信息存储量。

5）国防军事

现代战争，军用武器装备小型化是重要的发展趋势。MEMS作为武器中最精华的部分，在武器装备中的应用包括武器制导和个人导航的惯性组合，超小型无线信号的机电信号处理，军备跟踪，环境监控，小型分析仪器，高密度、低功耗的集成流量系统等，对未来的世界发展都产生了很大的影响。除此之外，很多MEMS机器人也应运而生，固定型微机器人、机动式微机器人、生物型微机器人等的发展将有可能改变未来战场。图6.55为军用微型无人侦察机。

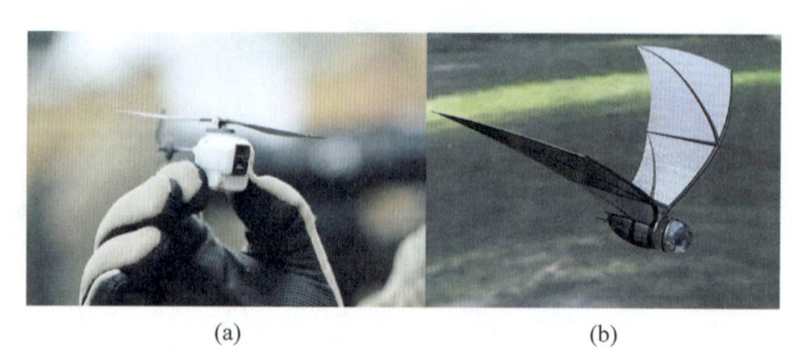

(a) (b)

图6.55 军用微型无人侦察机

第 7 章

车 辆 工 程

7.1 概　　述

7.1.1 车辆工程专业概述

车辆工程是研究汽车、拖拉机、机车车辆、军用车辆及其他工程车辆等陆上移动机械的理论、设计及制造技术，涵盖现代机械、新材料、新能源、电子信息、计算机、智能科学等多种高新技术的综合性学科和工程技术领域。车辆工业及交通运输行业是国家经济建设支柱产业，并对农业现代化和国防装备现代化具有重大的影响。

车辆工程专业主要要求学生系统学习和掌握机械设计与制造的基础理论，学习电子电路技术、计算机应用技术和信息处理技术的基本知识，受到现代机械工程的基本训练，具有进行机械和车辆产品设计开发、生产制造、测试控制、生产组织管理的基本能力。本专业学生可从事与车辆工程有关的产品设计开发、生产制造、实验检测、应用研究、技术服务、经营销售、管理等方面的工作。

关于车辆工程专业，教育部编写的《普通高等学校本科专业目录和专业介绍》中详细描述如下。

080207 车辆工程

培养目标：本专业培养具备车辆工程基础知识和专业技能，能在企业、高校及科研院所从事车辆设计、制造、实验、检测、管理、科研及教学等工作的车辆工程领域复合型高级工程技术人才。

培养要求：本专业学生主要学习机械工程、电工电子技术、车辆构造与原理、车辆设计与理论、车辆试验测试技术和车辆电子控制等方面的基本理论和专业知识，接受车辆工程师基本训练，具备从事车辆设计、制造、实验、检测及管理等工作的基本能力。

毕业生应获得以下几方面的知识和能力：

(1) 掌握机械工程、工程力学、电工电子技术、计算机应用技术、自动化、测试技术、市场经济及企业管理等机械工程基本理论和基本知识；

(2) 掌握车辆构造、理论、设计、电子控制等专业知识和车辆产品设计制造方法；

(3) 具有工程制图、计算、试验、测试、计算机应用、文献检索的基本能力，并具备一定的综合运用所学知识分析和解决车辆产品的设计开发、技术升级改造与创新的能力；

(4) 了解机械工程和车辆工程学科的前沿技术、发展动态和行业需求；

(5) 了解国家车辆工程领域的技术标准，相关行业的政策、法律和法规；

(6) 具有一定的车辆工程相关领域科学研究、科技开发、组织管理能力；

(7) 具有一定的自然科学、人文社会科学和工业美学的知识基础；

(8) 具有一定的国际视野和较强的交流沟通能力；

(9) 具有终身教育的意识和继续学习的能力。

主干学科：机械工程、力学、控制科学与工程。

核心知识领域：工程图学、工程力学、机械设计基础、机械制造基础、控制工程基础、车辆理论、车辆设计、车辆构造、车辆试验学等。

主要实践性教学环节：金工实习、市场调查与商务实习、课程设计、生产实习、科技创新与社会实践、毕业设计(论文)等。

主要专业实验：车辆构造拆装实习、发动机台架试验、车辆液压与气压传动实验、车辆电器与电子技术实验、车辆性能台架试验、车辆道路性能综合实验等。

修业年限：四年。

授予学位：工学学士。

7.1.2 汽车的总体构造

汽车是由动力装置驱动，具有四个或四个以上车轮的非轨道无架线的车辆。

1. 汽车的基本组成

汽车是由成千上万个零件所组成的结构复杂的交通载运工具。根据其动力装置、使用条件等不同，汽车的具体构造有很大的差别，但总体结构通常由发动机、底盘、车身及电器与电子设备四大部分组成。典型轿车的总体构造如图7.1所示。

图7.1 典型轿车的总体结构

1) 发动机

发动机是将输送进来的燃料燃烧而产生动力的部件，是汽车的动力装置。现代汽车上广泛应用的发动机是往复活塞式汽油和柴油内燃机，它们通常由曲柄连杆机构、配气机构、燃油供给系统、冷却系统、润滑系统、点火系统和起动系统组成。

2) 底盘

底盘是接受发动机的动力，使汽车运动并按驾驶人的操纵正常行驶的部件。它是汽车的基体，发动机、车身、电器与电子设备以及各种附属设备都直接或间接地安装在底盘上，主要由传动系统、行驶系统、转向系统和制动系统四大部分组成。

3）车身

车身是驾驶人工作的场所，也是装载乘客和货物的部件。它有承载式车身和非承载式车身之分。车身主要包括发动机罩、车身本体，还包括货车的驾驶室和货箱，以及某些汽车上的特种作业设备。

4）电器与电子设备

电器与电子设备由电源和用电设备组成，包括发电机、蓄电池、起动系统、点火系统、照明设备、信号装置和仪表等。此外，现代汽车上还大量采用了各种微机控制系统和人工智能装置，如电子燃油喷射、自动变速、巡航控制、制动防抱死、驱动防滑、车身稳定控制、车身高度调节、智能网联、智能无人驾驶、故障自诊断等系统，显著提高了汽车的使用性能。

2. 汽车传动系统的布置

汽车传动系统的布置形式主要与发动机的位置及汽车的驱动形式有关，常见的布置形式有以下几种。

1）发动机前置、后轮驱动

发动机前置、后轮驱动(front-engine rear-drive，FR)的布置形式如图 7.2 所示。发动机安置在汽车前部，后轮为驱动轮。发动机发出的动力经过离合器、变速器和传动轴传到后驱动轮。这种布置形式目前广泛用在普通载货汽车上，因为载货汽车装载偏向后轮，采用后轮驱动的附着力大，易获得足够的牵引力。

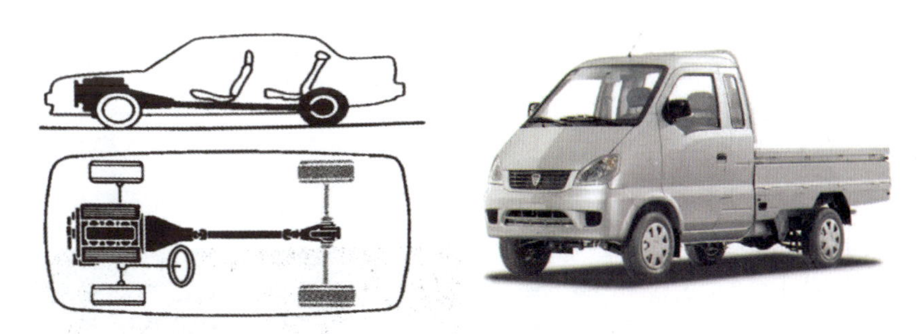

图 7.2　发动机前置、后轮驱动的布置形式

2）发动机前置、前轮驱动

发动机前置、前轮驱动(font-engine front-drive，FF)的布置形式如图 7.3 所示。发动机

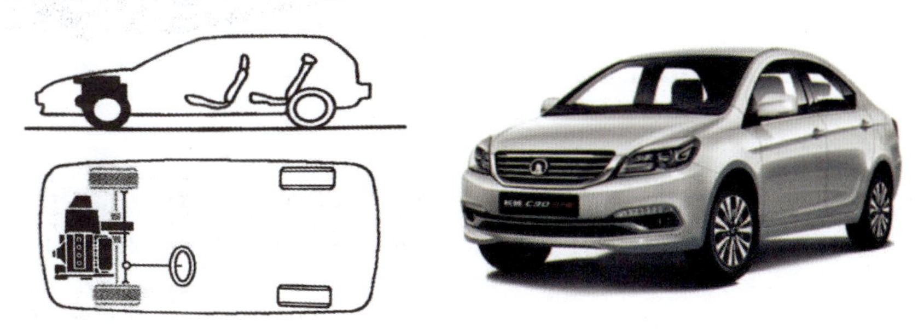

图 7.3　发动机前置、前轮驱动的布置形式

安置在汽车前部,前轮为驱动轮。由于取消了纵贯前后的传动轴,车身底板高度可以降低,有助于提高汽车高速行驶时的稳定性。整个传动系统集中在汽车前部,因而其传动装置比较简单。这种布置形式目前已在微型和普及型轿车上广泛应用,在中、高级轿车上的应用也日渐增多。

3) 发动机后置、后轮驱动

发动机后置、后轮驱动(rear-engine rear-drive,RR)的布置形式如图7.4所示。发动机安置在汽车后部,后轮为驱动轮。这种布置形式多用在大型客车上,因为这种布置形式更容易做到汽车总质量在前、后车轴之间的合理分配。这种布置形式具有室内噪声小、空间利用率高等优点。但是在此情况下,发动机冷却条件较差,发动机、变速器、离合器的操纵机构都较复杂。

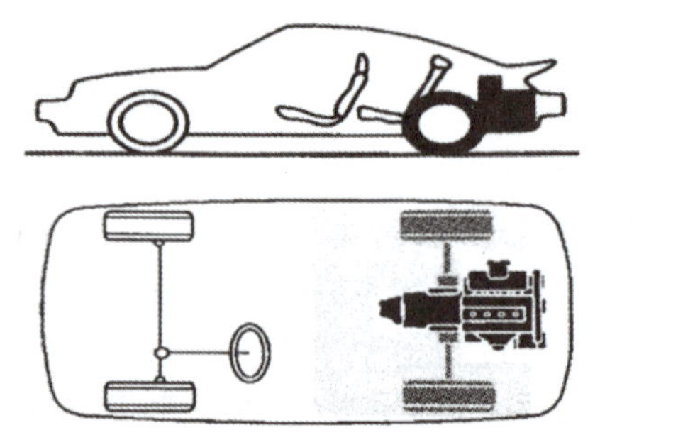

图7.4 发动机后置、后轮驱动的布置形式

4) 发动机中置、后轮驱动

发动机中置、后轮驱动(middle-engine rear-drive,MR)的布置形式如图7.5所示。发动机安置在驾驶室后面的汽车中部,后轮为驱动轮。这种布置形式有利于实现前、后轴较为理想的轴载分配,是赛车和部分大、中型客车采用的布置形式。

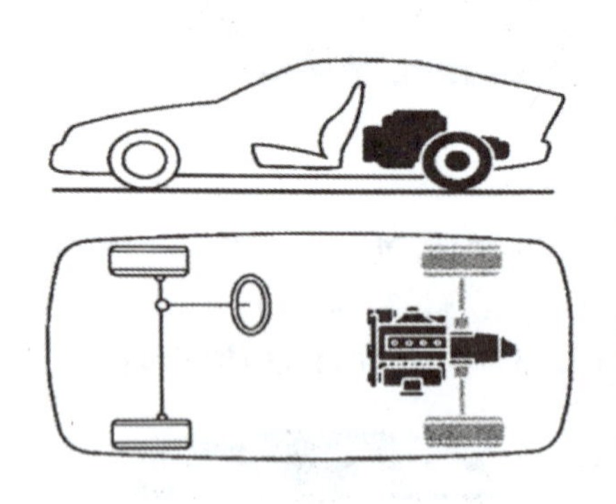

图7.5 发动机中置、后轮驱动的布置形式

5) 发动机前置、四轮驱动

发动机前置、四轮驱动(four wheel drive,4WD)也称为全轮驱动,其布置形式如图7.6所示。为了充分利用所有车轮与地面之间的附着条件,以获得尽可能大的牵引力,越野汽车采用全轮驱动。为了将发动机传给变速器的动力分配给前、后两驱动桥,在变速器后增设了分动器。

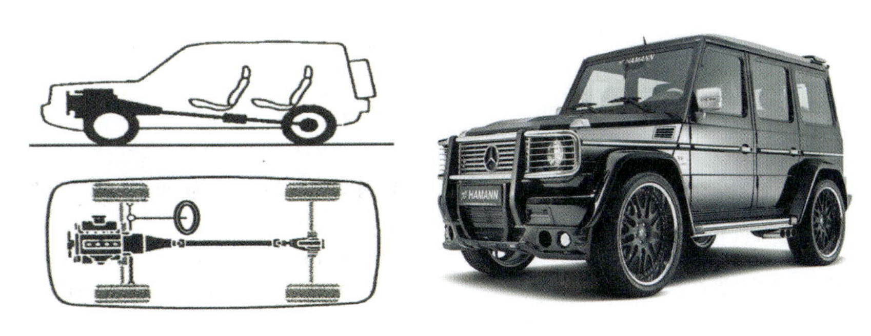

图7.6　发动机前置、四轮驱动的布置形式

7.1.3　汽车的分类

1. 依据GB/T 3730.1—2001《汽车和挂车类型的术语和定义》分类

依据GB/T 3730.1—2001《汽车和挂车类型的术语和定义》，汽车按照用途分为两大类：一类是主要作为私人代步工具的乘用车；另一类是以商业运输为目的的商用车。

1）乘用车

乘用车在设计和技术特性上主要用于载运乘客及其随身行李或临时物品，包括驾驶人座位在内最多不超过9个座位。乘用车可分为普通乘用车、活顶乘用车、高级乘用车、小型乘用车、敞篷车、仓背乘用车、旅行车、多用途乘用车、短头乘用车、越野乘用车和专用乘用车。

2）商用车

商用车在设计和技术特性上用于运送人员和货物。用于载运乘客及其随身行李的商用客车，包括驾驶人座位在内，座位数超过9座，分为小型客车、城市客车、长途客车、旅游客车、铰接客车、无轨电车、越野客车和专用客车。用于载运货物的商用车分为普通货车、多用途货车、全挂牵引车、越野货车、专用货车和专用作业车。

2. 依据GB/T 15089—2001《机动车辆及挂车分类》分类

GB/T 15089—2001《机动车辆及挂车分类》按乘客座位数及汽车总质量对汽车进行分类，将汽车分为M类、N类、O类、L类和G类。

1）M类

M类汽车是至少有4个车轮且用于载客的机动车辆，可分为M1类、M2类和M3类。M1类：包括驾驶人座位在内，座位数不超过9座的载客车辆；M2类：包括驾驶人座位在内，座位数超过9个，且最大设计总质量不超过5000kg的载客车辆；M3类：包括驾驶人座位在内，座位数超过9个，且最大设计总质量超过5000kg的载客车辆。

2）N类

N类汽车是至少有4个车轮且用于载货的机动车辆，可分为N1类、N2类和N3类。N1类：最大设计总质量不超过3500kg的载货车辆；N2类：最大设计总质量超过3500kg，但不超过12000kg的载货车辆；N3类：最大设计总质量超过12000kg的载货车辆。

另外,还有O类、L类和G类。O类为挂车(包括半挂车),L类为两轮或三轮机动车辆,G类为越野车。

汽车还可按动力装置的不同,分为内燃机汽车、电动汽车和混合动力汽车;按行驶道路条件的不同,分为公路用车和非公路用车;汽车也可按驱动轮的数量、发动机在汽车中的位置等进行分类。

7.1.4 汽车行驶的基本原理

要使汽车行驶,必须具备两个基本行驶条件:驱动条件和附着条件。

1. 驱动条件

汽车必须具有足够的驱动力,以克服各种行驶阻力,才能正常行驶。

汽车的驱动力来自发动机,驱动力的产生原理如图7.7所示。发动机发出的功率经过汽车传动系统施加给驱动车轮的转矩为 M_t,力图使驱动车轮旋转。在 M_t 的作用下,驱动车轮与路面接触处对地面施加一个作用力 $\boldsymbol{F}_0$ 其方向与汽车行驶方向相反,其数值为 $\boldsymbol{M}_t$,与车轮滚动半径 r 之比,即

$$\boldsymbol{F}_0=\boldsymbol{M}_t/r \tag{7.1}$$

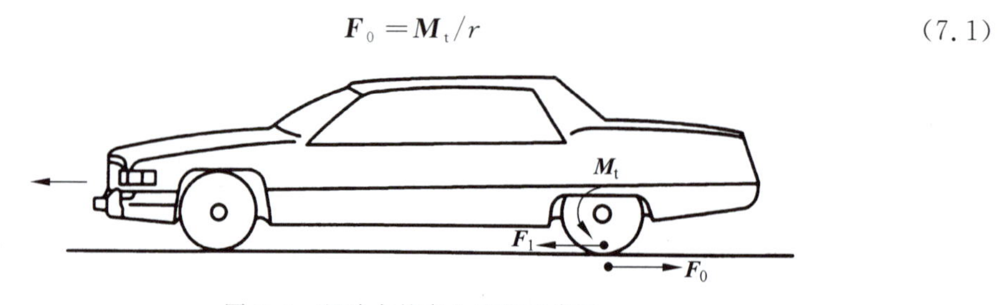

图7.7 驱动力的产生原理示意图

与此同时,地面对车轮施加一个与 $\boldsymbol{F}_0$ 大小相等、方向相反的反作用力 $\boldsymbol{F}_t$,这就是使汽车行驶的驱动力。图中把 $\boldsymbol{F}_0$ 与 $\boldsymbol{F}_t$ 绘在了不同的物体上,其实它们应在同一直线上。

汽车的行驶总阻力 $\sum \boldsymbol{F}$ 包括滚动阻力 $\boldsymbol{F}_f$、空气阻力 $\boldsymbol{F}_w$、上坡阻力 $\boldsymbol{F}_i$ 和加速阻力 $\boldsymbol{F}_j$,即

$$\sum \boldsymbol{F}=\boldsymbol{F}_f+\boldsymbol{F}_w+\boldsymbol{F}_i+\boldsymbol{F}_j \tag{7.2}$$

滚动阻力 $\boldsymbol{F}_f$ 是由于车轮滚动时轮胎与路面在两者的接触区域发生变形而产生的,它与汽车的总质量、轮胎的结构与气压以及路面的性质有关;空气阻力 $\boldsymbol{F}_w$ 是由于汽车行驶时与其周围的空气相互作用而产生的,它与汽车的形状、汽车的正面投影面积、汽车与空气相对速度的平方成正比;上坡阻力 $\boldsymbol{F}_i$ 是汽车重力沿坡道向下的分力;加速阻力 $\boldsymbol{F}_j$ 是汽车加速行驶时克服其质量加速运动的惯性力。

汽车行驶的过程是驱动力克服各种阻力的变化过程。当 $\boldsymbol{F}_t=\sum \boldsymbol{F}$ 时,汽车匀速行驶;当 $\boldsymbol{F}_t>\sum \boldsymbol{F}$ 时,汽车加速,同时空气阻力也随车速的增大而增大,在某个较高车速处达到新的平衡后匀速行驶;当 $\boldsymbol{F}_t<\sum \boldsymbol{F}$ 时,汽车减速直至停驶。

2. 附着条件

汽车能否充分发挥其驱动力，还受到车轮与路面之间附着作用的限制。在平整的干硬路面上，汽车附着性能的好坏决定于轮胎与路面间摩擦力的大小。这个摩擦力阻止车轮在地面上的滑动，使车轮能够正常地向前滚动并承受路面的驱动力。如果驱动力大于轮胎与路面间的摩擦力，车轮与路面之间就会发生滑转。在松软的路面上，除了轮胎与路面间的摩擦阻止车轮滑转外，嵌入轮胎花纹凹处的软路面凸起部分还起一定的抗滑作用。通常把车轮与路面之间的相互摩擦以及轮胎花纹与路面凸起部分的相互作用综合在一起，称为附着作用。

由附着作用决定的阻碍车轮滑转的最大力称为附着力，用 $\boldsymbol{F}_{\varphi}$ 表示。附着力的大小与车轮所承受的垂直于路面的法向力 $\boldsymbol{G}$(附着重力)成正比，即

$$\boldsymbol{F}_{\varphi}=\boldsymbol{G}\varphi \tag{7.3}$$

式中，$\boldsymbol{G}$ 为附着重力，即汽车总重力分配到驱动轮上的那部分力；φ 为附着系数，其值与轮胎的类型及路面的性质有关，一般由试验确定。例如，良好的混凝土和沥青路面，干燥时 φ 为 0.7～0.8，潮湿时 φ 为 0.5～0.6；土路干燥时 φ 为 0.5～0.6，潮湿时 φ 为 0.2～0.4。

由此可知，附着力是汽车所能发挥驱动力的极限，汽车行驶的附着条件为

$$\boldsymbol{F}_{t}\leqslant\boldsymbol{F}_{\varphi} \tag{7.4}$$

在冰雪或泥泞路面上，由于附着力很小，汽车的驱动力受到附着力的限制而不能克服较大的阻力，导致汽车减速甚至不能前进。即使增加节气门开度，或将变速器换入低挡，车轮也只会在地面上滑转而驱动力仍不能增大。为了增加车轮在冰雪路面上的附着力，可采用特殊花纹的轮胎、镶钉轮胎或在普通轮胎上绕装防滑链，以提高其对冰雪路面的抓着能力。非全轮驱动汽车的附着重力仅为分配到驱动轮上的那部分汽车总重力；而全轮驱动汽车的附着重力则是全车的总重力，因而其附着力较前者显著增大。

7.1.5 汽车的特征参数与性能指标

1. 汽车的主要特征参数

1) 质量参数

整备质量：汽车完全装备好(但不包括货物、驾驶人及乘客)的质量。除了包括发动机、底盘和车身外，还包括燃料、润滑油、冷却水、随车工具和备用轮胎等的质量。

装载质量：载货汽车在硬实、良好的路面上行驶时所允许的最大额定装载质量。客车和轿车的装载质量一般以乘坐人数表示，其额定载客人数即为车上的额定座位数。

总质量：汽车在满载时的总质量，即汽车整备质量与装载质量之和。

2) 尺寸参数

汽车的主要尺寸参数有轴距、轮距、车长、车宽、车高、前悬、后悬、接近角 γ_1、离去角 γ_2 和最小离地间隙等(图 7.8)。

(1) 轴距：轴距指车轴之间的距离。对于双轴汽车，轴距是指前、后轴之间的距离；对于三轴汽车，轴距是指前轴与中轴之间的距离和前轴与后轴之间的距离的平均值。汽车轴

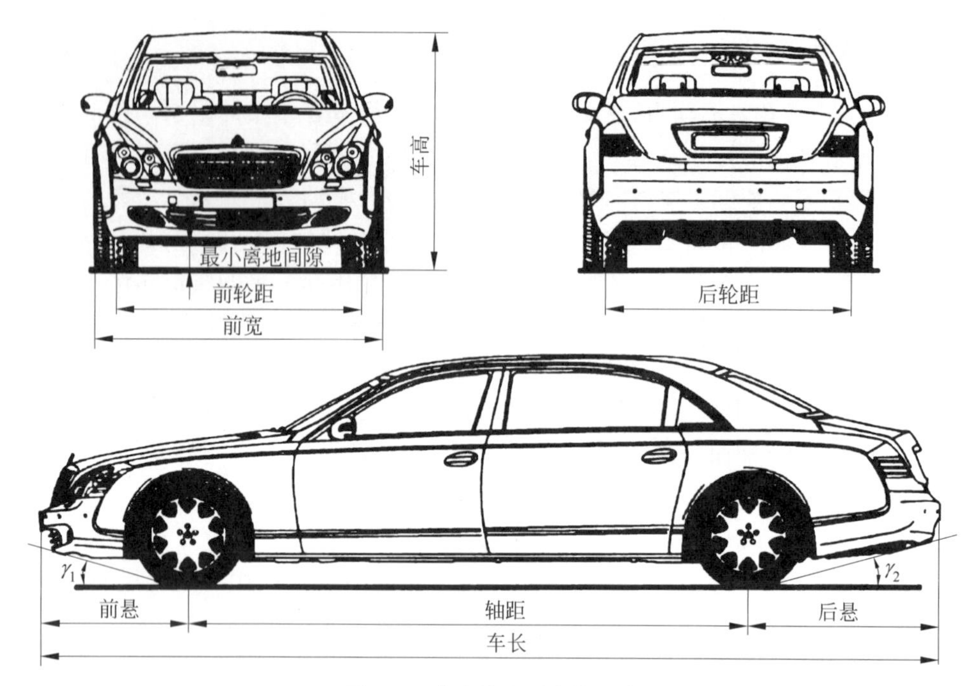

图 7.8 汽车的主要参数尺寸

距短,汽车总长就短,质量就小,最小转弯半径和纵向通过半径也小,机动灵活。但是,轴距过短会导致车厢长度不足或后悬过长,汽车行驶时纵向振动过大,汽车加速、制动或上坡时轴荷转移过大而导致其制动性和操纵稳定性变差。

(2) 轮距:汽车轮距对总宽、总质量、横向稳定性和机动性都有较大影响。轮距越大,则悬架的宽度越大,汽车的横向稳定性越好。但轮距过大会使汽车的总宽和总质量过大。

(3) 汽车的外廓尺寸:汽车的外廓尺寸指车长、车宽和车高。各国对公路运输车辆的外廓尺寸都有法规限制,以便使其适应该国的公路、桥梁、涵洞和铁路运输的有关标准。我国对公路车辆的限制尺寸是:总高不大于4m;总宽(不包括后视镜)不大于2.5m,左、右后视镜等凸出部分的侧向尺寸总共不大于250mm;总长对于载货汽车及越野汽车不大于12m,牵引汽车带半挂车不大于16m,汽车拖带挂车不大于20m,挂车不大于8m,大客车不大于12m,铰接式大客车不大于18m。

(4) 汽车的前悬和接近角:汽车的前悬指汽车前端至前轮中心的悬置部分。接近角指汽车前端凸出点向前轮引切线与地面的夹角(图7.8中γ_1角)。前悬不宜过长,以免汽车的接近角过小而影响通过性。

(5) 汽车的后悬和离去角:汽车的后悬指汽车后端至汽车后轮中心的悬置部分。离去角指汽车后端凸出点向后轮引切线与地面的夹角(图7.8中γ_2角)。后悬不宜过长,以免使汽车的离去角过小而引起上、下坡时刮地,同时转弯也不灵活。

(6) 最小离地间隙:最小离地间隙指车体最低点与地面的距离。最小离地间隙必须确保汽车在崎岖道路、上下坡行驶时的通过性,即保证不刮底。但最小离地间隙大也意味着重心高,影响操控性。

2. 汽车的主要性能指标

汽车性能指汽车满足使用要求的程度，也是衡量汽车好坏的重要指标。通常用来评定汽车性能的指标有动力性、燃油经济性、制动性、操控稳定性、行驶平顺性和通通过性等。

1）动力性

汽车的动力性是汽车各种性能中最基本、最重要的性能，主要用以下三方面的指标来评定。

（1）汽车的最高车速：最高车速指在水平良好的路面上汽车能达到的最高行驶车速。此时，发动机的节气门全开，变速器应挂入最高挡。

（2）汽车的加速时间：加速时间表示汽车的加速能力，常用原地起步加速时间和超车加速时间来表明汽车的加速能力。原地起步加速时间是指汽车由1挡或2挡起步，并以最大的加速度（包括选择恰当的换挡时机）逐步换至最高挡后，达到某一预定的距离或车速所需的时间。一般常用0～1/4mile(1mile＝1609.344m)或0～400m所需时间来表示汽车原地起步加速时间；也有用0～60mile/h或0～100km/h所需时间来表示加速时间。超车加速时间是指用最高挡或次高挡由某一较低车速全力加速至某一高速所需的时间。因为超车时汽车与被超汽车并行，容易发生安全事故，所以超车加速能力强，并行距离就短，行驶就安全。

（3）汽车的爬坡能力：汽车的爬坡能力用满载时汽车在良好路面上以1挡行驶时的最大爬坡度 i_{max} 表示（如果汽车能爬上角度为 θ 的坡，则 $i_{max}=\tan\theta\times100\%$）。轿车经常在较好的路面上行驶，因此一般不强调它的爬坡能力。而载货汽车经常要在各种道路上行驶，所以必须具备足够的爬坡能力，一般 i_{max} 在30%（约为16.7°）左右。越野汽车要在坏路或无路条件下行驶，因而爬坡能力是一个很重要的指标，它的最大爬坡度可达60%（约为30°）左右或更高。

2）燃油经济性

汽车以尽可能少的燃油消耗量经济行驶的能力，称为汽车的燃油经济性。汽车的燃油经济性常用一定运行工况下汽车行驶百公里的燃油消耗量或一定燃油量汽车行驶的里程来衡量。在我国及欧洲，燃油经济性指标的单位为L/100km，即行驶100km所消耗的燃油体积(L)数，该数值越大，汽车燃油经济性越差。美国为MPG(mile/gal(1gal＝3.785L))这个数值越大，汽车燃油经济性越好。

等速行驶百公里燃油消耗量是常用的一种评价指标，指汽车在一定载荷（我国标准规定轿车为半载、载货汽车为满载）下，以最高挡在水平良好路面上等速行驶100km的燃油消耗量。常测出每隔10km/h或20km/h速度间隔的等速百公里燃油消耗量，然后在图上连成曲线，称为等速百公里燃油消耗量曲线。

等速行驶工况并不能全面反映汽车的实际运行情况，特别是在市区行驶中频繁出现的加速、减速、怠速以及停车等行驶工况。因此，在对实际行驶车辆进行跟踪测试统计的基础上，各国都制定了一些典型的循环行驶试验工况来模拟实际汽车运行状况，并以百公里燃油消耗量(或MPG)来评定相应行驶工况的燃油经济性。

3）制动性

汽车行驶时能在短距离内减速停车且维持行驶方向的稳定性，在下长坡时能维持一定车速的能力,以及在一定坡道上能长时间停车不动的驻车性能,称为汽车的制动性。汽车的制动性主要由下列三个方面的性能来评价。

(1) 制动效能:制动效能是指在良好路面上,汽车以一定初速度制动到停车的制动距离或制动时汽车的减速度,它是制动性能最基本的评价指标。

(2) 制动效能的恒定性:制动效能的恒定性主要指抗热衰退性,即汽车高速行驶制动或下长坡连续制动时制动效能保持的程度。因为制动过程实际上是把汽车行驶的动能以及下坡的势能通过制动器转变为热能,所以制动器温度升高后能否保持在冷态时的制动效能,是制动器的重要性能指标。此外,涉水行驶后,制动器还存在水衰退性问题。

(3) 制动时的方向稳定性:制动时的方向稳定性是指汽车在制动时按照指定轨迹行驶的能力,即制动时汽车不发生跑偏、侧滑以及失去转向能力。若制动时发生跑偏、侧滑或失去转向能力,则汽车将偏离原来的路径,这对行车安全影响极大。

4) 操控稳定性

汽车的操控稳定性是指在驾驶人不感到过分紧张、疲劳的条件下,汽车能遵循驾驶人通过转向系统及转向车轮给定的方向行驶,且当遭遇外界干扰时,汽车能抵抗干扰而保持稳定行驶的能力。

随着道路的不断改善,特别是现代高速公路的发展,汽车以 100km/h 或更高车速行驶的情况是常见的,许多轿车设计的最高车速常超过 200km/h。汽车的操控稳定性不仅影响到汽车驾驶的操控方便程度,而且也是决定高速汽车安全行驶的一个主要性能。

5) 行驶平顺性

汽车行驶时,由于路面不平以及发动机、传动系统和车轮等旋转部件都会引起汽车的振动。通常,路面不平是汽车振动的基本输入。因此,行驶平顺性主要是指路面不平引起的汽车振动。

汽车行驶平顺性是指汽车在行驶过程中产生的振动和冲击对乘员舒适性的影响应保持在一定限度之内。因此,行驶平顺性主要根据乘员主观感觉的舒适性来评价。由于行驶平顺性主要是根据乘坐的舒适度来评价的,所以它又称为乘坐舒适性。对于载货汽车还包括保持货物完好的性能。

汽车行驶平顺性主要与汽车悬架系统的参数密切相关,即与悬架的刚度、阻尼、车身质量、车轮质量以及车轮刚度有关。改善行驶平顺性主要是使汽车的振动频率按人体对不同频率的感受程度保持在一定界限内。

6) 通过性

汽车的通过性是指汽车能以足够高的平均车速通过各种坏路和无路地带及各种障碍的能力。汽车的通过性主要取决于地面的物理性质及汽车的结构参数和几何参数。同时,它还与汽车的其他性能,如动力性、平顺性、机动性、稳定性、视野性等密切相关。

由于汽车与地面的间隙不足而被地面托住、无法通过的情况,称为间隙失效。当汽车前端或尾部触及地面而不能通过时,则分别称为触头失效或托起失效。与间隙失效、触头失效以及托起失效有关的汽车整车几何参数,称为汽车的通过性几何参数。例如,最小离地间隙 C、纵向通过半径 ρ_1、横向通过半径 ρ_2、接近角 γ_1、离去角 γ_2 等,如图 7.9 所示。

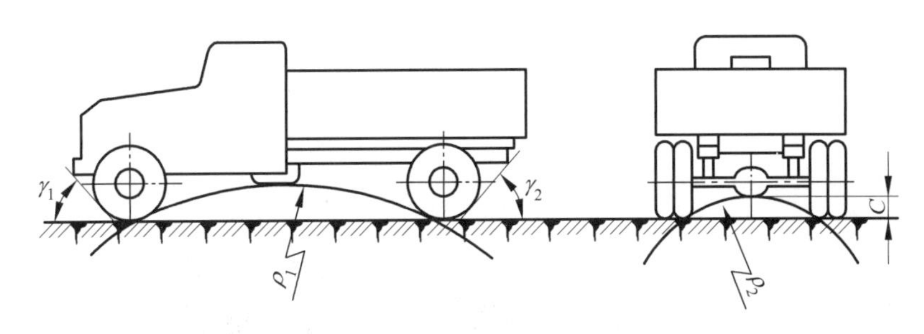

图 7.9　汽车的通过性几何参数

7.2　汽车的产生及发展

7.2.1　蒸汽机的发明

1712 年,英国人托马斯·纽科门发明了蒸汽机,用来驱动一台抽水机将矿井中的水抽出,被称为纽科门蒸汽机。

1757 年,木匠出身的技工詹姆斯·瓦特被英国格拉斯哥大学聘为实验室技师,有机会接触了纽科门蒸汽机,并对纽科门的蒸汽机产生了兴趣。

1763 年,瓦特在修理蒸汽机模型时发现,纽科门的蒸汽机只利用了气压差,没有利用蒸汽的张力,因此热效率低,燃料消耗大,他下决心对纽科门蒸汽机进行改进。

1769 年,瓦特与博尔顿合作,发明了装有冷凝器的蒸汽机(图 7.10)。

1774 年 11 月,他俩又合作制造了真正意义的蒸汽机。蒸汽机推动了机械工业甚至社会的发展,并为汽轮机和内燃机的发展奠定了基础。

图 7.10　瓦特在改良蒸汽机

7.2.2　汽车早期探索

1. 蒸汽汽车

蒸汽汽车的诞生,无疑是人类利用动力机械的一大突破,从此,人们靠燃料的燃烧就可以得到源源不断的动力。世界上最初可载人的汽车就是以蒸汽机作为动力装置的蒸汽汽车。

1769 年,法国的炮兵工程师尼古拉斯·古诺将一台简陋的蒸汽机装在一辆木制的三轮车上,准备用它来牵引大炮,如图 7.11 所示。这是一辆用来拉炮的蒸汽三轮车,一个硕大的钢制锅炉被放置在前轮的前方,锅炉后边有两个 50L 的气缸。锅炉产生的蒸汽被送到两个气缸中,推动气缸内的活塞上下运动,并通过简单的曲拐把活塞的运动传给前轮,使前轮转动,车辆行走。由于蒸汽机的效率很低,锅炉供气不足,车辆只能走走停停,每行驶 15min 停车一次,然后用 15min 时间加水、燃烧,产生蒸汽再继续行驶,时速 3.5km。试车时,由于前轮(转向轮)压着很重的锅炉，操纵转向很费力，在下坡时车辆失去了控制，撞到兵工厂的墙上，车辆受到了严重损坏。尽管如此，这次尝试毕竟使汽车朝向实用化方向迈出了第一步，开创了轮式车辆用自备动力装置进行驱动的新纪元，为今后汽车的诞生奠定了基础。

到了19世纪中叶，出现了一个蒸汽汽车的全盛时期。

图7.11 尼古拉斯·古诺发明的蒸汽汽车

2. 电动汽车

1821年，英国物理学家麦克尔·法拉第发明了原始的电动机，随后他又发明了发电机和变压器，这三项发明又促成了发电厂和电动机械的发明与应用，使人类迈入了前所未有的电气时代。

电动汽车是以电气为主体的，它是蒸汽汽车与内燃机汽车两个时代交替时出现的。早在1830年就有人研究电动汽车。大约到1860年前后，由于铅蓄电池的商品化，为开发电动汽车创造了有利条件。1873年，英国人罗伯特·戴维森在马车的基础上制成了第一辆具有实用价值的、用蓄电池驱动的电动汽车。1881年，法国巴黎出现了第一辆蓄电池三轮车。随后欧洲各国相继生产出各类电动汽车。到19世纪末，电动汽车在欧洲已相当普及。图7.12为早期的电动汽车。

(a)

(b)

图7.12 早期的电动汽车

电动汽车后来迅速被内燃机超越，并开始了持续100年的历史沉默。一方面是内燃机技术发展很快，转速提高，功率上升，质量减轻，故障减少；而另一方面是电动汽车存在诸多不足：汽车造价昂贵，蓄电池充电慢而费用高，续驶里程短。所以电动汽车退居一隅，仅在某些特殊的、不宜采用内燃机的地方(如仓库内、坑道中)继续得到应用。

20世纪60年代以后，由于汽车的普及导致的两大问题使人们的眼光重新转向电动汽车：一是石油危机，即世界总的石油储量难以长期支持高速发展的内燃机汽车的石油消费；二是环境保护，汽车排放的有害气体严重污染大气，直接威胁着人类的健康和赖以生存的环境。电动汽车既可广泛利用各种能源，又可在行驶中不产生有害排放，噪声也低，正好克服内燃机汽车的缺点。在20世纪七八十年代，世界各主要工业发达国家的政府和各主要汽车公司投入巨大的人力、物力来研究、试验、试用电动汽车，20世纪90年代更成为热点。21世纪的现在，电动汽车正逐步走向实用。

3. 内燃机汽车

蒸汽汽车的缺陷促使人们寻求一种质量轻、功率大，可直接使燃料在气缸中燃烧做功的内燃机作为汽车动力装置。

1794年，英国人斯垂特首次提出了燃料与空气混合成可燃混合气的原理。

1807年，瑞士人里瓦兹制成了电火花点火的煤气机，但配气和点火是手动的。

1820年，英国人塞西尔成功研制出连续运转的煤气机。

1824年，法国人萨迪·卡诺提出了热机的循环理论。

1838年，英国人巴尼特发明了内燃机点火装置，并研制成功原始的两冲程煤气机。

1860年，法国技师雷诺尔研制了第一台二冲程实用型煤气机，该发动机不压缩混合气，用电火花点火，内燃机从此开始商品化生产。

1862年，法国铁路工程师罗彻斯发表了等容燃烧的四冲程发动机理论，并指出压缩混合气是提高热效率的重要措施。

1866年，德国工程师尼古拉斯·奥托在前人很多发明和制造技术的基础上，成功地研制出史上具有划时代意义的活塞式四冲程内燃机，转速为80～100r/min。1876年，奥托运用循环理论对四冲程内燃机进行了改进，试制出第一台实用型活塞式四冲程内燃机，它将煤气与空气的混合气压缩后，再点火燃烧，能产生较强的爆发力，提高了内燃机的热效率和输出功率，转速提高到250r/min。这种内燃机利用活塞往复四个行程，将进气、压缩、燃烧膨胀、排气四个过程融为一体，使内燃机结构简化、整体紧凑。奥托内燃机的发明为现代汽车的诞生奠定了坚实的基础，而奥托作为内燃机奠基人已被载入史册，而奥托循环至今还在沿用。

1885年，戈特利布·戴姆勒制成了世界上第一台轻便小巧的化油器式、电点火的小型汽油机，转速达到了当时创纪录的750r/min。

1885年，德国的卡尔·本茨制造了三轮汽车(图7.13)作为世界上第一辆汽车。该车使用单缸两冲程汽油机，排量0.785L，功率0.654kW，最高车速15km/h，具备现代汽车的一些基本特点，如火花点火、化油器供油、水冷循环、钢管车架、钢板弹簧、前轮转向、后轮驱动、带制动手柄，是世界上最早装备差速齿轮装置的汽车。该车于1886年1月29日获得世界上第一项汽车发明专利证书。因此，1886年1月29日被公认为是汽车诞生日。

1886年，德国人戈特利布·戴姆勒在马车上安装了自己设计的单缸汽油机，又将马车加以改装，添加了传动、转向等机构，发明了世界上第一辆四轮汽车(图7.14)。1886年被公认为现代汽车诞生之年。

本茨和戴姆勒是人们公认的以内燃机为动力的现代汽车的发明者。他们的发明创造，成为汽车发展史上最重要的里程碑，因此他们两人被世人尊称为“汽车之父”。

图 7.13　卡尔·本茨的三轮汽车

图 7.14　戈特利布·戴姆勒的四轮汽车

7.2.3　汽车工业的发展

1. 欧洲汽车工业的发展

欧洲作为近代文明的发源地,爆发了人类社会历史上两次伟大的工业革命,引发了社会经济结构和生活结构的巨大变化。

1890年,法国人阿尔芒·标致开始生产以燃油为动力的汽车,装有戴姆勒汽油发动机的标致牌"2型"车面世,并成为第一辆标致汽车。1896年,标致创立了以雄狮为商标的标致汽车公司,这就是标致雪铁龙公司的前身。由于标致家族具有较好的重工业基础,又有雄厚的经济实力,汽车生产发展很快。1900年,标致已经开始批量生产汽车,第1000辆标致车诞生。

1893年,奔驰公司开始推出"维多利亚"牌轿车,1894年投入批量生产。1895年,奔驰公司销售了125辆维多利亚牌轿车。

1898年,路易斯·雷诺完成了"小马车"的制作,通过传动轴将变速器输出的动力传给驱动轮,取代了齿轮和链条,提高了传动效率。同年,雷诺三兄弟创立了雷诺汽车公司。随着雷诺传动轴的出现,汽车的基本结构就已经确定。

1901年,汽车和汽车所用的汽油发动机在实用化方面已基本成熟。戴姆勒公司开发出梅赛德斯牌汽车(图7.15),该车已具备现代汽车许多特征:发动机前置、后驱动,齿轮变速器,充气轮胎和安装在侧边的转向盘,成为早期汽车的代表作。从此,梅赛德斯就作为戴姆勒公司高级汽车的名牌商标。

1904年,贵族出身的赛车手劳斯和工程师莱斯联手,成立了劳斯莱斯公司。该公司以生产高性能的豪华汽车为宗旨,创立了名车极品劳斯莱斯。图7.16是1907年使劳斯莱斯闻名于世的劳斯莱斯极品银色魔鬼汽车。

图 7.15　1901年梅赛德斯汽车

图 7.16　1907年劳斯莱斯极品银色魔鬼汽车

在这一时期,欧洲生产的汽车实际上是一种做工十分精致、供富人游乐消遣的产品。因此,汽车的设计与生产也迎合这种需求,研制的汽车都是轿车,而且是豪华型轿车,价格昂贵,一般人的经济条件难以承受。汽车只是王公贵族、官员富商的奢侈品,是金钱、权力和地位的象征。正因如此,汽车需求相对有限,产量不大,其生产基本上是手工作坊式,限制了汽车工业的发展。

第一次世界大战(简称"一战")结束后,法国的雪铁龙汽车公司才把福特的大批量生产方式首次引进欧洲。这时,福特的 T 型车以其物美价廉大量在欧洲销售。1929 年,北美(美国和加拿大)的汽车生产量为 479 万辆,而欧洲各国共计只有 55 万辆。就在这一年,美国的通用和福特还分别买下了英国和德国的两家汽车厂,直接在欧洲组织大批量生产,这些都刺激了欧洲的汽车厂家。

20 世纪 30 年代,欧洲汽车的生产方式逐步跟上了美国的流水线生产。汽车保有量也成倍地增长,汽车开始在欧洲各国普及。德国开始大量修建高速公路,反过来促进了汽车工业的发展。在 20 世纪 30 年代末,欧洲汽车产量达到了百万辆水平。

1939 年,"二战"爆发,欧洲各国的汽车工业几乎全部转为生产军用载货汽车、军用越野车、坦克、轰炸机以及各种军火。1945 年"二战"结束后,欧洲经济迅速得到了恢复和发展,家庭收入成倍增长,被战火压抑的消费需求迅速迸发出来。20 世纪 50 年代初即出现了普及汽车的高潮,从而迎来了汽车工业的大发展。1950 年,欧洲汽车产量达到 200 万辆。

1950 年后,由于中东地区廉价石油的大量开采,更刺激了欧洲汽车工业的发展,到 1966 年,欧洲汽车产量突破 1000 万辆。德国从 20 世纪 50 年代中期至 70 年代中期的 20 年中,年产量从 30 多万辆猛增到 400 多万辆。由于欧洲汽车产品的多样化,比体积大、高油耗的美国汽车更加适应世界各地的汽车消费者,使得欧洲车风行世界,如德国的甲壳虫车成为美国市场的走俏产品。1970 年后,欧洲汽车年产量超过了美国,到 1973 年,欧洲汽车产量进一步提高到 1500 万辆。同时,欧洲的大型汽车制造公司还纷纷到美国去投资建厂,明显地改变了"二战"前美国福特汽车公司和通用汽车公司到欧洲投资建厂的格局。

欧洲汽车工业的发展主要集中在德国、法国、英国、意大利、西班牙五个国家。1973 年以后,欧洲汽车产量在 1500 万～1800 万辆之间波动。

2. 美国汽车工业的发展

19 世纪末,美国经济已达到较高水平,工业生产处于世界前列,钢铁、石化等工业均有较大发展,为汽车工业的率先形成和发展创造了条件。美国汽车的起步虽然比欧洲晚,但在随之而来的汽车技术大传播中,美国形成了强大的汽车工业,一跃而成为世界汽车工业中心,并在随后的数十年,美国汽车工业一直遥遥领先,雄踞榜首。美国对汽车不仅实现了流水线生产,而且把汽车从奢侈品变成了生活必需品,从而改变了人们的生活方式,也改变了社会。美国汽车工业的突飞猛进,不仅使汽车工业成为美国国民经济的最主要支柱产业,也使美国进入了现代化,成为世界上独一无二的经济大国。

自从 1893 年美国制成第一辆汽油内燃机汽车后,美国汽车工业以惊人的速度发展。1895 年,美国辽阔的领土上只有 4 辆汽车在行驶,而法国有 450 辆,德国有数十辆。5 年后,美国汽车年产量达到 4000 辆,已赶上当时产量最多的法国,德国该年汽车产量将近 1000 辆。而到 1914 年"一战"前,全世界汽车保有量大约 200 万辆,美国占了大部分,有 130 万辆。1914—1918年,欧洲经济遭受"一战"的破坏,而这4年期间美国汽车工业却采取一系列重大改革措施,取得划时代的进步,把欧洲远远地甩在后面。

图7.17 福特T型车

对于美国汽车工业的形成,亨利·福特做了突出的贡献。1903年,亨利·福特创办了福特汽车公司(Ford)。为了制造出理想的大众化汽车,1903—1908年间,福特带领他的设计师和制造人员,不断改进汽车设计,相继开发了19款不同的汽车,并按字母表顺序将它们从A到S命名,但由于各种原因均未被采用。1908年,福特推出廉价的第20款车型,即T型车(图7.17)。该车采用四缸四冲程汽油机,排量2.89L,功率18.4kW,最高车速可达65km/h。该车结构简单、经济实用、性能优良、物美价廉、便于维修。T型车一问世就受到美国人和代理商的欢迎,第一年就生产10000多辆。1913年,福特公司在底特律建成了世界上第一条汽车生产线,开辟了汽车大批量流水线生产的新时代,给汽车工业带来了革命性的变化,推动了美国汽车工业的高速发展,并从此奠定了美国汽车生产大国的地位。自流水线生产开始,T型车的年产量大幅度增加,1914年产量达30万辆,1917年产量达到73万辆,1923年产量达到180万辆。T型车从开始到1927年5月停产换型的20年时间,共计生产1500万辆,创造了世界汽车生产史上的奇迹,而车价也由开始的1000美元左右降到了265美元。

1908年,美国通用汽车公司(GM)成立。它是各零部件专业生产厂协作组建起来的专业性公司(集中装配、统一管理)。生产组织方式的改革使汽车生产的效率更高,另外通用汽车公司不失时机地抓住了市场需求的变化,克服了福特公司车型单一的不足,及时开发了功能齐全色彩鲜艳的"雪佛兰"轿车。1927年,雪佛兰的销量达100万辆,通用汽车公司从福特公司手中夺取了市场,其产量超过了福特汽车公司,一跃成为美国最大的汽车生产厂家。

1925年,美国克莱斯勒汽车公司成立,由于经营得当,1929年成为美国第三大汽车公司,1933年还一度超过福特汽车公司而居第二位。

1908—1929年,是美国汽车工业发展最快的时期,其产量由初期不足20万辆猛增至1929年的534万辆。美国汽车大量销往欧洲,并在欧洲各国建立分公司和总装厂。

美国汽车工业的特点是规模化生产,流水线作业,劳动生产率高,汽车产量大。从20世纪初开始到20世纪70年代初,美国汽车工业一直遥遥领先,产量居世界之首,1965年就已达到1112万辆,后来最高达到1300万辆。

从20世纪70年代末到21世纪的今天,美国汽车产量有所下降,1980—1993年被日本赶超,2009年至今被中国赶超。

3. 日本汽车工业的发展

20世纪30年代,丰田、日产等汽车公司先后成立,推进了日本汽车工业的发展。"二战"前,日本汽车工业规模较小,1941年汽车产量达5万辆。"二战"期间,日本汽车工业服务于战时体制,汽车年产量下降到几千辆。"二战"后,日本经济呈现混乱状态,汽车工业困难重重,汽车工厂濒临破产,到1950年,汽车年产量才恢复到3万辆。

1950年朝鲜战争爆发,日本成为美军的后勤基地,这给日本经济的振兴和汽车工业的发展带来了契机。美军向日本汽车制造公司的大量订货,给日本汽车工业带来高额利润,同时也逐渐提高了日本国产汽车的年产量。1955 年，日本汽车产量达到了 7 万辆。

日本汽车工业在复苏初期采取了巧妙的对策：不同欧美汽车强敌正面竞争，不生产欧美占优势的车型，而瞄准国内的消费需求，开发二轮、三轮和小四轮大众化车型(排量在 350～500mL)。这样，日本在轻型车和小型车方面取得了飞速的进展，为汽车工业的崛起腾飞积累了资金和经验，打好了基础。接着，日本开始引进欧美先进的汽车技术，进入汽车工业的大发展时期。

1960 年，日本汽车产量增加到 48 万辆。1961 年日本汽车产量为 81.4 万辆，超过意大利(75.9 万辆)。1964 年日本汽车产量为 170.2 万辆，超过法国(161.6 万辆)而位居世界第三。1967 年日本汽车产量为 314.6 万辆，超过联邦德国(248 万辆)而位居世界第二。1968 年，日本汽车产量突破 400 万辆大关，并以物美价廉的优势大量出口，打进了美国市场。

日本以贸易立国，将扩大汽车出口置于重要战略地位。为提高汽车出口竞争能力，进行了不懈的努力。20 世纪 60 年代初，日本汽车制造商独自创造了欧美汽车公司所没有的生产系统，孕育出了举世闻名的"全面质量管理"和"精益生产"管理体系。它是继美国福特创造的"大批量生产方式"后，管理上的又一场革命，它比大批量生产方式更趋完善，其追求的目标是不断降低成本、无废品、零库存和产品多样化，即以最少投入获得最大经济效益。它保证了日本汽车工业在极短的时间里生产出品质好、性能高、价格低廉、品种多样的小型车。于是这种小型车，在 1968—1970 年，在竞争压力颇大的美国市场脱颖而出，并畅销全世界，顺利实现了快速增长的目标。

随着汽车出口竞争能力的增强，日本汽车出口量高速增长。1960 年，日本汽车出口量不足 4 万辆；到 1970 年，汽车出口量突破 100 万辆，年均增长率 39%。两次石油危机期间欧美汽车纷纷减产，而日本却以其油耗低的小型汽车进一步占领和扩大国际市场。1973 年汽车出口量达到 200 万辆；1977 年，出口量达到 400 万辆；1980 年，出口量再猛增到 600 万辆。日本汽车在出口量大增的同时，而汽车进口量始终保持很低水平。1966—1980 年，汽车年进口量仅 1.6 万辆。

在汽车高速发展的同时，日本的各大汽车制造公司纷纷到美国投资建厂，日本汽车的年产量连续 14 年(1980—1993 年)超过美国位居世界第一，1990 年日本汽车产量达 1350 万辆，创历史纪录。

4. 中国汽车工业的发展

1953 年 7 月 15 日，毛泽东主席亲笔题名的第一汽车制造厂(简称"一汽")在吉林省长春市动工兴建。1956 年 7 月 13 日，国产第一辆解放牌载货汽车在一汽驶下总装配生产线，从此结束了我国不能制造汽车的历史。

1956 年我国生产的第一辆汽车下线，毛主席又亲自为其命名为"解放"，对于当时工业整体水平非常落后的中国人来说，这确实是一次经济上的解放。1956 年是中国汽车史上令人难忘的一年。

1958 年 5 月，试制出第一辆小轿车。

1958 年 8 月 1 日，一汽试制出第一辆红旗牌高级轿车。

1953 年 8 月，南京汽车修配厂更名，管理体制由军工转为国营企业，生产正式纳入国家计划。

1958年,上海汽车装配厂参考波兰的华沙轿车底盘、美国顺风轿车造型,装用南汽NJ050型发动机,试制出第一辆轿车,定名为凤凰牌轿车。

1958年,北京第一汽车附件厂决定与清华大学合作设计生产轿车,试制出样车,命名为"井冈山"牌,同时,厂名改为北京汽车制造厂。

1958年,济南汽车修配厂参照苏联嘎斯49试制出黄河牌JN220型越野汽车,当年生产20辆,从此揭开了济南市制造汽车的历史。

1967年4月,第二汽车制造厂(简称"二汽")在湖北十堰动工兴建。二汽的建成开创了我国汽车工业以自己的力量设计产品、确定工艺、制造设备、兴建工厂的先河,使我国整个汽车工业和相关工业的水平得以提高,标志着我国汽车工业上了一个新台阶。1992年9月1日,二汽正式更名为东风汽车公司。

1964年,陕西汽车制造厂诞生(最早称为第三汽车制造厂,后划归地方改为陕西汽车制造厂)。为一改当时汽车工业"缺重少轻"的局面,该厂以生产延安牌重型卡车为主。改革开放以后,该厂加入中国重汽集团,并开始生产斯太尔重型卡车。

1969年,上海32t矿用自卸车试制成功并投产,之后,天津和常州的15t矿用自卸车、北京的20t矿用自卸车、一汽的60t(后转本溪)矿用自卸车和甘肃白银的42t电动轮矿用自卸车也相继试制成功并投产,缓解了冶金行业采矿生产装备的难题。

从1969年开始,全国各省、自治区(除西藏自治区外)均建设汽车制造厂。1980年,汽车年产22.2万辆,是1965年产量的5.48倍。

20世纪90年代,合资汽车得到进一步的发展,当时有上海的桑塔纳、长春一汽的奥迪、江西的五十铃客货两用车、天津的夏利等。中国汽车生产能力比70年代末增长了几乎10倍。中国汽车工业基本车型形成了6大类120多个品种的较完整体系,各类改装汽车、专用汽车750多种,基本满足了国内快速增长的汽车需求。

1994年,国务院颁布《汽车工业产业政策》,明确了以轿车为主的汽车发展方向,首次提出鼓励汽车消费,允许私人购车,对合资产品有了明确的国产化要求等,确立了引进消化吸收国产化自主发展汽车的战略思路。

21世纪初,我国的汽车工业已经逐步走向繁荣,形成了长春、沈阳、北京、天津的北方生产基地,成都、重庆的西部生产基地,上海、南京的东部生产基地,广州、海南的南方生产基地。

7.3 车辆工程的研究领域

7.3.1 新能源汽车技术

1. 新能源汽车分类及特点

新能源汽车是指采用非常规的车用燃料作为动力来源(或使用常规的车用燃料,但采用新型车载动力装置),综合车辆的动力控制和驱动方面的先进技术,形成的技术原理先进,具有新技术、新结构的汽车。新能源汽车有纯电动汽车(BEV)、混合动力汽车(HEV)、燃料电池汽车(FCEV)、氢动力汽车以及燃气汽车、醇醚汽车等。

1) 纯电动汽车

电动汽车顾名思义就是主要采用电力驱动的汽车,大部分车辆直接采用电动机驱动,有一部分车辆把电动机装在发动机机舱内,也有一部分直接以车轮作为四台电动机的转子,其难点在于电力储存技术。本身不排放污染大气的有害气体,即使按所耗电量换算为发电厂的排放,除硫和微粒外,其他污染物也显著减少。由于电厂大多建于远离人口密集的城市,对人类伤害较少,而且电厂是固定不动的,集中排放,清除各种有害排放物较容易,也已有了相关技术。由于电力可以从多种一次能源获得,如煤、核能、水力、风力、光、热等,可以解除人们对石油资源日见枯竭的担心。电动汽车还可以充分利用晚间用电低谷时富余的电力充电,使发电设备日夜都能充分利用,大大提高其经济效益。同样的原油经过粗炼,送至电厂发电,经充入电池,再由电池驱动汽车,其能量利用效率比经过精炼变为汽油,再经汽油机驱动汽车高,因此有利于节约能源和减少二氧化碳的排量,正是这些优点,使电动汽车的研究和应用成为汽车工业的热点。基础设施建设以及价格影响了电动车产业化的进程,与混合动力相比,电动车更需要基础设施的配套,而这不是一家企业能解决的,需要各企业联合起来与当地政府部门一起建设,才会有大规模推广的机会。

纯电动汽车的优点:技术相对简单成熟,只要有电力供应的地方都能够充电。

纯电动汽车的缺点:目前蓄电池单位重量储存的能量太少,电池的寿命较短,还因电动车的电池较贵,又没有形成经济规模,故购买价格和使用成本较贵。

2) 混合动力汽车

混合动力是指那些采用传统燃料,同时配以电动机/发动机来改善低速动力输出和燃油消耗的车型。按照燃料种类的不同,可以分为汽油混合动力和柴油混合动力两种。目前国内市场上,混合动力车辆的主流都是汽油混合动力,而国际市场上柴油混合动力车型发展也很快。

混合动力汽车的优点是:

(1) 采用混合动力后可按平均需用的功率来确定内燃机的最大功率,此时处于油耗低、污染少的最优工况下工作。当需要大功率但内燃机功率不足时,由电池来补充;负荷少时,富余的功率可发电给电池充电。由于内燃机可持续工作,电池又可以不断得到充电,故其行程和普通汽车一样。

(2) 因为有了电池,可以十分方便地回收制动时、下坡时、怠速时的能量。

(3) 在繁华市区,可关停内燃机,由电池单独驱动,实现零排放。

(4) 有了内燃机可以十分方便地解决耗能大的空调、取暖、除霜等纯电动汽车遇到的难题。

(5) 可以利用现有的加油站加油,不必再投资。

(6) 可以让电池保持在良好的工作状态,不发生过充、过放,延长其使用寿命,降低成本。

混合动力汽车的缺点是长距离高速行驶基本不能省油。

3) 燃料电池汽车

燃料电池汽车是指以氢气、甲醇等为燃料,通过化学反应产生电流,依靠电机驱动的汽车。其电池的能量是通过氢气和氧气的化学作用,而不是经过燃烧,直接变成电能的。燃料电池的化学反应过程不会产生有害产物,因此燃料电池车辆是无污染汽车,燃料电池的能量转换效率比内燃机要高2~3倍,因此从能源利用和环境保护方面,燃料电池汽车是一种理想的车辆。

单个的燃料电池必须结合成燃料电池组,以便获得必需的动力,满足车辆使用的要求。以燃料电池为动力的运输大客车在北美的几个城市中正在进行示范项目。在开发燃料电池汽车方面仍然存在着技术性挑战,如燃料电池组的一体化。汽车制造厂都在朝着集成部件和减少部件成本的方向努力,并已取得了显著的进步。

与传统汽车相比,燃料电池汽车具有以下优点:零排放或近似零排放;减少了机油泄漏带来的水污染;降低了温室气体的排放;提高了燃油经济性;提高了发动机燃烧效率;运行平稳、无噪声。

4) 氢动力汽车

氢动力汽车是一种真正实现零排放的交通工具,排放出的是纯净水,其具有无污染、零排放、储量丰富等优势,因此,氢动力汽车是传统汽车最理想的替代方案。随着汽车社会的逐渐形成,汽车保有量在不断地呈现上升趋势,而石油等资源却捉襟见肘;另外,吞下大量汽油的车辆不断排放着有害气体和污染物质。最终的解决之道当然不是限制汽车工业发展,而是开发替代石油的新能源——氢。

几乎所有的世界汽车巨头都在研制新能源汽车。电曾经被认为是汽车的未来动力,但蓄电池漫长的充电时间和重量使得人们渐渐对它兴味索然。而目前的电与汽油合用的混合动力车只能暂时性地缓解能源危机,只能减少但无法摆脱对石油的依赖。这个时候,氢动力燃料电池的出现,犹如再造了一艘诺亚方舟,让人们从危机中看到无限希望。

氢具有很高的能量密度,释放的能量足以使汽车发动机运转,而且氢与氧气在燃料电池中发生化学反应只生成水,没有污染。因此,许多科学家预言,以氢为能源的燃料电池是21世纪汽车的核心技术,它对汽车工业的革命性意义,相当于微处理器对计算机行业那样重要。

氢动力汽车的优点:排放物是纯水,行驶时不产生任何污染物。

氢动力汽车的缺点:氢燃料电池成本过高,而且氢燃料的存储和运输按照目前的技术条件来说非常困难,因为氢分子非常小,极易透过储藏装置的外壳逃逸。另外最致命的问题,氢气的提取需要通过电解水或者利用天然气,如此一来同样需要消耗大量能源,除非使用核电来提取,否则无法从根本上降低二氧化碳排放。

5) 燃气汽车

燃气汽车是指用压缩天然气(CNG)、液化石油气(LPG)和液化天然气(LNG)作为燃料的汽车。燃气汽车由于其排放性能好,可调整汽车燃料结构,运行成本低、技术成熟、安全可靠,所以被世界各国公认为当前最理想的替代燃料汽车。

汽车代用燃料能否在我国扩大应用,取决于我国替代燃料的资源、分布、可利用情况,替代燃料生产与应用技术的成熟程度以及减少对环境的污染等。替代燃料的生产规模、投资、生产成本、价格决定着其与石油燃料的竞争力。汽车生产结构与设计改进必须与燃料相适应。以燃气替代燃油将是我国乃至世界汽车发展的必然趋势。

6) 生物乙醇汽车

乙醇俗称酒精,通俗些说,使用乙醇为燃料的汽车称为乙醇汽车,也可叫酒精汽车。用乙醇代替石油燃料的活动历史已经很长，无论是从生产上还是从应用上，技术都已经很成熟。近来由于石油资源紧张，汽车能源多元化趋向加剧，乙醇汽车又提到议事日程。在汽车上使用乙醇，可以提高燃料的辛烷值，增加氧含量，使汽车缸内燃烧更完全，可以降低尾气的害物的排放。

乙醇汽车的燃料应用方式如下：

(1) 掺烧，指乙醇和汽油掺和应用。在混合燃料中，乙醇的容积比例以 E 表示，如乙醇占 10%、15%，则用 E10、E15 来表示。目前，掺烧乙醇汽车占主要地位。

(2) 纯烧，即单烧乙醇，可用 E100 表示，目前应用并不多，处于试行阶段。

(3) 变性燃料乙醇，指乙醇脱水后，再添加变性剂而生成的乙醇，这也处于试验应用阶段。

(4) 灵活燃料，指燃料既可以用汽油，又可以使用乙醇或甲醇与汽油比例混合的燃料，还可以用氢气，并随时可以切换。

2. 新能源汽车驱动系统的发展方向

1) 电动机的发展方向

由前述可知，目前更适于新能源汽车的电动机是异步电动机和永磁电动机。在美国，异步电动机应用较多，这也被认为和路况有关。在美国，高速公路已经具有一定的规模，除了大城市外，汽车一般以一定的高速持续行驶，所以能够实现高速运转而且在高速时有较高效率的异步电动机得到广泛应用。此外还和到目前为止技术的积累，以及电动机自身价格低廉有关系。在日本，供应永磁电动机中采用稀土磁铁的公司比较多，这是一方面的原因，同时汽车大多以中低速行驶，因此采用了加、减速时效率较高的永磁电动机。在日本，乘用车类使用的几乎都是永磁电动机，但是转子中采用磁铁的高价化问题仍然是个难点。但是，通过进行全面的高效率的弱励磁控制就有可能扩大恒定输出的范围，并且通过多极化也可以实现小型轻量化，也可以采用轮毂电动机等具有高发展前景的电动机。

开关磁阻电动机也在不断地发展中，作为工业和电动汽车专用的电动机，各地对它的开发和研究正在如火如荼地进行，但其效率还不是十分理想，实际中的应用还不是很广泛。然而，作为新能源汽车专用的电动机，磁阻电动机很具有发展潜力，是今后电动机的发展趋向。

2) 驱动系统控制技术的发展方向

由于可以有效利用的电池能量有限，因此高性能的电力变换器以及构成它的电力装置等就成为电动机驱动用变换器的核心，这也是现在和未来发展的方向。

新能源汽车中，直流电动机的电池电压为 100～120V，交流电动机则多使用 288V，电流则在 200～300A 之间。直流电动机在小型车上多采用 FET、大型车则多使用 IGBT 器件。交流电动机可采用耐电压 600V 的自动开关器件，如 IGBT。近来，更进一步的智能模块化电力开关器件的使用也日益增多。驱动系统控制技术的发展方向也主要体现在控制器件上，大致如下：

(1) 控制器效率的提高。新能源汽车不能一直处于高速公路上高速行驶的状态，由于在市街行驶时只有 40～60km/h 的速度，因此在市街行驶所需的电力仅为高速行驶时的 1/5。

(2) 回收效率的提高。制动时车辆电池有效回收的能量可增加续驶里程。在再生制动的时候,逆变器、电动机的效率明显得到改善,但是要注意影响能量回收模式和电池的充电效率等问题。为了能取得效率较好的能量回收效果,必须采用符合电池充电特性的效率良好的回收控制法。

(3) 电力装置。新能源汽车中采用的电力装置,特别对低成本、低损耗以及好的环境适应性有较多要求。对于低损耗,关键是降低输出时的损耗。针对电池电压低的情况,可考虑采用比 IGBT 导通电压低的 MOSFET。

(4) 软开关化。采用共振回路使器件强制在零电压或者零电流工作状态,在该点进行开关动作的方法被称为软开关。软开关是开关器件的应力、开关损耗、开关噪声降低的有效方法。

(5) 电力电子设备一体化。未来要考虑实现电动机驱动用逆变器和 DC/DC 变换器的一体化、低成本化、小型轻量化以及低噪声的特性。

7.3.2 智能网联汽车技术

1. 概念

近年来,车辆电子技术、计算机处理技术和数据通信传输技术得到了迅猛的发展,三者之间的相互渗透和融合奠定了通信网络技术的应用,此外人们对于车辆功能的需求越来越多样化,这也推动了汽车产业朝着智能化、自动化的方向发展,于是智能网联汽车的发展成为不可逆的趋势。

智能网联汽车,即 ICV(intelligent connected vehicle),是智能车和车联网的有机结合。前者让汽车智能化,即在普通车辆的基础上增加了雷达、摄像头等先进的传感器、控制器、执行器等装置,通过车载传感系统和信息终端实现与人、车、路等的智能信息交换,使车辆具备智能的环境感知能力,能够自动分析车辆行驶的安全及危险状态,并使车辆按照人的意愿到达目的地,最终实现替代人来操作的目的;后者让汽车与万物互联,即通过多种无线通信技术,实现所有车辆的状态信息(包括车辆的位置、速度和路线等信息)与道路交通环境信息(包括道路基础设施信息、交通路况、服务信息等)在交互网络上的信息共享,实现车与车、车与路、车与人之间的信息交换,并根据不同的功能需求对所有车辆的运行状态进行有效的监管和综合服务。

在国外,欧洲车辆公司(比如曼、沃尔沃、斯堪尼亚、奔驰等公司)早已将车联网技术应用于车队管理。同时,欧洲客运公司也在积极推广应用车联网技术。美国的 IVHS、日本的 VICS 等系统也都通过车辆和道路之间建立有效的信息通信,从而实现智能交通的管理和信息服务。比较优秀的车联网系统有瑞典 SCANIA 的黑匣子系统等。

在国内,由中国汽车工程学会发起的“车联网产业技术创新战略联盟”在北京成立,该联盟由 50 余家产业相关优势企业、高校及科研机构组成,旨在研究、跟踪国际最前沿的车联网技术,通过技术路径、商业模式、服务标准的创新,提升中国车联网综合应用水平及服务品质,促进中国车联网的健康、良性发展。腾讯、百度、阿里巴巴在内的中国互联网企业也加入了车联网系统的开发当中。2015 年 1 月 27 日,百度宣布推出车联网解决方案 CarLife。

2018年，百度车联网已与戴姆勒、宝马、福特等19家车企达成车联网领域合作，已上市合作的车型达12款，成为国内车联网领域合作伙伴最多、上市合作车型最多、覆盖场景最广、合作车企最强的车联网系统平台。

2. 智能网联汽车技术的发展

著名研究机构 Strategy Analytics 的相关研究数据显示，在未来的几年里，中国到2021年预计销量乘用车将达到3140万辆，其中约有2420万辆乘用车搭载有嵌入式车联网系统方案，约占总销量的77%，到2025年这一比例将提高到80%。以上数据显示，智能网联汽车各项技术的发展，使得车联网系统正在逐步走向大众市场。在互联网的高速发展，并且5G网络的兴起之时智能网联汽车技术的一大发展方向是车及系统与手机通过 Wi-Fi 或蓝牙互联，各大企业都在开发自己特有的车机系统，并且市场上产生了一些主流的解决方案，如 Apple CarPlay、Andriod Auto、BaiduCarLife、HUAWEI HiCar 等。在国内，BaiduCarLife 的发展已较为成熟。在此趋势下，车机系统与手机的互联将占据大量市场。

智能网联汽车发展的最终目的是实现自动驾驶。目前，全球汽车行业公认的两个分级制度分别是由美国国家公路交通安全管理局(NHTSA)和美国汽车工程师协会(SAE International)提出的，NHTSA 将自动驾驶技术分为五个等级，而 SAE 则将其分为六个等级(Level 0～Level 5)，此处给出分类更为详细的 SAE 版本，如表7.1所示。

表7.1 SAE 自动驾驶车辆等级分类

自动驾驶分级(SAE)	名　　称	驾驶操作	环境感知	接　　管	应对工况
Level 0	人工驾驶	人类驾驶员	人类驾驶员	人类驾驶员	无
Level 1	辅助驾驶	人类驾驶员和车辆	人类驾驶员	人类驾驶员	限定工况
Level 2	部分自动驾驶	车辆	人类驾驶员	人类驾驶员	
Level 3	条件自动驾驶	车辆	车辆	人类驾驶员	
Level 4	高度自动驾驶	车辆	车辆	车辆	
Level 5	完全自动驾驶	车辆	车辆	车辆	所有工况

Level 0 为人工驾驶，即完全无自动化，完全依靠人类来驾驶，但是车辆可以具备夜视、行人检测、交通标志识别、车道偏离预警等基础功能。

Level 1 为辅助驾驶。在驾驶员行驶过程中，对车身姿态、转向或速度有干预的功能都能称为辅助驾驶，比如基本的 ABS、ESP、ACC 等。

Level 2 为部分自动驾驶。具有转向和速度等多种辅助控制，与 Level 1 最显著的差异在于是否可以同时对车辆在横向和纵向上进行控制。除了包含 Level 1 的功能外，还可以具备车道保持或自动变道的功能，但是驾驶的决策主体还是人类驾驶员。

Level 3 为条件自动驾驶。此类自动驾驶车辆可以在堵车、高速等某些特定场景下进行自动驾驶。从 Level 3 开始，环境感知交由自动驾驶系统控制，与 Level 2 的最大区别在于车辆的决策主体由人类驾驶员变成自动驾驶系统，不需要驾驶员实时监控当前的路况，只需要在系统提示时对车辆进行应答和接管。

Level 4 为高度自动驾驶。Level 4 级别的自动驾驶车辆可以在一定的可行驶范围内实现完全的自动驾驶,完全不需要驾驶员介入,除非遇到某些突发状况或恶劣的天气等情况。这需要自动驾驶系统可以从周围环境中获得丰富的感知信息、稳定的计算平台以及极高鲁棒性的自动驾驶算法,同时需要高精度地图的支持。

Level 5 为完全自动驾驶。和 Level 4 之间的区别在于可行驶范围。Level 5 可实行全工况、全区域的自动驾驶,可以将驾驶任务完全交由系统来处理,也就是"无人驾驶"。

现如今,汽车自动驾驶技术是衡量一个国家科研实力和工业水平的一个重要标志,在国防和经济领域具有很大的应用价值。

在全球范围内,谷歌公司对于无人驾驶汽车的技术研究遥遥领先。2011 年 10 月,谷歌在内华达州和加州的莫哈韦沙漠对自动驾驶汽车进行测试,如图 7.18 所示。同年,美国内华达州立法机关允许自动驾驶车辆上路。2012 年 5 月 8 日,美国内华达州机动车辆管理部门为谷歌的自动驾驶车颁发了首例驾驶许可证,意味着其自动驾驶汽车能够在内达华州上路。

图 7.18 谷歌自动驾驶汽车

2014 年 4 月 28 日,无人驾驶汽车项目的负责人表示,谷歌无人驾驶汽车的软件系统,可以同时"紧盯"街上的数百个目标,包括行人、车辆、各种基础设施,做到万无一失。据报告显示,谷歌无人驾驶汽车平均每跑 17846.8km 才需要人工接管一次,在所有自动驾驶汽车中排名第一,几乎是第二名的 2 倍。

我国在自动驾驶方面的研究起步稍晚于国外。20 世纪 90 年代,由南京理工大学、国防科技大学、清华大学、浙江大学、北京理工大学等高校联合研制成功了我国第一辆自动驾驶车辆 ATB-1(autonomous test bed-1)型。该车在校园内自主行驶躲避障碍,最高速度达到 21.6km/h。

2012 年 11 月 26 日,由军事交通学院改装的"猛狮 3 号"智能车(图 7.19(a)),从北京台湖收费站到天津东丽收费站共 114km 的无人驾驶试验,自主超车 12 次,换道 36 次,总自主驾驶时间 85min,平均时速 79.06km/h,最高时速 105km/h,全程无人工干预。

2017 年 12 月 2 日,由海梁科技公司携手深圳巴士集团、深圳福田区政府、安凯客车、东风襄旅、速腾聚创、中兴通讯、南方科技大学、北京理工大学、北京联合大学联合打造的自动驾驶客运巴士——阿尔法巴(图 7.19(b))正式在深圳福田保税区的开放道路进行线路的信息采集和试运行。

2018 年 4 月,由上海交大-青飞联合实验室开发的上海交通大学校园无人小巴系统试运行正式开始。该系统是标准的 Level 4 级自动驾驶系统,无转向盘和加速踏板,通过多传感器融合方式实现自动驾驶。用户可以通过微信呼叫、触摸屏交互、语音交互等多种途径方

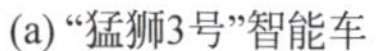

(a) "猛狮3号"智能车　　(b) 阿尔法巴自动驾驶客运巴士

图 7.19　智能汽车

便快捷地使用该系统。同时，该系统还具备完整的系统调度、远程监控、运行维护等功能。

全球知名经济咨询机构 IHS 环球透视汽车部门预测，截至 2035 年全球将拥有近 5400 万辆自动驾驶汽车，而全自动化汽车的推出速度会相对较慢。预计至 2035 年自动驾驶汽车全球总销量将由 2025 年的 23 万辆上升至 1180 万辆，而无人驾驶的全自动化汽车将于 2030 年左右面世。

7.3.3　无人驾驶机器人车辆技术

无人驾驶机器人是一种无须对车辆进行改装，可无损安装在不同车型的驾驶室内，代替驾驶员在危险条件和恶劣环境下进行车辆自动驾驶的智能化机器人。无人驾驶机器人是车辆自动驾驶的一种新思路，通过车辆结构尺寸和性能自学习，驾驶机器人可以在不改变现有车辆结构的同时实现自主驾驶，并可以实现同一台机器人适应多种不同类型车辆。由于其无须对车辆进行任何改装，可以直接安装在不同车型的驾驶室内，因此其相关技术可广泛应用于车辆道路试验、车辆台架试验、自主驾驶车辆、无人地面移动武器机动平台等军民两用领域。

在民用领域，无人驾驶机器人可代替驾驶员在底盘测功机上或道路上进行汽车可靠性及性能试验、环境验证试验、耐久性试验和排放性能试验等。利用驾驶机器人代替人类驾驶员进行车辆试验(图 7.20)，不仅能够让人类驾驶员摆脱重复性强、危险性大、工作环境恶劣的工作，避免人工试验中驾驶员存在的安全隐患，还能够提高试验结果的准确性和可靠性。另外，驾驶机器人作为辅助驾驶系统安装在车辆上，又可以提高汽车的主动安全性。同时，无人驾驶机器人还可以用于残疾者康复训练。不同等级的残障人士和各种不同智力的人对

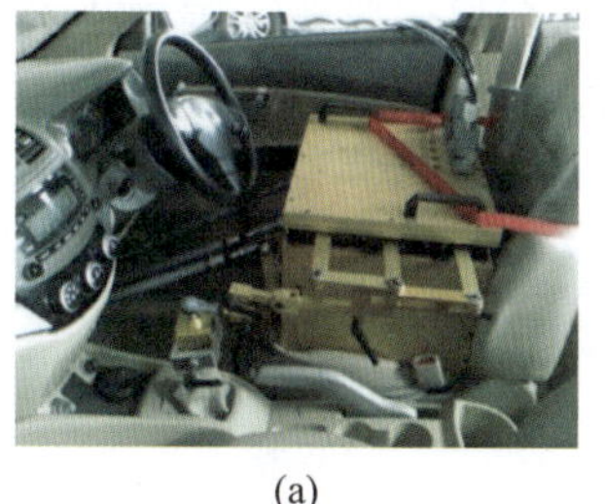

(a)　　(b)

图 7.20　无人驾驶机器人车辆试验

外界环境的变化会有不同程度的反应,因此需要研究他们驾车时的各种情况和可能性,但由他们自己做是不现实的,无人驾驶机器人可仿生残障人士驾驶汽车操作,提高残障人士驾驶汽车的能力及安全性。

在军用领域,无人驾驶机器人能够代替士兵,在荒无人烟的无人区、干旱缺水的沙漠、硝烟弥漫的战场等对士兵生命构成威胁的场合执行高风险驾驶任务,以挽救士兵的生命(图7.21);在警用领域,无人驾驶机器人能够代替消防队员驾驶工程车执行地震救灾、火灾救援、抗洪抢险等高危任务(图7.22)。

(a)

(b)

图7.21 沙漠、战场执行驾驶任务

(a)

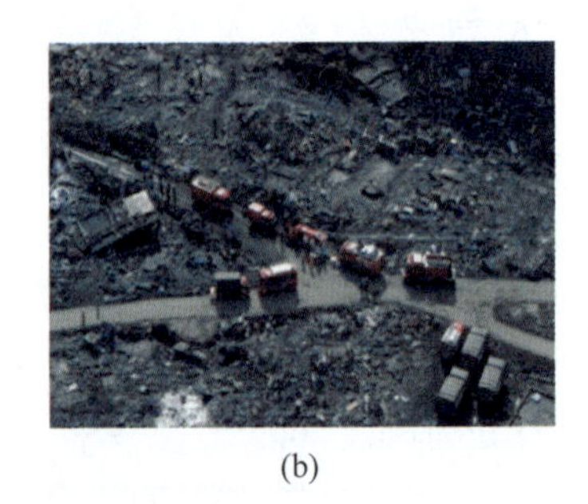
(b)

图7.22 执行抗洪救灾、地震救援任务

自20世纪80年代中期,由于对环境保护的意识不断加强和提高,排放法规日益严格,为了提高产品设计研发的效率,缩短汽车试验的时间,国外开始研究设计机器人进行有关的汽车试验,以提高汽车试验的精度。国外许多科研院校和公司相继研发了用于汽车试验的驾驶机器人,在理论和应用上都取得了很大的进展,比较著名的科研院校和公司有美国的Kairos,日本的Horiba、Autopilot、Nissan Motor、Onosokki、Automax、三重大学,英国的Froude Consine、ABD、Mira,新西兰的奥克兰大学,德国的Schenck、Stable、Witt、大众、德国慕尼黑联邦国防军大学等,但其关键技术仍处在保密阶段。国内于20世纪90年代中期开始驾驶机器人的研究工作,起步相对较晚,主要是一些汽车研究所及高等院校,其中最具代表性的是东南大学与南京汽车研究所研制的DNC系列驾驶机器人。近年来,清华大学、中国汽车技术研究中心、上海交通大学、哈尔滨工业大学、南京理工大学、太原理工大学等高校研究机构也相继开始研究车辆自动驾驶机器人。

第 8 章

智能制造工程

8.1 概　　述

8.1.1 智能制造工程专业概述

制造业是国民经济的主体，是立国之本、兴国之器、强国之基，是决定国家发展水平的最基本因素之一。

“智能制造工程”专业，是教育部2018年首批设置的新工科专业。其以机械工程、控制科学与工程、计算机科学与技术、管理科学与工程等学科中涉及的智能制造科学技术问题为研究对象，综合应用自然科学、工程技术等相关学科的理论、方法和技术，研究智能产品与系统的结构、控制、感知等技术问题，致力于培养能够综合应用智能制造理论、现代设计方法、智能控制技术、系统工程理论等进行智能产品、装备和系统设计，具备制造、管理和服务能力的高端综合人才，具有多学科融合和多技术集成的特点。

8.1.2 智能制造的起源与发展

1. 智能制造的起源

智能制造源于人工智能(artificial intelligence，AI)的研究。自20世纪80年代以来，随着产品功能的多样化、性能的完善化以及结构的复杂化和精密化，产品所包含的设计信息量和工艺信息量猛增，随之而来的是生产线及生产设备内部的信息量增加，制造过程和管理工作的信息量也必然剧增，因而推动制造技术发展的热点与前沿转向了提高制造系统对于爆炸性增长的制造信息处理的能力、效率及规模上。制造系统正在由原先的能量驱动型转变为信息驱动型，这就要求制造系统不但要具备柔性，而且还要具有智能性，否则难以处理如此大量、多样化及复杂化(残余和冗余信息)的信息工作量。

智能制造是面向21世纪制造技术的重大研究课题，是现代制造技术、计算机科学技术与人工智能等综合发展的必然结果。智能制造是一个大系统，主要由智能产品、智能生产及智能服务三大功能系统以及工业互联网络和智能制造云平台两大支撑系统集合而成。其中，智能产品是智能制造及其价值创造的主要载体；智能生产是制造产品的物化活动，亦即狭义而言的智能制造；以智能服务为核心的产业模式和产业形态变革则是智能制造创新发展的主要方向之一。

2. 智能制造的三个基本范式

广义而论,智能制造是一个大概念,是先进信息技术与先进制造技术的深度融合,贯穿于产品设计、制造、服务等全生命周期的各个环节及相应系统的优化集成,旨在不断提升企业的产品质量、效益、服务水平,减少资源消耗,推动制造业创新、绿色、协调、开放、共享发展。

智能制造的发展伴随着信息化的进步,结合信息化与制造业在不同阶段的融合特征,可以总结、归纳和提升出三个智能制造的基本范式(图8.1):数字化制造、数字化网络化制造、数字化网络化智能化制造——新一代智能制造。

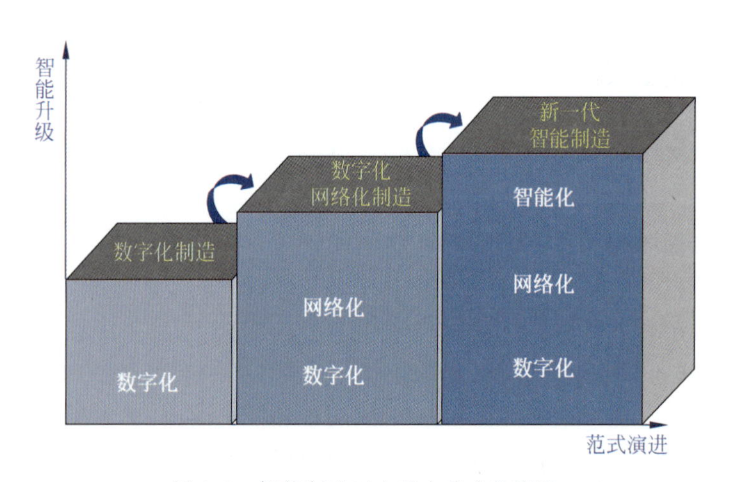

图8.1 智能制造三个基本范式的演进

数字化制造是智能制造的第一个基本范式,也可称为第一代智能制造。智能制造的概念最早出现于20世纪80年代,但是由于当时应用的第一代人工智能技术还难以解决工程实践问题,因而那一代智能制造主体上是数字化制造。

数字化网络化制造是智能制造的第二种基本范式,也可称为“互联网+制造”,或第二代智能制造。其主要特征表现为:①在产品方面,数字技术、网络技术得到普遍应用,产品实现网络连接,设计、研发实现协同与共享;②在制造方面,实现横向集成、纵向集成和端到端集成,打通整个制造系统的数据流、信息流;③在服务方面,企业与用户通过网络平台实现连接和交互,企业生产开始从以产品为中心向以用户为中心转型。

新一代智能制造——数字化网络化智能化制造是智能制造的第三种基本范式,也可称为新一代智能制造。新一代人工智能技术与先进制造技术深度融合,形成新一代智能制造——数字化网络化智能化制造。新一代智能制造将重塑设计、制造、服务等产品全生命周期的各环节及其集成,催生新技术、新产品、新业态、新模式,深刻影响和改变人类的生产结构、生产方式乃至生活方式和思维模式,实现社会生产力的整体跃升。新一代智能制造将给制造业带来革命性的变化,成为制造业未来发展的核心驱动力。

智能制造的三个基本范式体现了智能制造发展的内在规律:一方面,三个基本范式依次展开，各有自身阶段的特点和重点解决的问题，体现着先进信息技术与先进制造技术融合发展的阶段性特征；另一方面，三个基本范式在技术上并不是决然分离的，而是相互交织、迭代升级，体现着智能制造发展的融合性特征。对中国等新兴工业国家而言，应发挥后发优势，采取三个基本范式"并行推进、融合发展"的技术路线。

3. 全球智能制造的发展动向

1）美国《先进制造业美国领导力战略》

为保持美国在制造业的领先地位，美国国家科学技术委员会下属的先进制造技术委员会于2018年10月5日发布了一份40页的《先进制造业美国领导力战略》报告。报告提出了三大目标，分别为：开发和转化新的制造技术；教育、培训和集聚制造业劳动力；扩展国内制造供应链的能力。

2）德国"工业4.0战略"

德国政府于2013年4月推出"工业4.0战略"，旨在支持德国工业领域新一代革命性技术的研发创新。"工业4.0战略"强调虚拟网络与现实实体的融合，核心是"互联网＋制造业"，重点是智能化生产系统和过程及网络化分布式生产设施，涉及整个企业的生产物流管理、人机交互及3D技术在生产过程中的应用等众多方面，其目的主要是通过互联网、物联网、物流网来整合物流资源，充分发挥现有物流资源供应方和物流服务的潜力。

3）欧盟"欧洲2020战略"和"工业5.0"

欧盟于2010年6月正式通过了《欧洲2020：智慧型、可持续与包容性的增长战略》，提出要实现智慧型经济增长，并提出将实施七大配套旗舰计划以实现战略目标，其中就包括与智能制造领域直接相关的旗舰计划——"全球化产业政策"。2021年1月，欧盟委员会发布《工业5.0——迈向可持续的、以人为本的、富有弹性的欧洲工业》，提出欧洲工业发展的未来愿景，跟工业4.0相比，工业5.0更加关注以人为本的需要。

4）英国《英国工业2050战略》

2013年10月，英国政府科技办公室推出了《英国工业2050战略》报告。《英国工业2050战略》是定位于2050年英国制造业发展的一项长期战略研究，通过分析制造业面临的问题和挑战，提出英国制造业发展与复苏的政策。

5）其他国家

2016年1月，日本政府在《第五期科学技术基本计划(2016—2020)》中，提出了"超智能社会5.0战略"。该战略的主要意图是最大限度地应用信息和通信技术，通过网络空间与物理空间的高度融合，建立给人带来富裕的"超智慧社会"。

2015年3月，韩国政府发布了经过进一步补充和完善的《制造业创新3.0战略实施方案》，标志着韩国版"工业4.0战略"正式确立，促进制造业和信息技术相融合，从而创造出新产业，提升韩国制造业竞争力和开发新的经济增长点。

2014年9月，印度总理莫迪启动了"印度制造"计划，提出未来要将印度打造成新的"全球制造中心"。"印度制造"的核心领域就是智能制造技术的广泛应用，特别是结合印度本国发达的软件产业基础，在智能制造流程管理等领域具有一定的发展优势。

8.1.3 我国智能制造“十四五”发展规划

1. 发展路径

作为一项持续演进、迭代提升的系统工程，智能制造需要长期坚持，分步实施。到2025年，规模以上的制造业企业基本普及数字化，重点行业骨干企业初步实现智能转型。到2035年，规模以上制造业企业全面普及数字化，骨干企业基本实现智能转型。

2. 重点任务

1）加快系统创新，增强融合发展新动能

强化科技支撑引领作用，推动跨学科、跨领域融合创新，打好关键核心和系统集成技术攻坚战，构建完善创新网络，持续提升创新效能。

2）深化推广应用，开拓转型升级新路径

聚焦企业、区域、行业转型升级需要，围绕工厂、企业、产业链供应链构建智能制造系统，开展多场景、全链条、多层次应用示范，培育推广智能制造新模式新业态。

3）加强自主供给，壮大产业体系新优势

依托强大国内市场，加快发展装备、软件和系统解决方案，培育壮大智能制造新兴产业，加速提升供给体系适配性，引领带动产业体系优化升级。

4）夯实基础支撑，构筑智能制造新保障

瞄准智能制造发展趋势，健全完善标准、信息基础设施、安全保障等发展基础，着力构建完备可靠、先进适用、安全自主的支撑体系。

8.2 智能制造工程专业的培养目标、毕业要求及课程体系

8.2.1 智能制造工程专业的培养目标

本书以同济大学的“智能制造工程”专业为例。依据同济大学人才培养模式，本专业致力于培养具有数学、自然科学基础理论和机械、信息等相关专业知识及人文职业素养；具备面向工程实践，发现、分析、解决智能制造领域的复杂工程问题能力，并具有国际化视野；身心健康、良好的道德修养和社会责任感，具有严谨、求实、团结、创新精神的人格。毕业生能够在企事业单位、政府部门从事智能制造相关产品及系统的设计制造、技术开发、科学研究、经营管理等工作，解决智能制造领域的复杂工程问题，成为本领域的技术骨干或管理人员。

8.2.2 智能制造工程专业的毕业要求

本专业毕业生应获得以下几方面的知识和能力：

(1) 工程知识。能够将数学、自然科学、工程基础和专业知识用于解决智能制造工程领域的复杂工程问题。

(2) 问题分析。能够应用数学、自然科学和工程科学的基本原理，识别、表达，并通过文献研究分析智能制造领域的复杂工程问题，以获得有效结论。

(3) 设计/开发解决方案。能够设计针对智能制造领域的复杂工程问题的解决方案，设计满足特定需求的软硬件系统或智能制造工艺流程，并能够在设计与开发中体现创新意识，并考虑社会、健康、安全、法律、文化以及环境等因素。

(4) 研究。能够基于科学原理并采用科学方法对智能制造领域的复杂工程问题进行研究，包括设计产品、控制、分析与解释说明，并能通过信息综合得到合理有效的结论。

(5) 使用现代工具。能够针对智能制造领域的复杂工程问题，开发、选择与使用恰当的技术、资源、现代工程工具和信息技术工具，包括对复杂工程问题的预测与模拟，并能够理解其局限性。

(6) 工程与社会。能够基于智能制造工程相关背景知识进行合理解释和分析，评价智能制造工程方案对社会、健康、安全、法律以及文化的影响，并理解应承担的后果。

(7) 环境和可持续发展。能够理解和评价针对智能制造领域的工程实践对环境、社会可持续发展的影响。

(8) 职业规范。具有人文社会科学素养、社会责任感、能够在工程实践中理解并遵守工程职业道德和规范，履行责任。

(9) 个人和团队。能够在多学科背景下的团队中承担个体、团队成员以及负责人的角色。

(10) 沟通。能够就智能制造领域的复杂工程问题与业界同行及社会公众进行有效沟通和交流，包括撰写报告和设计开发文稿、陈述发言、清晰表达或回应指令，并具备良好的国际视野，能够在跨文化背景下进行沟通和交流。

(11) 项目管理。理解并掌握工程项目研发和管理的原理和决策方法，并在多学科交叉环境中应用。

(12) 终身学习。具有自主学习和终身学习的意识，有不断学习和适应发展的能力。

8.2.3 智能制造工程专业的课程体系

本专业涉及的主干学科包括：机械工程、计算机科学与技术、控制科学与工程、管理科学与工程。专业核心课程有：智能技术数学基础、智能制造工艺、制造系统的感知与决策、生产系统智能化技术、知识工程及应用、精密传动与智能设计等。智能制造工程专业课程体系知识结构见表8.1。

表 8.1 智能制造工程专业课程体系知识结构

<table>
<tr><th>课程性质</th><th>类别</th><th>第1学期</th><th>第2学期</th><th>第3学期</th><th>第4学期</th><th>第5学期</th><th>第6学期</th><th>第7学期</th><th>第8学期</th></tr>
<tr><td rowspan="9">通识教育课程</td><td rowspan="4">思政</td><td colspan="4">形势与政策</td><td></td><td></td><td></td><td></td></tr>
<tr><td></td><td>思想道德修养和法律基础</td><td></td><td>毛泽东思想和中国特色社会主义理论体系概述</td><td></td><td></td><td></td><td></td></tr>
<tr><td>中国近现代史纲要</td><td></td><td></td><td>马克思主义基本原理</td><td></td><td></td><td></td><td></td></tr>
<tr><td>军事理论</td><td></td><td></td><td></td><td></td><td></td><td></td><td></td></tr>
<tr><td>英语</td><td colspan="3">大学英语</td><td></td><td></td><td></td><td></td><td></td></tr>
<tr><td rowspan="2">军体</td><td colspan="4">体育</td><td></td><td></td><td></td><td></td></tr>
<tr><td></td><td>军训</td><td></td><td></td><td></td><td></td><td></td><td></td></tr>
<tr><td>计算机</td><td>Python 程序设计</td><td></td><td></td><td></td><td></td><td></td><td></td><td></td></tr>
<tr><td>通识教育选修</td><td></td><td></td><td></td><td></td><td colspan="2">通识教育类选修课</td><td></td><td></td></tr>
<tr><td rowspan="7">大类基础课程</td><td rowspan="2">数学</td><td colspan="2">高等数学 B</td><td>线性代数 B</td><td>概率论与数理统计</td><td></td><td></td><td></td><td></td></tr>
<tr><td colspan="2"></td><td>工程数学</td><td></td><td></td><td></td><td></td><td></td></tr>
<tr><td>物理</td><td></td><td colspan="2">普通物理 B</td><td></td><td></td><td></td><td></td><td></td></tr>
<tr><td>化学</td><td>化学与工程材料</td><td></td><td></td><td></td><td></td><td></td><td></td><td></td></tr>
<tr><td>智能制造导论</td><td>智能制造导论</td><td></td><td></td><td></td><td></td><td></td><td></td><td></td></tr>
<tr><td>制图</td><td>机械制图与 CAD</td><td></td><td></td><td></td><td></td><td></td><td></td><td></td></tr>
<tr><td>力学</td><td></td><td></td><td>工程力学</td><td></td><td></td><td></td><td></td><td></td></tr>
</table>

续表

课程性质	类别	第1学期	第2学期	第3学期	第4学期	第5学期	第6学期	第7学期	第8学期
专业基础课	人工智能基础		工业大数据与云计算		控制工程基础				
					人工智能				
	机械基础			流体力学与液压传动	机械设计基础				
						智能制造工艺			
	电学			电工学(电工技术)	电工学(电子技术)				
	计算方法				智能技术数学基础				
专业课	专业必修课					生产系统网络与通信	制造系统的感知与决策		
						传感与精密测试技术	生产系统智能化技术		
							知识工程及应用		
							精密传动与智能设计		
							智能制造竞赛		
				数据库技术与应用					
						科技论文写作	系统建模与仿真		
						软件工程	AR/VR·及应用		
						智能制造装备概论			

续表

课程性质	类别	第1学期	第2学期	第3学期	第4学期	第5学期	第6学期	第7学期	第8学期
专业课	专业选修课(智能设计与制造方向)							机器人	
								增材制造技术	
	专业选修课(智能服务方向)							设备的预测性维护与远程诊断	
								制造系统信息安全	
								工业智能云服务	
								供应链管理	
								人因工程	
								能源管理	
实践环节	实习		工程实践						
	设计				电子电路设计				毕业设计
					机械设计基础课程设计	CPS与物联网实践			
						生产系统网络与通信项目设计			
						机械电子系统项目设计			
							智能制造项目管理实践		
								智能制造系统综合设计	
	实验	物理实验(上)	物理实验(下)			传感与精密测试技术实验	智能制造工艺实验		
			制图测绘实践						

8.3 智能制造工程的研究领域

8.3.1 智能产品

1. 概述

产品是制造及其价值创造的主要载体，同时制造装备类产品还是实现制造的工具手段。产品创新是产业创新链的起点和价值链的源头，是制造业高质量发展的关键。智能产品是在产品中深度融合数字化、网络化、智能化技术的产品创新，是产品升级换代的主要路径，是智能制造价值创造的核心。

从目标视角看，智能产品是要实现产品的创新优化与升级换代，具体包括三个层次：一是产品的数字化创新，形成"数字一代"产品；二是产品的数字化网络化创新，形成"网联一代"产品；三是产品的数字化、网络化、智能化创新，形成"智能一代"产品。

2. "数字一代"产品——第一代智能产品

"数字一代"产品是一个相对于传统产品的概念，是各行各业中有效融合了数字化技术的各类数字化产品的总称，是传统产品的升级换代，是第一代智能产品。"数字一代"产品虽已经历了大半个世纪的发展，但仍然是各行各业当今产品创新的主要发展目标。

"数字一代"产品是由物理系统(即产品本体)和信息系统两大部分组成的信息-物理系统。产品工作原理是由物理系统体现的，工作任务是由物理系统执行完成的；信息系统是主导，负责信息的获取、处理、传输和应用，是决定产品正确有效完成工作任务的关键，如图8.2所示。

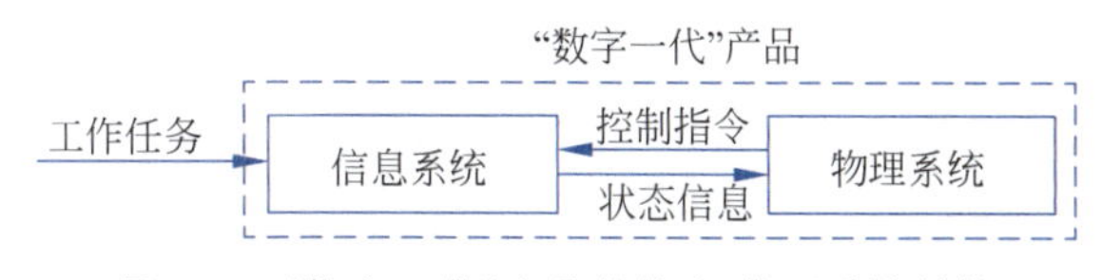

图8.2 "数字一代"产品的信息-物理系统结构

物理系统是"数字一代"产品的主体，常称为本体，其主要组成部分包括：①工作装置：产品的功能执行部分；②动力装置：将动力源提供的能量转换为机械能，输出运动和动力以驱动工作装置完成工作任务；③传动装置：介于动力装置和工作装置之间的、执行运动和动力的传递与变换的部分，一般由一种或多种传动元件组成；④机架：保证工作装置稳定正常工作的元件。除以上部分，物理系统还包括能源和其他必要的辅助装置。

信息系统是指"数字一代"产品中应用了数字化技术的组成部件的集合，一般包括：①驱动控制装置：根据动力装置工作原理和负载情况，完成对动力装置输入的合理控制；②系统控制装置：是"数字一代"产品的核心部件，其相当于"大脑"，负责对产品的运行进行规划与管理控制；③传感检测装置：为产品工作过程的有效控制与管理提供必要信息；④人机交互装置：人与产品之间联系、交换信息的装置；⑤通信网络：用于连接"数字一代"

产品的各内部组件以及与之相关的外部设备。

3. “网联一代”产品——第二代智能产品

“网联一代”产品是应用数字化、网络化技术对产品进行赋能后的产物,可看成是在“数字一代”产品基础上进一步融合网络化技术的产品创新升级,即可看成是“互联网+”的“数字一代”产品。

“网联一代”产品仍然是由物理系统和信息系统两大部分组成。与“数字一代”产品相比,“网联一代”产品最本质的变化是其信息系统增加了联网功能,可通过网络实现与相关信息系统的互联互通。

“网联一代”产品的一种典型结构是基于数字孪生的智能产品结构。数字孪生是一个创新的概念,内涵非常丰富,并被视作有可能“改变未来游戏规则”的颠覆性技术之一。从产品组成方面看,数字孪生技术是要构建如图8.3所示的由真实产品及其数字孪生体两部分共同组成的智能产品架构,其中数字孪生体是与真实产品在形、态、行为、运行规律等方面都极为相似的数字化模型,且真实产品与数字孪生体之间通过网络通信实现数据的双向交互。

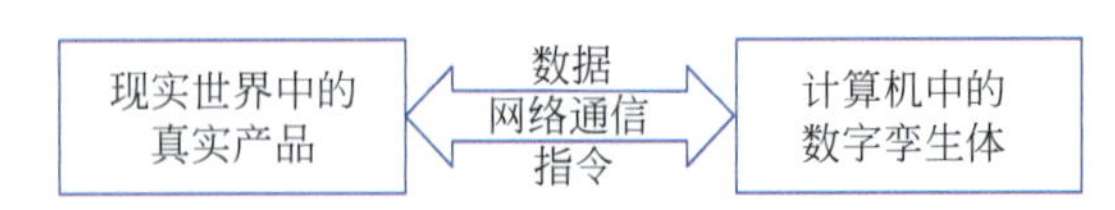

图8.3 基于数字孪生的智能产品结构

对于这种孪生形态的智能产品,数字孪生体的引入可使得真实产品的功能与性能具有极大的提升潜力。例如,在数控机床等设备的运行过程中,数字孪生体可通过对加工状态的监控,分析加工状态是否异常,诊断加工状态异常的原因,预测加工质量的变化趋势,确定需要优化调整的工艺参数并反馈给真实产品的控制系统,从而形成监控—分析—调整—优化的闭环,实现产品运行的持续优化。

4.“智能一代”产品——第三代智能产品

“智能一代”产品是在“数字一代”和“网联一代”产品的基础上进一步深度融合新一代人工智能技术的产品升级换代,是产品创新的未来发展方向。在当今经济社会发展强烈需求以及大数据、云计算、新一代人工智能等先进信息技术发展的双轮驱动下,“数字一代”和“网联一代”产品已呈现出加速向“智能一代”产品进化的趋势。但是,“智能一代”产品目前只是初见端倪,仍处于发展的起步和探索阶段。

“智能一代”产品的根本目标是要实现产品的最优化,获得高效、优质、柔性、低耗、易用等效果,更好地帮助人类完成各种任务。对于形形色色、用途各异的“智能一代”产品,需要优化实现的目标自然也是多种多样的,但其核心目标一般要包括任务级人机交互和自主优化运行等两大方面。

1) 任务级人机交互

对任务的理解能力是体现产品智能程度高低的重要标志,也是“智能一代”产品摆脱对使用者知识和经验的依赖,解放使用者脑力劳动的关键。

对于“数字一代”产品和“网联一代”产品,一般只能接受具体的动作级任务指令。而“智能一代”产品则可以直接接收抽象的任务级指令。

2）自主优化运行

自主优化运行能力是体现产品智能程度高低的另一重要标志。对于“数字一代”产品和“网联一代”产品，其工作任务的执行过程一般是预先设定好的，即不能根据自身状况和环境等不确定性变化做出适应性调整，工作任务的执行效果也往往存在较大的优化空间。

“智能一代”产品则拥有自主优化运行的能力。自主优化运行涉及对影响产品使用性能的方方面面的优化，例如产品可对自身状态和外部环境进行监测，在使用过程中随时确认自身的损耗程度和各方面变化，并动态响应环境变化进行自主调整优化，确保在使用过程中始终发挥最佳作用。

8.3.2 智能生产

1. 概念

智能生产是制造智能产品的物理化过程，亦即狭义而言的智能制造。

智能生产是智能制造的主要组成部分，而智能工厂是智能生产的主要载体。智能工厂根据行业的不同可分为离散型智能工厂和流程型智能工厂，追求的目标都是生产过程的优化，大幅度提升生产系统的性能、功能、质量和效率，重点发展方向都是智能生产线、智能车间、智能工厂。

2. 离散型制造智能工厂

由于产品制造工艺过程的明显差异，离散型制造业和流程型制造业在智能工厂建设的重点内容有所不同。对于离散型制造业而言，产品往往由多个零部件经过一系列不连续的工序装配而成，其过程包含很多变化和不确定因素，在一定程度上增加了生产组织的难度和配套复杂性。企业常常按照主要的工艺流程安排生产设备的位置，以使物料的传输最有效，生产设备在厂区的占用面积最小。面向订单的离散型制造企业具有多品种、小批量的特点，其工艺路线和设备的使用较灵活。因此，离散型制造企业更加重视生产的柔性，其智能工厂建设的重点是智能制造生产线。

离散型制造智能工厂的特征之一就是工厂制造物料流动过程的高度自动化。离散型制造过程中的物流搬运、管理与调度完全依赖机器人、传输带、无人小车等自动化设备，如图8.4所示是一种汽车零部件自动化制造工厂设备分布图，这种离散型制造物流自动化形

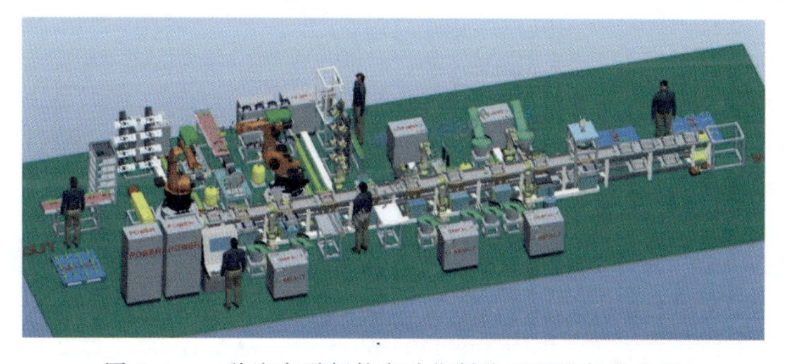

图8.4 一种汽车零部件自动化制造工厂设备分布图

态在高端装备、汽车制造、电子制造等先进发达的制造领域得到充分发挥。如日本FANUC公司的机器人制造工厂完全实现了机器人与加工设备之间的协同,车间的物料搬运、刀具管理、产品的出入等完全实现了无人化。

离散型制造智能工厂的特征之二就是工厂内部的设备、材料、环节、方法以及人等参与产品制造过程的全要素有机互联与泛在感知,如图8.5所示,是智能工厂各功能单元之间的组网和数据通信协议。为实现数据在异构网络高速、高安全地互联互通,网络通信及协议是技术的核心关键。

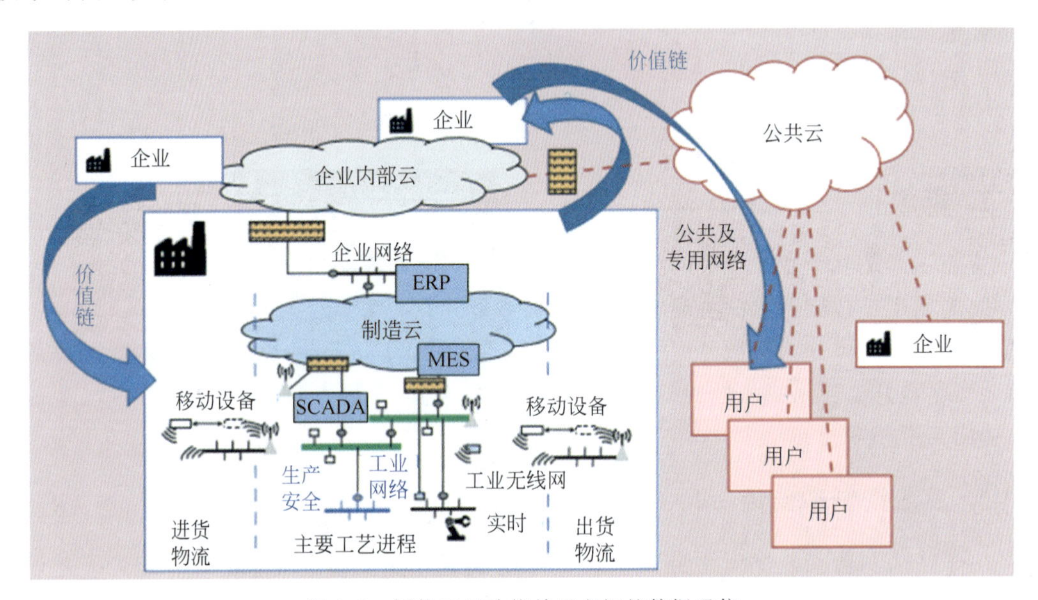

图8.5 智能工厂功能单元之间的数据通信

离散型制造智能工厂的特征之三是对制造过程的信息物联系统建模与仿真,以及利用制造大数据对制造过程的决策分析与应用等人工智能在制造业中的应用技术方面。

3. 流程型制造智能工厂

流程型制造业则是以各类自然资源为原料,通过包含物理化学反应的气、液、固多相共存的连续化生产过程,为下游制造业提供原材料和能源的基础工业。流程型制造业生产过程结构如图8.6所示,原料进入生产线不同装备,在信息流与能源流作用下,经过物质流变化形成合格产品。

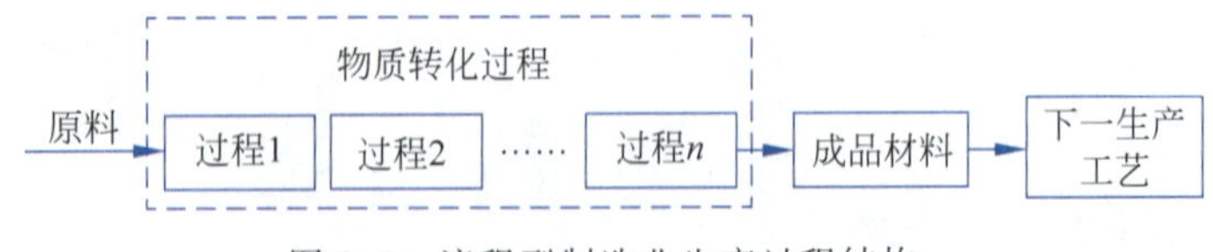

图8.6 流程型制造业生产过程结构

流程型智能制造主要是针对现有制造模式存在的亟待解决的资金流、物质流、能量流和信息流的集成和高效调控难题,从信息感知、管理决策、生产运行、能源安全环保等层面实现原材料与产品属性的快速检测、物流流通轨迹的监测及部分关键过程参量的在线检测;利用大数据、知识型工作自动化等现代信息技术进行制造过程计划和管理的优化决策;将物质转化机理与装置运行信息进行深度融合，建立过程价值链的表征关系，实现生产过程全流程的协同控制与优化；通过传感、检测、控制及溯源分析等新方法和新技术，突破流程工业过程监测、溯源分析及控制的基础理论与关键技术，实现生产制造全生命周期安全环境的足迹监控与风险控制。

流程型智能制造最终要在工程技术层面实现“四化”，即数字化、智能化、网络化和自动化；在企业生产制造层面也要实现“四化”，即敏捷化、高效化、绿色化和安全化。

8.3.3 智能服务

1. 概念

制造业产品全生命周期包括产品设计、产品加工与生产、产品服务三个阶段。服务是制造业产品全生命周期的重要组成部分。随着市场需求的牵引和智能制造技术的驱动，服务在制造业产品全生命周期中的作用越来越重要，制造业产业模式与产业形态正在发生革命性变革。

随着数字化、网络化、智能化技术飞速发展，制造企业的信息采集、存储、分析、传输等能力得到极大提高，具有实时、多源、异构、海量等特征的数据成为优化产品系统质量、成本、交付时间和服务的决策依据，制造企业能够以产品为媒介，在产品全生命周期内与客户进行互动，提供更好的服务。建立在优异的产品服务体验上，制造企业和客户的关系黏性增强，形成新型共赢的供需关系。这些产品服务体验是由数字化、网络化、智能化技术推动的，称为智能服务。

2. 服务的数字化、网络化、智能化

应用数字化、网络化、智能化技术，制造企业将为客户提供市场营销、售后服务、效能增值等三个方面的智能服务。

1）市场营销服务的数字化、网络化、智能化

通过沟通市场端和生产端，改变了制造企业和客户之间衔接的效率和质量，增加了产品附加值，延伸了产品价值链。数字化、网络化、智能化技术赋能的市场销售模式使得企业能够快速响应用户的需求，提高客户体验度，进而满足客户多样化的需求；同时，制造企业的成本降低，产品竞争力增强，市场占有率提升，进而为企业带来更高的经济效益。如通过互联网进行各种商业活动的电子商务，就是市场营销数字化、网络化、智能化的发展基础，对商业活动发展具有意义深远的影响。客户在制造企业网站上购买产品、企业向消费者提供在线客户关系管理服务(e-CRM)等是电子商务的 B2C 模式，即企业和消费者之间进行的买卖活动。图 8.7 所示为戴尔采用的独立型 B2C 电子商务组织模式，通过 B2C 平台，实现产品与消费者的网络对接。

2）售后服务的数字化、网络化、智能化

售后服务是产品制造企业对客户负责的一项重要措施，能够有效增强其竞争力。传统的售后服务主要围绕产品功能展开，包括产品的运行维护、回收再制造等。而数字化、网络化、智能化技术为产品的售后服务赋予了新的内涵。

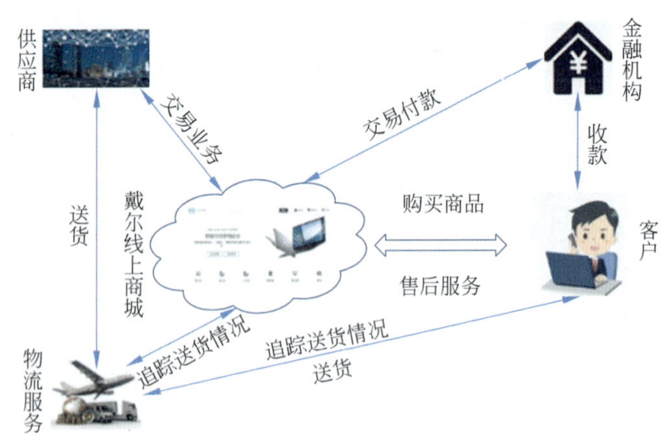

图 8.7　戴尔电子商务构建逻辑

3）产品效能增值服务

产品很多时候只是一种交付的实物，能为客户带来的成果才是产品真正的卖点。为客户带来的成果即产品效能。而在数字化、网络化、智能化技术推动下，物理产品将变成一定功能的载体，产品为客户带来的效能成为价值创造的本源，产品效能增值服务成为产品服务的重要组成。

3. 规模定制化生产——以智能服务为核心的新生产模式

生产模式是基于制造系统运行哲理而建立的企业体制、经营、管理、生产组织和技术系统的形态和运作方式。纵观世界制造业的发展历程，产品生产模式大致经历了手工业生产、机器生产、大规模流水线生产、精益生产与敏捷制造四个阶段，并正在向规模定制化生产阶段转变。

随着市场竞争的加剧，企业之间的竞争逐渐转向基于产品服务的竞争。由此，为客户提供定制化的产品，以全面提高客户满意度，成为企业追求新的竞争优势的必然选择，促使社会的经济模式从规模经济走向范围经济。这是一个重大变化。更多品种、更小批量的需求层出不穷，规模定制化生产这一新的生产模式由此展开，成为制造业发展的新趋势。

规模定制化生产的基本思路是通过产品结构和制造流程的重构，汇集定制化生产和大规模生产的优点，在现代生产、管理、组织、信息、营销等技术平台的支持下，满足客户个性化需求。它的实现离不开数字化、网络化、智能化技术的赋能。规模定制化生产运用柔性制造等先进技术，以大规模生产的成本和速度，供应单个客户或小批量多品种市场，更能体现以客户为中心的宗旨。

4. 协同创新与共享制造——以智能服务为核心的新组织模式

随着工业时代不同，组织模式也始终在不断变革。随着第四次工业革命的来临，为了更加有效地利用资源和提高效率，制造企业的组织模式将从竞争与垄断走向竞争与协同共享。协同创新与共享制造，在企业组织或市场关系中起着越来越重要的作用，成为企业之间的另一个主题。

从产品的全生命周期来看，制造业的协同创新与共享制造的组织模式，主要包括生产制造的协同与共享、创新设计的协同与共享以及制造服务的协同与共享。

1）生产制造的协同与共享

范围经济条件下，终端产品制造企业的产业分工发生重大变化，生产制造组织模式发生重大变化。一些终端产品制造企业转向主要开展制造产品的设计、营销环节，而将产品零部件生产和装配等生产精度高而利润低的制造环节，外包给了生产能力更强的代工企业、“专精特精”企业和协同制造平台。这种转变使得各个制造企业专注做自己最擅长的事情，多个企业实现协同、合作、共赢。

2）创新设计的协同与共享

创新设计的协同与共享是指由多个设计主体为实现统一的设计目标，通过信息交互与特定的协同机制完成产品设计。在市场竞争日益激烈的环境下，单一主体完成的产品设计很难达到市场需求。在产品全生命周期的过程中，不同主体参与概念设计、详细设计、产品制造、工艺规划、产品服务等过程，并采取不同的模式共享设计成果，能够更好地满足市场需求。美国通用电气公司(GE)向全球征求 3D 打印飞机发动机支架设计方案，吸引了超过 700 名参赛者，最终 GE 综合了各种设计方案，并加以工程化，使得零件功能要求得到满足的同时，支架质量减少了 70%，这就是利用群体参与智能设计。图 8.8 为飞机发动机支架优化前后对比。

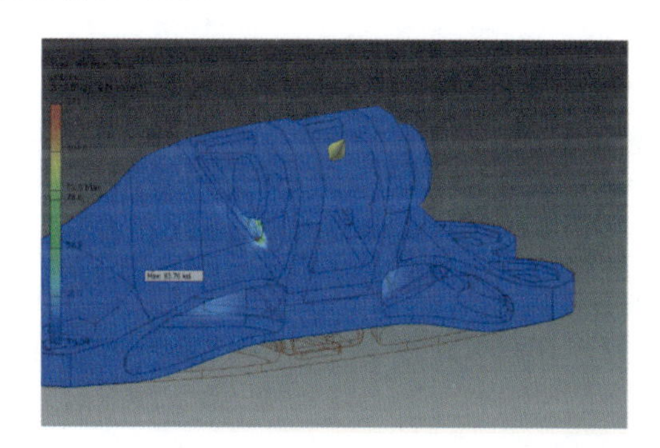
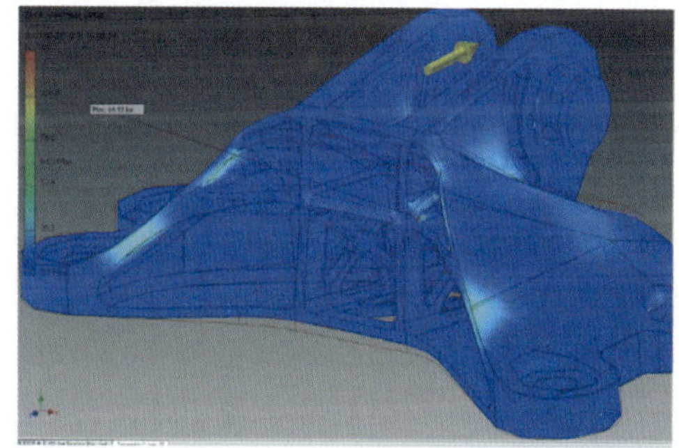

图 8.8 飞机零件数字化结构示意图

3）制造服务的协同与共享

制造服务的协同与共享围绕物流仓储、产品检测、设备维护、供应链管理、数据存储与分析等企业普遍存在的共性服务需求，整合海量社会服务资源，探索并发展集约化、智能化、个性化的服务能力共享。制造服务的系统与共享模式有利于减少能源和资源等要素的投入，降低成本，提高制造企业的经济效益，以及提高产业链各环节的效率。此外，有利于解决环境污染等问题，推进“绿色制造”，建设“美丽中国”。

5. 服务型制造——以智能服务为核心的新产业模式

制造业的产业模式是指在制造技术推动下，制造企业通过优化生产过程与组织模式，转变业务运作方式，提升产品价值的方法和路径。早期制造业的产业模式以生产型制造为主，重点围绕生产制造环节开展业务。伴随着卖方市场向买方市场的转变以及智能制造技术的进步，智能服务对制造实体的经济效益影响越发明显，促使制造业的增值环节从物理产品的生产过程向产品价值链的两端延伸，进而形成了“以客户为中心、提供基于产品的高附加值服务"的产业模式——服务型制造。

服务型制造是制造与服务共生发展的产业模式。对内,通过生产技术的优化与升级,从为市场供给产品的模式,逐渐向供给基于产品的服务的模式转变,从而实现企业利润的增长;对外,通过提高产品附加值,为客户提供基于产品的服务,从而提高企业竞争力。服务型制造仍然是以产品为载体,以生产为根基,主要的变化在于其业务的开展从"以产品为中心"转向"以客户为中心",基于产品的服务成为主要增值业务。例如,苹果iPhone的设计由位于美国的苹果总部完成,其他关键零部件的生产则由中国、日本、韩国等国家和地区的厂商供应,产品组装则在中国富士康进行,销售及售后服务最终由苹果公司提供。苹果公司通过开展服务型制造转型,将产品的研发设计与品牌营销环节把握在自己手中,而把生产制造环节外包出去,不仅实现了快速发展,也取得了很高的利润。美国学者发布的《捕捉苹果全球供应网络利润》报告中指出,2010年苹果公司每卖出一台iPhone,就独占其中58.5%的利润,中国企业获得不足2%的利润;在2012年售价为700美元的iPhone 5中,中国企业获取的人力成本只有8美元。

从全球范围来看,企业制造业务与服务业务之间的边界变得越来越模糊。美国AndyNeely调查公司对全球13000家制造业上市公司提供的服务进行了研究,结果表明,发达国家制造业服务化的水平明显高于正处在工业化进程中的国家。美国58%的制造企业实现了物理产品与无形服务的结合,芬兰的这一比值为51%、马来西亚是45%、荷兰是40%、比利时是37%。美国Deloitte公司研究报告《基于全球服务业和零部件管理调研》表明,在其调查的80家制造企业中,服务收入占总销售收入的平均值超过25%;有19%的制造业公司的服务收入超过总收入的50%。

受限于制造技术、生产方式和组织结构等因素,我国在发展服务型制造过程中,多数制造企业的服务收入占总营业收入的比重不到10%,仍为生产型制造企业;部分企业的这个比重高于10%而不足50%,是生产服务型制造企业;只有极少数企业的服务收入超过50%,转型成为服务型制造企业。现阶段,我国产业模式的变革总体呈现出"生产型制造与生产服务型制造并存发展、服务型制造探索发展"的状态。

第9章

工业工程

9.1 概　　述

9.1.1 工业工程简介

工业工程(industrial engineering,IE)作为一门学科,是工程技术(机械工程、计算机科学与技术等)、经济管理与人文科学的交叉学科,是一种方法论,也是一种哲理。它围绕各种类型的社会组织及其组织的集合,致力于整体优化与提高生产率、产品质量和经济效益,是一个国家生产发展和经济增长成功的重要因素。工业工程在发达国家国民经济中的重要地位与作用已被历史证明。

美国值得向全世界夸耀的东西就是IE,美国之所以打胜第一次世界大战,又有打胜第二次世界的力量,就是因为美国有IE。

——美国质量管理权威　约瑟夫·莫西·朱兰(J. M. Juran)

20世纪的工业取得的重大成就,在管理技术上贡献最大的莫过于工业工程技术,这是一个由美国人创造,被世界接受并产生重大影响的思想,不论什么时候它被应用,生产率就会提高。

——20世纪美国管理学界泰斗　彼得·杜拉克(Peter Drucker)

(1) 研究对象:各种类型的社会组织及其组织的集合(图9.1)。

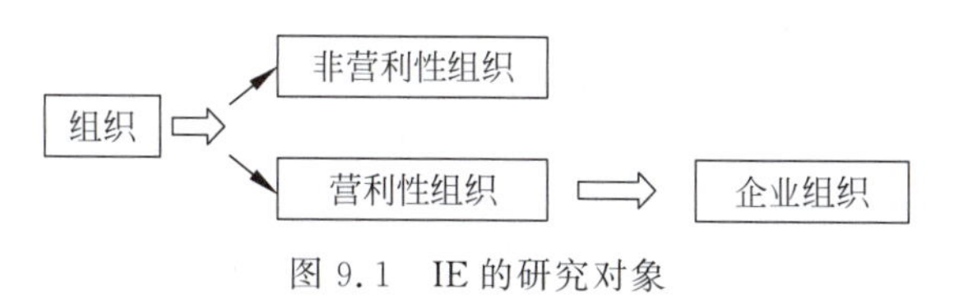

图9.1　IE的研究对象

(2) 研究总体思路:针对整体优化目标,围绕社会生产要素,研究社会组织/某系统/子系统的输入输出转换全过程,实施面向产品/服务全生命周期的管理与控制,以期获得目标产品或服务(图9.2)。

关于工业工程的定义,不同时期、不同国家、不同学术组织和学者,因阐述问题的角度不同,表述不尽一致,其定义多达数十种。但通常采用最具权威性的美国工业工程师学会(American Institute of Industrial Engineers,AIIE)于1955年正式提出、后经修改的定义:"工业工程是对于由人员、物料、设备、能源和信息所组成的集成系统进行设计、改进和设置

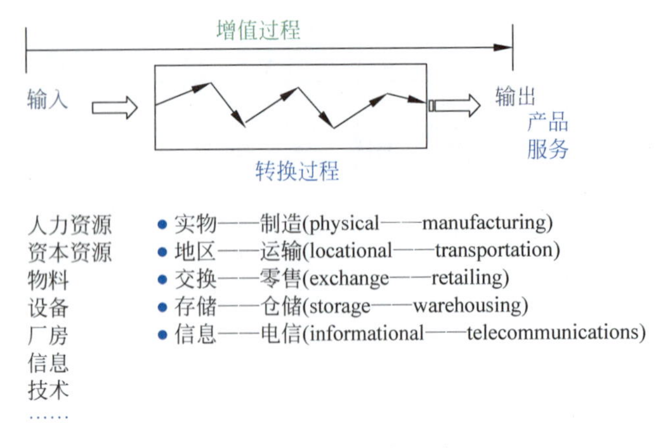

图 9.2　IE 的研究思路

的一门学科,它综合运用数学、物理学和社会科学的专门知识与技能,以及工程分析和设计的原理与方法,对该系统所获得的结果进行确定、预测和评价。”该定义已被美国国家标准学会(American National Standards Institute,ANSI)采用作为标准术语,收入美国国家标准 Z94,即《工业工程术语》(*Industrial Engineering Terminology*,ANSI Z94 1982)中。

该定义虽经数次补充,但也难以反映现代 IE 的实质。1989 年工业工程师学会(IIE)对 IE 进行了重新定义:“工业工程(IE)是实践规划、设计、实施和管理生产和服务(保证功能、可靠性、可维护性、日程计划和成本控制)系统的带头职业。这些系统可能是自然界的社会技术,通过产品的生命期、服务或程序,人员、信息、原料、设备、工艺和能源的集成,以期达到盈利、效果、适应性、责任、质量、产品与服务的连续改善。其所用的方法,涉及人因工程和社会科学(包括经济学)、计算机科学、基础科学、管理科学、通信技术、物理学、行为学、数学、统计学、组织学和伦理学。”

归纳起来,可以从以下四个方面总结 IE 定义的要点。

(1) 学科性质:工程技术(机械工程、计算机科学与技术等)、经济管理与人文科学的交叉与集成学科,用工程和技术的方法来解决经营管理问题。

(2) 研究对象:由人、机、料、法、环、信息、能源、技术等要素构成的生产、经营管理系统及各类社会组织及其集合。

(3) 研究方法:应用数理统计、社会学和工程学中的分析、规划、设计、评价等理论,特别是系统工程、计算机科学与技术相关的专门理论、方法与工具。

(4) 目标:《美国大百科全书》(1982 年版)对工业工程的目标解释为:“工业工程是对一个组织中的人、物料和设备的使用及其费用做详细分析研究。这项工作由工业工程师完成,目的是使组织能够提高生产率、利润率和效率。”它表明,工业工程的目标就是使生产系统投入的所有要素都得到有效利用,以期达到提高生产率,降低成本,保证质量和安全,获得最佳效益。

关于工业工程专业,教育部编写的《普通高等学校本科专业目录和专业介绍》中进行了详细描述。

120701 工业工程

培养目标:本专业培养具有坚实的自然科学、社会科学、专业工程技术基础,掌握经济与管理的知识与方法，能够从事工业工程类、科研和运营管理与实践的高级复合型人才。

培养要求：本专业学生主要学习经济学、管理学、系统工程学、运筹学、统计学以及一门（或多门）较宽泛的专业工程技术知识，能够具有在企业、公共组织等多种产业部门从事生产及运营管理部门的技术与管理工作，进行系统分析、规划、设计、管控、质量管理和评价及标准化等方面的基本能力。

毕业生应获得以下几方面的知识和能力：

（1）掌握经济学、管理学、运筹学、统计学和系统工程学等基本理论、知识和方法；

（2）掌握一门以上较为宽泛的工程技术（如机械工程等）的基本理论、基本知识和方法；

（3）掌握工业工程的基本理论、技术和方法，并具有应用工业工程理论和方法进行技术与管理工作的基本能力；

（4）熟悉国内外有关产业运营方面的相关方针、政策和法规；

（5）了解工业工程、标准化和质量管理工程的理论发展前沿和应用前景；

（6）具有一定的科学研究能力和实际工作能力以及一定的创新、批判性思维能力。

主干学科：工业工程、管理科学与工程、物流管理与工程。

核心课程：运筹学、统计学、经济学、管理学、系统工程学、管理信息系统、基础工业工程、物流工程、人因工程、生产管理、标准化工程、质量管理工程。

主要实践性教学环节：课程设计、工程实践、工业工程实验、专业实习、毕业实习、毕业论文，一般安排30周。

修业年限：四年。

授予学位：管理学学士或工学学士。

9.1.2 工业工程的起源与发展

1）工业工程的奠基研究

弗雷德里科·W.泰勒（1865—1915）是工业工程的主要奠基人，其三大主要实验（铁锹实验、搬运实验和金属切削实验）及论文、著作（1895年发表的《计件工资》（*A Piece-rate system*）、1903年发表的《工场管理》（*Shop Management*）、1906年发表的《论金属切削工艺》（*On the Art of Cutting Metals*）、1911年发表的《科学管理原理》（*The Principles of Scientific Management*））等广泛涉及制造工艺过程、劳动组织、专业化分工、标准化、工作方法、作业测定、工资激励制度、生产规划及控制等问题，对现代管理发展作出重大贡献，被誉为“科学管理之父”。其中，泰勒利用秒表测定作业时间，开创了“时间研究”（time study），并制定了操作工人的作业标准及工时定额，实行有差别的计件工资制，工人按作业标准和工时定额所完成作业的多少来计算工资。

与泰勒同时期的弗兰克·吉尔布雷斯（1868—1924）也是工业工程的奠基人。不同在于吉尔布雷斯夫妇关注人的因素，且创立了与时间研究密切相关的“动作研究”（motion study），并进行了疲劳研究和技能研究；在此基础上提出了改进生产动作的原则，被誉为“动作之父”。

2）工业工程的先驱研究

亨利·甘特首创的“甘特图”（Gantt chart），即生产计划进度表，是一种对预先计划和安排工作活动、检查进程,以及校正时间程序等系统的图示方法。它又是现代网络技术的先驱,至今仍被广泛应用于企业的项目管理与生产管理与控制中。

福特兄弟的流水装配线,以简单化、标准化和专业化的"三化"为目标,力求生产专业化与机械化,极大地提高了生产效率和降低了成本。

围绕人的因素,梅奥提出了人际关系学说,大大推动了行为科学理论的发展,使管理重心开始由物转向人,开始重视人的激励问题。20世纪40年代,亚伯拉罕·马斯洛(Abraham Maslow)提出了需求层次理论;50年代弗雷德里克·赫芝伯格(Frederick Hertzberg)提出了双因素理论;道格拉斯·麦格雷戈(Douglas Mcgregor)于60年代提出了X理论与Y理论;到了70年代,威廉·乌奇(William Ouchi)提出了Z理论。激励理论广泛用于运作活动,成为发挥工人创造性、积极性和提高生产率的源泉。

美国统计学家沃特·阿曼德·休哈特(W. A. Shewhart)博士,建立"统计质量控制",研究与推广了抽样检验和统计图技术等在质量控制中的作用。

艾伦·莫根森(Allanlt Mogesen)于1932年提出"工作简化"方法,发展了工业工程的基本原则,在许多国家的工厂获得成效。

詹姆斯·H.奎克(J. H. Quick)等在1934—1938年期间进行的大量研究的基础上,提出"工作因素法"(即WF法),对其后的预定时间系统(即PTS法)奠定了基础。

3) 工业工程的发展历程

工业工程形成与发展的演变过程,也是各种用于提高效率、降低成本的知识、原理和方法产生及应用的历史。如图9.3所示,工业工程经历了以下四个相互交叉的不同时期的发展历程。

按发展时间的顺序,工业工程分别经历了19世纪以前的萌芽期、1900—1930年的创建期(科学管理)、1930—1970年的发展期(系统管理)和1970年至今的创新期(现代管理)。

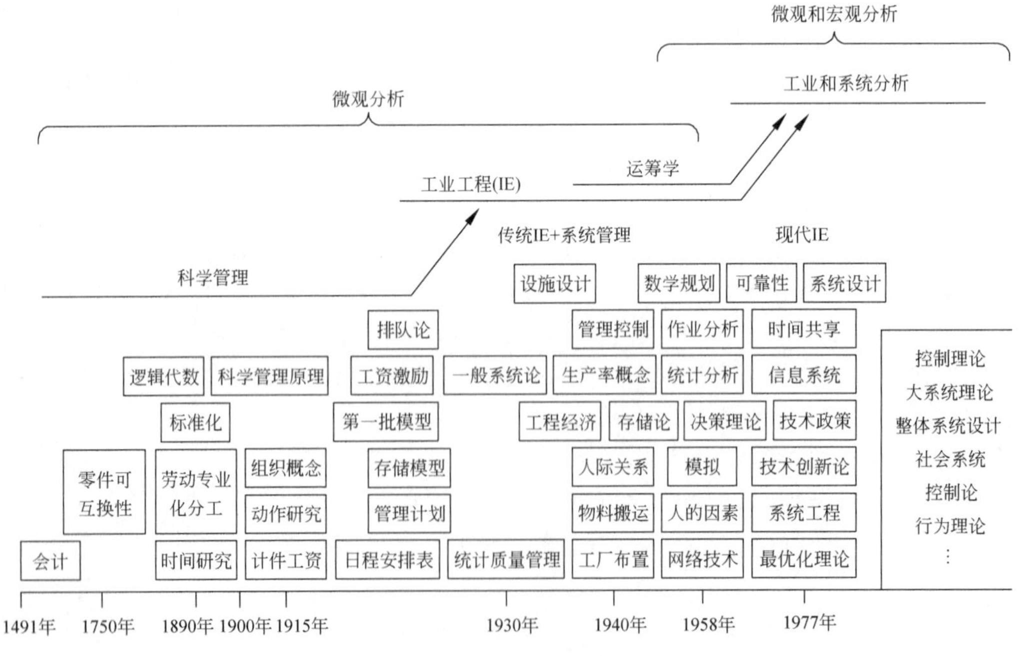

图9.3 IE发展年表

(1) 萌芽期：这个阶段出现的劳动分工理论、惠特尼提出的零件互换性及波顿的组织改善论为IE的发展奠定了基础理论。

(2) 创建期：人们开展了大量的理论研究与工程实践，通过时间研究与动作研究、工厂布置、物料搬运、库存管理、计划控制等，以提高劳动生产率。但其仍表现为一个个孤立而分散的理论、方法和技术，着眼于处理工厂中单个工位、车间或生产线等较小系统的问题，而对多系统的复杂化组合研究却较少。创建期阶段出现的理论与技术在现代企业经营管理中仍然发挥着重要的指导和实践作用，是工业工程的重要组成部分。

(3) 发展期：随着IE理论与实践的发展，传统IE理论不断注入工程技术及相关学科的新内容而逐渐演化为"以定量分析为主，以运筹学和系统工程作为理论基础，以计算机作为先进手段，着眼于系统整体优化"，旨在提高物料利用率和系统生产率。

(4) 创新期：由于计算机技术、系统工程、通信技术等的发展，完善了IE的理论基础和分析方法，特别是系统分析与设计、信息系统、决策理论、控制理论等成为IE新的技术手段。发展为面向企业经营管理全过程和产品全生命周期，模拟、评估与综合评价的系统。同时IE的应用范围已从传统机械制造及工业生产领域，扩展到交通运输、邮电、医院、军事，乃至政府等各种社会组织；在此基础上，针对经营管理中存在的问题产生了各种新型管理模式与理念，提供了解决问题的思路。

从工业工程发展的四个阶段来看，工业工程是一个动态发展的领域，许多现代科学技术都成为其相关学科。现阶段，随着人工智能、大数据、云计算和机器人等新兴学科与技术的发展，促进了"IE＋IT＋AI"的发展。

9.1.3 工业工程的职能

工业工程的职能是探索最有效地利用人力、材料、设备、资金和信息的途径，进行设计、改进和设置。通常将IE的职能分为规划、设计、管理、控制、咨询、评价和优化等几个方面，如图9.4所示。

1. 规划

规划(programming)是对某系统/组织在未来一定时期内(短期、中期、长期)，从事生产或服务所应采取的特定行动的预备活动，包括总体目标、方针政策、战略和战术的制定。IE从事的规划侧重于技术发展规划，主要是协调各类资源的利用。

2. 设计

设计是为实现某一既定目标而创建具体实施系统的前期工作，包括技术准则、规范、标准的拟订，最优方案选择和蓝图绘制。IE主要侧重于系统的总体设计，把各类资源组成一个综合的有效运行系统。

3. 管理

工业工程活动的管理涵盖企业经营管理全过程，包括采购、库存、生产计划、物流、质量与可靠性、成本等系统，实现产品/服务的全生命周期管理。

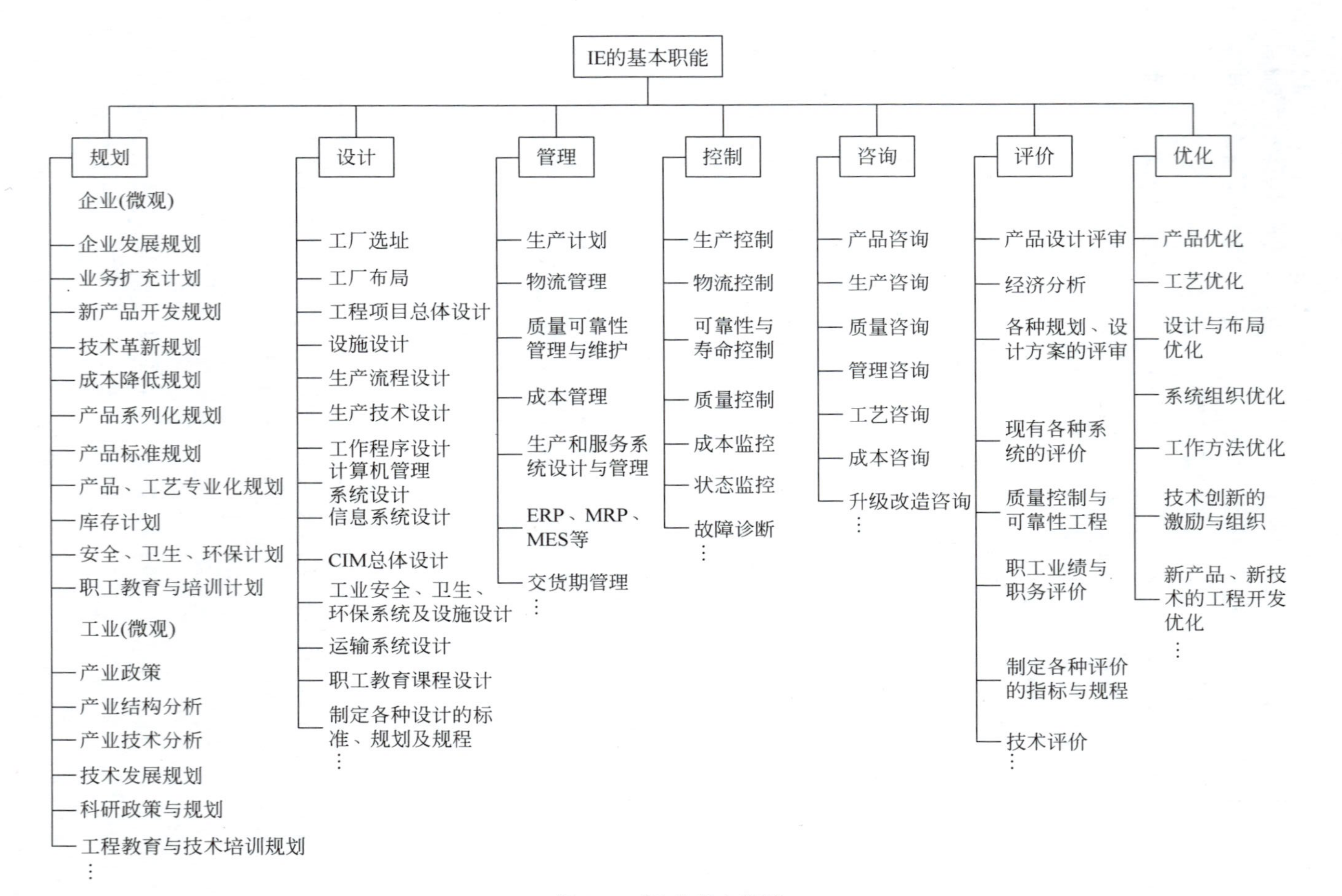
IE的基本职能
规划
企业(微观)
企业发展规划
业务扩充计划
新产品开发规划
技术革新规划
成本降低规划
产品系列化规划
产品标准规划
产品、工艺专业化规划
库存计划
安全、卫生、环保计划
职工教育与培训计划
工业(微观)
产业政策
产业结构分析
产业技术分析
技术发展规划
科研政策与规划
工程教育与技术培训规划
…
设计
工厂选址
工厂布局
工程项目总体设计
设施设计
生产流程设计
生产技术设计
工作程序设计
计算机管理系统设计
信息系统设计
CIM总体设计
工业安全、卫生、环保系统及设施设计
运输系统设计
职工教育课程设计
制定各种设计的标准、规划及规程
…
管理
生产计划
物流管理
质量可靠性管理与维护
成本管理
生产和服务系统设计与管理
ERP、MRP、MES等
交货期管理
…
控制
生产控制
物流控制
可靠性与寿命控制
质量控制
成本监控
状态监控
故障诊断
…
咨询
产品咨询
生产咨询
质量咨询
管理咨询
工艺咨询
成本咨询
升级改造咨询
…
评价
产品设计评审
经济分析
各种规划、设计方案的评审
现有各种系统的评价
质量控制与可靠性工程
职工业绩与职务评价
制定各种评价的指标与规程
技术评价
…
优化
产品优化
工艺优化
设计与布局优化
系统组织优化
工作方法优化
技术创新的激励与组织
新产品、新技术的工程开发优化
…

图 9.4 IE 的基本职能

4. 控制

工业工程活动的控制指对直接或间接影响产品质量的生产、安装和服务过程所采取的作业技术和生产过程的分析、诊断和监控，从而使得生产/服务执行过程状态与计划状态尽可能保持一致并能及时纠偏。

5. 咨询

工业工程活动的咨询主要指围绕企业经营管理三大流(物流、信息流和资金流)，对有关人员、物资、设备、能源和信息等组成的整体系统的设计、运维、改进和实施的咨询。

6. 评价

评价是对现存的各种系统、各种规划和计划方案，以及个人与组织的业绩作出是否符合既定目标和准则的评审与鉴定的活动，包括各种评价指标和规程的制定及评价工作的实施。IE 评价是为高层管理者的决策提供科学依据、避免决策失误的重要手段。

7. 优化

按经济学家熊彼特的理解，优化创新是“企业家实行对生产要素的新的组合”。IE 的优化是以系统的整体目标和效益出发，把各种相关条件加以综合考虑与平衡，然后确定出优化的目标、策略及内容。

9.1.4 工业工程的意识

一个优秀的工业工程师除了应具备相应的知识与能力素质外，还应具备工业工程意识。所谓工业工程意识就是工业工程实践的产物，是对工业工程应用有指导作用的思想方法。主要包括以下几个方面。

1. 成本和效率意识

为了追求利润最大化和整体效益最优化，必须树立成本和效率意识。尽管 Q/W/C/D/E/逐渐成为企业竞争的重要因素，然而成本和效率一直是竞争的基础要素，始终是 IE 的基本目标之一。工业工程师的一切工作都是从大处着眼、从总目标出发、从小处着手，力求节约、杜绝浪费，寻求以成本最低、效率更高的方式去完成。

2. 问题和改革意识

工业工程是一门追求合理性的学问，为了使各生产要素(人、机、料、法、环等)达到“1+1>2”的结合效益，形成一个有机、优化的整体系统，必须在操作方法、生产流程直至组织管理各项业务等方面，坚持改善、改善、再改善，通过使用 5W2H、5WHY 等方法不断发现问题，并勇于创新、寻找更好的方法。不管是一项任务，一个生产单元或是一个系统/组织，都可以不断地进行研究分析并逐步得到改进。

3. 工作简化和标准化意识

工业工程追求高效与优质的统一。IE自形成以来，一直致力于推行工作简化、专门化和标准化工作，它对降低成本、提高效率起到了重要作用。在复杂多变的市场环境下，为了在激烈的市场竞争中拥有持续竞争优势，必须经常开发新产品、新工艺、新技术，以大规模定制或多品种小批量生产方式满足顾客的差异化需求。作为保证高效率和优质生产的基本条件，工作简化和标准化工作旨在将每一次生产技术改进的成果以标准化形式确定下来并加以贯彻，并在不断改善的同时，更新标准，推动生产向更高水平发展，如图9.5所示。

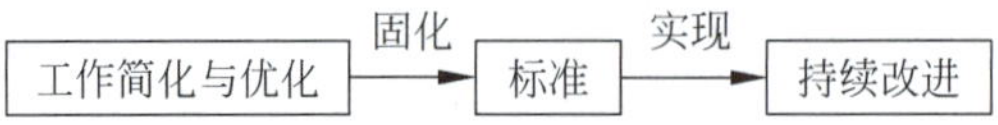

工作简化与优化 —固化→ 标准 —实现→ 持续改进

图9.5 工作简化和标准化

4. 全局和整体意识

现代工业工程追求系统整体优化、生产要素的充分利用和子系统效率的提高，因此必须从全局和整体的需要出发。针对研究对象的具体情况选择适当的工业工程方法，并注重应用的综合性和整体性，这样才能取得良好的效果。

5. 以人为中心的意识

人是生产经营活动中最重要、最活跃也是不确定性最大的一个要素，其他要素都是通过人的参与才能发挥作用。现代管理都强调以人为本，充分发挥人力资本的主观能动性和效用，工业工程的活动也必须坚持以人为中心来研究生产系统的设计、管理、控制、评价、优化和创新，按人的生理与心理特点集成系统，使组织内的全员都关心并参与到系统持续改善工作中去，使人高效、健康、安全、舒适地工作，以达到降低成本、提高效率的目的。

9.1.5 工业工程学科分支

美国国家标准ANSI-Z94把IE划分为17个分支。

(1) 生物力学：应用力学原理和方法对生物体中的力学问题定量研究。生物力学研究的重点是与生理学、医学有关的力学问题。

(2) 成本管理：企业生产经营管理过程中各项成本核算、成本分析、成本决策和成本控制等行为的总称，包括成本规划、成本计算、成本控制和业绩评价四项内容。

(3) 数据处理及系统设计：数据处理指企业生产经营管理过程中各种数据的获取、加工、决策支持等行为；系统设计是指发生新的状况使得现在的系统难以满足实际需求时，运用系统科学的思想和方法，研究设计出能最大限度满足所要求的目标(或目的)的新的系统并进行评价。

(4) 销售与市场：在充分市场调研的基础上，研究如何抢占市场先机与份额、获取客户心声及更多的订单。

(5) 工程经济：研究各种技术在企业生产经营管理过程中如何提高产出投入比。

(6) 设施规划与物流(含工厂设计、维修保养、物料搬运等)：研究设施选址及评价、企业物流分析、工厂设施规划与设计、物料搬运系统设计、库存管理及仓库规划、设施布置问题的建模、算法与实践。

(7) 材料加工(含工具设计、工艺研究、自动化等)：是将原料/原材料转变成实用材料或产品/服务的一种工程技术。

(8) 应用数学(含运筹学、管理经济学、统计和数学应用等)：应用目的明确的数学理论和方法的总称，主要研究自然科学、工程技术、信息、经济、管理等科学中的数学问题等。

(9) 组织规划与理论：研究组织结构、发展和员工行为的总体设计与预期的技术以及相关方法。

(10) 生产规划与控制(含库存管理、运输路线、调度、发货等)：对制造产品或提供服务过程中各种活动的计划、协调和实施。

(11) 实用心理学(含心理学、社会学、工作评价、人事实务)：研究人格、社会认知、社会行为、社会交换、社会态度、人际关系、团体、文化以及健康等及其对社会、组织、人类等的影响。

(12) 方法研究和作业测定：两者统称为"工作研究"，分析影响工作效率的各种因素，消除典型七大浪费，减轻劳动强度，合理安排作业，用新的工作方法来代替现行的方法，并制定该工作所需的标准时间，从而提高劳动生产率和整体效益。

(13) 人的因素：研究人在生产经营管理过程中与其他生产要素的关系及影响规律，以提高人的主观能动性及效能。

(14) 工资管理：研究员工工资发放的计划、组织、协调、指导和监督。

(15) 人体测量：主要研究人体测量和观察方法，并通过人体整体测量与局部测量来探讨人体的特征、类型、变异和发展。

(16) 安全：涉及安全技术及工程、安全科学与研究、安全监察与管理、工作场所危险有害因素识别与检测、安全设计与生产、安全教育与培训等内容。

(17) 职业卫生与医学：主要任务是识别、评价、预测和控制不良劳动条件对职业人群健康的影响。

9.2 工业工程专业的毕业要求及课程体系

9.2.1 工业工程专业的毕业生能力

本专业培养具备坚实的自然科学、社会科学和现代制造工程技术基础，并掌握和具备运筹和统计、基础工业工程、工效学、企业经营管理和决策、质量与可靠性、复杂系统运营和项目管理、物流与供应链、技术经济分析和现代信息技术应用等方面的基本理论和知识、素质和能力。

本专业学生主要学习机械制造基础、电子技术基础、计算机应用基础等机电工程技术知识，以及经济学、管理学、系统工程学、运筹学、统计学、工程管理等工业工程方面的基本理论和基本知识，具备能够在企业、公共组织等多种产业部门从事生产及运营管理等技术或管理工作的综合素质和能力。

毕业生应获得以下几方面的知识与能力:

(1) 工程知识。能够将数学、自然科学、工程基础和专业知识用于解决复杂工程问题。

(2) 问题分析。能够应用数学、自然科学和工程科学的基本原理,识别、表达并通过文献研究分析复杂工程问题,以获得有效结论。

(3) 设计/开发解决方案。能够设计针对复杂工程问题的解决方案,设计满足特定需求的生产系统、单元(部件)或工艺流程,并能够在设计环节中体现创新意识,考虑社会、健康、安全、法律、文化以及环境等因素。

(4) 研究。能够基于科学原理并采用科学方法对复杂工程问题进行研究,包括设计实验、分析与解释数据,并通过信息综合得到合理有效的结论。

(5) 使用现代工具。能够针对复杂工程问题,开发、选择与使用恰当的技术、资源、现代工程工具和信息技术工具,包括对复杂工程问题的预测与模拟,并能够理解其局限性。

(6) 工程与社会。能够基于机械工程和工业工程相关背景知识进行合理分析,评价专业工程实践和复杂工程问题解决方案对社会、健康、安全、法律以及文化的影响,并理解应承担的责任。

(7) 环境和可持续发展。能够理解和评价针对复杂工程问题的工程实践对环境、社会可持续发展的影响。

(8) 职业规范。具有人文社会科学素养、社会责任感,能够在工程实践中理解并遵守工程职业道德和规范,履行责任。

(9) 个人和团队。能够在多学科背景下的团队中承担个体、团队成员以及负责人的角色。

(10) 沟通。能够就复杂工程问题与业界同行及社会公众进行有效沟通和交流,包括撰写报告和设计文稿、陈述发言、清晰表达或回应指令,并具备一定的国际视野,能够在跨文化背景下进行沟通和交流。

(11) 项目管理。理解并掌握工程管理原理与经济决策方法,并能在多学科环境中应用。

(12) 终身学习。具有自主学习和终身学习的意识,有不断学习和适应发展的能力。

9.2.2 工业工程专业的毕业学分要求

工业工程专业毕业学分要求如表9.1所示。

表9.1 工业工程专业毕业学分要求

课程模块	课程性质	学分
通识教育	必修	37
	选修	8
学科教育	必修	35
专业教育	必修	73(卓越工程师班77)
	选修	12
毕业总学分		165(卓越工程师班169)

9.2.3 工业工程专业的课程体系

本专业涉及的主干学科包括：机械工程、管理科学与工程、物流管理与工程等。专业核心课程有：运筹学、概率与统计、企业管理学、基础工业工程、设施规划与物流分析、人因工程、生产管理与控制、质量管理与可靠性、成本管理、企业信息化等。主要集中实践环节包括：军事训练、金属工艺实习、工业工程认知实习、机械设计基础课程设计、工业工程综合课程设计、毕业实习、本科生科研训练、毕业设计等。工业工程专业课程体系流程如图9.6所示。

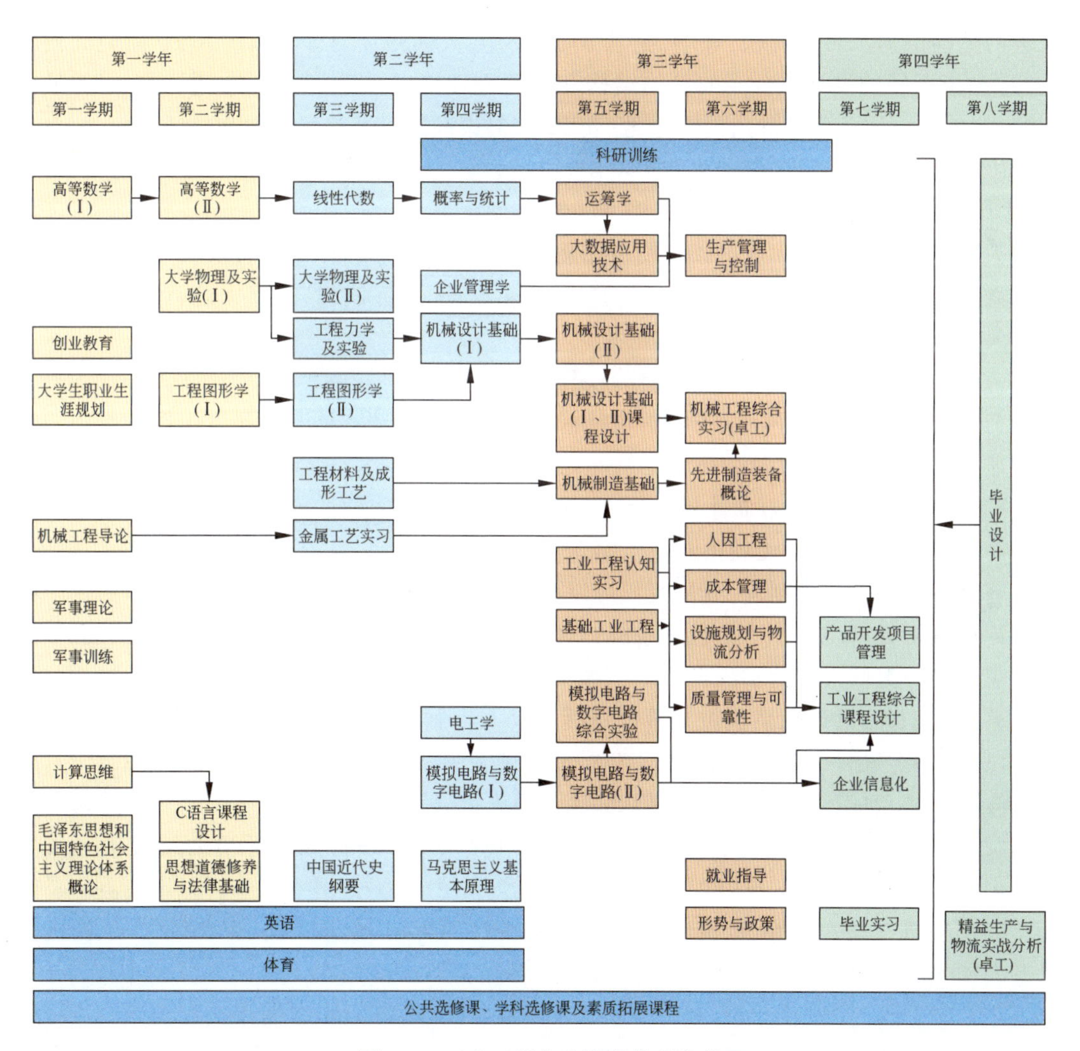

图9.6 工业工程专业课程体系流程

9.3 工业工程的研究领域

9.3.1 人因工程与工效学

人因工程和工效学(HFE)是关于如何使技术系统安全、有效、容易且易于使用的研究，涉及人的绩效以及如何通过工具、系统、工作环境、流程和组织的设计来提高系统效能，重点围绕探讨和应用人类行为、能力本能极限和其他的特性等相关信息来设计器具、机器、设备、系统、任务、工作及其相关所属的周遭环境，以增加生产力、安全性、舒适感和效率，进而提升人类的生活品质。HFE 以心理学、生理学、解剖学、人体测量学等学科为基础，研究如何使人-机-环境系统的设计符合人的身体结构和生理心理特点，以实现人、机、环境之间的最佳匹配，使处于不同条件下的人能有效地、安全地、健康和舒适地进行工作与生活的科学，包括劳动生理学、劳动心理学、劳动生物力学、组织行为学、人-机-环境工程、可用性理论、人机界面、生产与安全工程、神经工业工程、职业安全与健康。

人的因素与人们使用或触摸的所有事物，以及与之交互的所有事物以及参与的所有活动都息息相关。HFE 的应用范围包括服装、生活空间、业务流程、医疗保健、计算机接口以及航天器驾驶舱等。具体应用如下所述。

(1) 物理系统，例如手机、血糖监测仪和建筑设计；

(2) 信息系统，例如网页、支持虚拟社区形成的网络工具以及汽车和飞机驾驶舱中的控件和显示；

(3) 管理系统，例如培训计划、出色完成任务的认可和奖励系统。

简而言之，人为因素无处不在。

通过对人为因素深刻的了解，我们可以成为一名更好的设计师。人因工程和工效学将为我们提供工具以设计一个出色的系统：对社会负责；更安全、更轻松、更愉快地使用；更好地满足各种类型人群的实际需求。

整体上 HFE 的研究案例主要可以概括为以下几个方面：

(1) 人-软/硬件。建立良好的人与软/硬件的关系，达到人和软/硬件有交互的合作，融为一体。例如，如何使得飞行机组更熟练地使用飞机，以提高飞行品质等。

(2) 人-环境。如何充分利用及发挥人与环境的关系，使得人与环境的结合效能最大化。例如，人与工作空间、设施配置的优化设计等。

(3) 人-人。研究领导、班组(机组)、团队和个性的影响，企业文化、企业风气、工作压力以及人和人之间的关系及其对人表现的影响。

9.3.2 生产及制造系统工程

生产及制造系统工程包括设施规划与物流分析、生产计划与控制、质量管理与可靠性、现场管理优化、先进制造系统等。

1. 设施规划与物流分析

旨在揭示物流在工业企业系统中的地位、作用和人、机、物等基本生产要素之间的关系，基于工厂设计的基本原理，以系统物流分析和系统布置设计为核心进行制造或物流设施规划与设计。

研究内容：设施选址及评价、工厂企业物流分析、工厂设施规划与设计、物料搬运系统设计、库存管理及仓库规划、物料搬运和仓储设备、设施布置问题的建模、算法与计算机化布置方法。

2. 生产计划与控制

旨在探索企业生产运营管理中的"生产什么品种?""生产多少?""何时生产?"，以期在此基础上组织与实施精益化生产。

研究内容：生产运营战略、需求预测、库存控制、综合计划、物料需求计划、作业调度、精益生产、约束理论等。

3. 质量管理与可靠性

致力于先进质量技术和管理体系的研究与应用，协助企业提升产品与服务质量，发展全生命周期的系统保障的理论与技术，提升系统的可信性和可保障性。

研究内容：质量管理原则、质量管理体系、质量功能展开、可靠性工程与管理、质量控制与改进、六西格玛质量管理、可靠性与维修工程、系统维护与备件管理、质量管理工具及其应用等。

4. 现场管理优化

旨在生产现场管理的基础上，对生产现场进行综合优化，运用先进管理思想、方法和手段以及科学的标准和方法对生产现场各生产要素(人、机、料、法、环)等进行合理有效的计划、组织、协调、控制、检测和优化，使其处于良好的结合状态，达到优质、高效、低耗、均衡、安全、文明生产的目的。

经典的现场管理优化方法：IE七大手法、PDCA、6S管理、目视化管理等。

5. 先进制造系统

旨在探索制造业的新系统、新模式和新技术，力图融制造业中的先进技术与先进管理为一体。

经典的先进制造模式：并行工程、敏捷制造、可重构制造、大规模定制、精益生产、计算机集成制造、虚拟制造、网络化制造、网格制造等。随着技术与管理的发展，云制造系统、物联制造系统等正成为该领域的研究热点与重点。此外，制造系统与大数据管理、云计算等技术的结合也是目前智能制造系统的发展趋势。

9.3.3 工业系统分析与优化技术

重点针对离散型制造业生产过程集成、优化问题，综合运用概率论和统计学、优化论、运筹学的理论与方法，借助数学、统计学和机械工程、管理科学与工程学科的交叉融合，开展工业系统建模、模拟仿真、优化决策等定量研究。

主要研究内容：根据设计、制造和服务对象或过程的边界条件，应用微分方程、概率论等理论，研究建立变量之间数学关系的方法；根据已知或经验的随机特性(或噪声特性)，研究大规模尺度的科学仿真方法；研究实验设计与计算机实验设计方法，有效刻画变量之间的综合效应；结合建模和仿真信息，研究定量优化布局的方法或算法。

9.3.4 生产系统监控诊断、维护与管理技术

旨在研发可方便地实现对生产系统的远程、异地、实时监控与维护，更合理地利用生产系统内外部资源，以实现生产系统内外部资源的共享，从而提高系统维护水平、降低故障率及保障生产系统的正常执行。

研究内容：生产系统的感知网络、生产系统远程监控与故障诊断、系统维护与管理等。

9.3.5 服务运作系统工程

以提高系统运行绩效，实现系统高效、低耗、稳定与协同优化运行为目标，研究服务系统的规划设计、优化仿真、计划控制等技术，重点开展系统建模与仿真、服务计划与控制、数据采集与过程监控等关键技术研究，突破服务过程可视化技术、物联与运维服务技术、服务系统整体协同优化技术等，实现服务系统的多目标、低能耗、多环节协同优化。

第10章

机械类专业工程教育认证

10.1 工程教育专业认证概述

经济全球化，特别是服务贸易的全球化，带动了工程技术职业的全球化。国际化的工程技术服务活动不仅要求参与者的语言能力和专业技能，而且还要有基本的专业技术理论水平作保证。由于各国工程师教育体系和工程师职业管理体系的差异，选择建立学位和专业资格互认机制引起世界各国的普遍关注。为了解决不同层次的学位互认和专业技术资格互认的需要，解决这两个方面相互承认的问题，国际上相继出现了许多互认协议。其中比较有代表性的是《华盛顿协议》和欧洲工程教育专业认证体系(EUR-ACE)。《华盛顿协议》是最具权威性、国际化程度较高、体系较为完整的协议。

10.1.1 《华盛顿协议》

《华盛顿协议》于1989年由来自美国、英国、加拿大、爱尔兰、澳大利亚、新西兰六个国家的民间工程专业团体发起和签署。该协议主要针对国际上本科工程学历(一般为四年)资格互认，确认由签约成员认证的工程学历基本相同，并建议毕业于任一签约成员认证的课程的人员均应被其他签约国(地区)视为已获得从事初级工程工作的学术资格。《华盛顿协议》规定任何签约成员须为本国(地区)政府授权的、独立的、非政府和专业性社团。经过20多年的发展，《华盛顿协议》已经发展成为最有国际影响力的教育互认协议，成员遍及五大洲，2012年有美国、英国、加拿大、爱尔兰、澳大利亚、新西兰、中国香港、南非、日本、新加坡、中国台湾、韩国、马来西亚、土耳其、俄罗斯等15个正式成员。2013年，我国加入《华盛顿协议》成为预备成员，2016年年初接受了转正考察。燕山大学和北京交通大学代表国家成为《华盛顿协议》组织考察的观摩单位。2016年6月2日，在吉隆坡召开的国际工程联盟大会上，全票通过了我国加入《华盛顿协议》的转正申请，我国成为第18个《华盛顿协议》正式成员。

《华盛顿协议》的主要内容：

(1) 各缔约方所采用的工程教育认证标准、政策和程序基本等效性；

(2) 承认缔约方所认证的工程专业培养方案的认证结果具有实质等效性；

(3) 促进缔约方通过工程教育和专业训练的学生具备基本的专业能力和学术素养，为工程实践所需做好教育准备；

(4) 要求每个缔约方认真履行自己的职责,严格开展本国或本地区的工程教育培养方案认证工作,保证各方认证工作质量,从而维护其他缔约方的利益;

(5) 严格的相互监督和定期评审制度,使协议的相互认可持续有效;

(6) 各缔约组织的认证对象不是学校,而是各教育机构的培养方案,强调的是培养方案所体现出的教育理念和教学目标。

《华盛顿协议》的基本理念:

(1) 以学生为中心的教育理念。以学生为中心的教育理念,是从学生入学到学生毕业为时间段,贯穿于学生成长的各个环节,涵盖了大学四年的方方面面。教育工作者要牢固树立"以本科生为本"的教育理念,所有工作都要以本科生教学为中心。学生的范围应是全体本科生,要保障所有毕业生能力的达成,防止只重视培养少数拔尖人才而忽视全体学生的发展,使教学改革的成果惠及全体学生。

(2) 以学生学习成果为教育导向。《华盛顿协议》采用"以成果导向教育(OBE)"的认证标准,更加强调教育的"产出"质量,也就是毕业生离校时具备了什么能力,能干什么,会做什么。《华盛顿协议》规定了12项毕业生素质要求。毕业生素质是一系列独立均具可评价性的成果的组合,这些成果是体现毕业生潜在能力的重要因素,内容涉及工程知识、工程能力、通用技能、工程态度,所要求的毕业生要求与协议的范例有实质等效性。

(3) 持续质量改进。《华盛顿协议》规定学校必须有自己的质量保证体系,并能够持续改进,这是一所学校成熟和负责的表现。持续改进的实现,质量监控与评估是基础,反馈机制是核心。学校要把促进质量提升作为一种价值追求和行动自觉的质量文化,建立发现问题—及时反馈—敏捷响应—有效改进的持续质量改进循环机制。

10.1.2 中国工程教育认证概况

加入WTO以后,中国工程院于2001年开始工程教育认证相关情况调研,在重庆召开了中国、日本、韩国三国工程教育认证学术报告会。2004年成立了高等教育教学评估中心,提出"要推进专业教学评估工作,需要动员各行业协会、专业学会等社会组织参与,逐步探索将专业评估与专业认证、职业资格证书相结合的质量保障体系"。2005年,国务院批准成立了由18个行业管理部门和行业组织组成的全国工程师制度改革协调小组。2006—2007年协调小组成立了全国工程教育专业认证专家委员会,同时配套成立了独立的监督和仲裁委员会。2013年组建了中国工程教育认证协会筹备委员会并设置秘书处,最终成立了独立法人社团组织——中国工程教育专业认证协会。

在我国工科高等院校中,机械工程学科始终是历史悠久、基础较好、师资雄厚、教学经验和科研成果最丰富的学科之一,也是开展工程教育认证试点工作首批试点专业之一。2006年,在全国工程师制度改革协调小组的统一部署下,我国启动工程教育认证试点工作。2007年,在北京召开了专业认证分委会(试点工作组)筹备会议,成立了机械类专业认证分委员会。机械类专业认证的实践工作由此正式展开。通过参照国际通行做法,制定认证相关文件、认证标准等,指导北京航空航天大学、浙江大学、东南大学、山东大学、哈尔滨工业大学、上海交通大学的 6 个本科机械相关专业完成了认证申请、自评、入校考察、通过认证等相关工作。截至 2020 年年底，全国共有 257 所普通高等学校的 1600 个专业通过了工程教育专业认证，涉及机械、材料、化工、电子、信息、仪器等 22 个工科专业。

通过工程教育专业认证试点工作，建立、充实和完善了工程教育认证的管理体系，以及认证标准和认证程序，进而推动高校体制改革，促进高校教育体系与时俱进和全面发展，提升高校在培养人才参与国内外市场竞争的整体实力。

10.1.3 工程认证标准

认证标准是判断专业是否达到认证要求的依据，同时也是专业撰写自评报告的依据。认证标准由通用标准和专业补充标准两部分构成。认证标准由学术委员会负责制定，报理事会通过后发布，其中专业补充标准由相应专业领域的专业类认证委员会制定或修订，报学术委员会审定。

1. 通用标准

通用标准规定了专业在学生、培养目标、毕业要求、持续改进、课程体系、师资队伍和支持条件七个方面的要求。其中，培养目标是对该专业毕业生在毕业后五年左右能够达到的职业和专业成就的总体描述；而毕业要求则是对学生毕业时应该掌握的知识和能力的具体描述，包括学生通过本专业学习所掌握的知识、技能和素养。

1）学生

（1）具有吸引优秀生源的制度和措施。

（2）具有完善的学生学习指导、职业规划、就业指导、心理辅导等方面的措施，并能够很好地执行落实。

（3）对学生在整个学习过程中的表现进行跟踪与评估，并通过形成性评价保证学生毕业时达到毕业要求。

（4）有明确的规定和相应认定过程，认可转专业、转学学生的原有学分。

2）培养目标

（1）有公开的、符合学校定位的、适应社会经济发展需要的培养目标。

（2）定期评价培养目标的合理性并根据评价结果对培养目标进行修订，评价与修订过程有行业或企业专家参与。

3）毕业要求

专业必须有明确、公开、可衡量的毕业要求，毕业要求应能支撑培养目标的达成。专业制定的毕业要求应完全覆盖以下内容：

（1）工程知识。能够将数学、自然科学、工程基础和专业知识用于解决复杂工程问题。

（2）问题分析。能够应用数学、自然科学和工程科学的基本原理，识别、表达并通过文献研究分析复杂工程问题，以获得有效结论。

（3）设计/开发解决方案。能够设计针对复杂工程问题的解决方案，设计满足特定需求的系统、单元（部件）或工艺流程，并能够在设计环节中体现创新意识，考虑社会、健康、安全、法律、文化以及环境等因素。

(4) 研究。能够基于科学原理并采用科学方法对复杂工程问题进行研究,包括设计实验、分析与解释数据,并通过信息综合得到合理有效的结论。

(5) 使用现代工具。能够针对复杂工程问题,开发、选择与使用恰当的技术、资源、现代工程工具和信息技术工具,包括对复杂工程问题的预测与模拟,并能够理解其局限性。

(6) 工程与社会。能够基于工程相关背景知识进行合理分析,评价专业工程实践和复杂工程问题解决方案对社会、健康、安全、法律以及文化的影响,并理解应承担的责任。

(7) 环境和可持续发展。能够理解和评价针对复杂工程问题的工程实践对环境、社会可持续发展的影响。

(8) 职业规范。具有人文社会科学素养、社会责任感,能够在工程实践中理解并遵守工程职业道德和规范,履行责任。

(9) 个人和团队。能够在多学科背景下的团队中承担个体、团队成员以及负责人的角色。

(10) 沟通。能够就复杂工程问题与业界同行及社会公众进行有效沟通和交流,包括撰写报告和设计文稿、陈述发言、清晰表达或回应指令;并具备一定的国际视野,能够在跨文化背景下进行沟通和交流。

(11) 项目管理。理解并掌握工程管理原理与经济决策方法,并能在多学科环境中应用。

(12) 终身学习。具有自主学习和终身学习的意识,有不断学习和适应发展的能力。

4) 持续改进

(1) 建立教学过程质量监控机制,各主要教学环节有明确的质量要求,定期开展课程体系设置和课程质量评价。建立毕业要求达成情况评价机制,定期开展毕业要求达成情况评价。

(2) 建立毕业生跟踪反馈机制以及有高等教育系统以外有关各方参与的社会评价机制,对培养目标的达成情况进行定期分析。

(3) 能证明评价的结果被用于专业的持续改进。

5) 课程体系

课程设置能支持毕业要求的达成,课程体系设计有企业或行业专家参与。

课程体系必须包括以下几个方面:

(1) 与本专业毕业要求相适应的数学与自然科学类课程(至少占总学分的15%)。

(2) 符合本专业毕业要求的工程基础类课程、专业基础类课程与专业类课程(至少占总学分的30%)。工程基础类课程和专业基础类课程能体现数学和自然科学在本专业应用能力的培养,专业类课程能体现系统设计和实践能力的培养。

(3) 工程实践与毕业设计(论文)(至少占总学分的20%)。设置完善的实践教学体系,并与企业合作,开展实习、实训,培养学生的实践能力和创新能力。毕业设计(论文)选题要结合本专业的工程实际问题,培养学生的工程意识、协作精神以及综合应用所学知识解决实际问题的能力。对毕业设计(论文)的指导和考核有企业或行业专家参与。

（4）人文社会科学类通识教育课程（至少占总学分的 15%），使学生在从事工程设计时能够考虑经济、环境、法律、伦理等各种制约因素。

6）师资队伍

（1）教师数量能满足教学需要，结构合理，并有企业或行业专家作为兼职教师。

（2）教师具有足够的教学能力、专业水平、工程经验、沟通能力、职业发展能力，并且能够开展工程实践问题研究，参与学术交流。教师的工程背景应能满足专业教学的需要。

（3）教师有足够时间和精力投入本科教学和学生指导中，并积极参与教学研究与改革。

（4）教师为学生提供指导、咨询、服务，并对学生职业生涯规划、职业从业教育有足够的指导。

（5）教师明确他们在教学质量提升过程中的责任，不断改进工作。

7）支持条件

（1）教室、实验室及设备在数量和功能上满足教学需要。有良好的管理、维护和更新机制，使得学生能够方便地使用。与企业合作共建实习和实训基地，在教学过程中为学生提供参与工程实践的平台。

（2）计算机、网络以及图书资料资源能够满足学生的学习以及教师的日常教学和科研所需。资源管理规范、共享程度高。

（3）教学经费有保证，总量能满足教学需要。

（4）学校能够有效地支持教师队伍建设，吸引与稳定合格的教师，并支持教师本身的专业发展，包括对青年教师的指导和培养。

（5）学校能够提供达成毕业要求所必需的基础设施，包括为学生的实践活动、创新活动提供有效支持。

（6）学校的教学管理与服务规范，能有效地支持专业毕业要求的达成。

2. 机械类专业补充标准

本补充标准适用于按照教育部有关规定设立的，授予工学学士学位的机械类专业，专业名称中包含机械、材料成型、过程装备、车辆等机械类专业。

1）课程体系

自然科学类课程应包含物理、化学（或生命科学）等知识领域。

工程基础类课程应包含工程图学、理论力学、材料力学、热-流体、电工电子、工程材料等知识领域。

实践环节包括工程训练、课程实验、课程设计、企业实习、科技创新等。毕业设计（论文）以工程设计为主。

2）师资队伍

从事专业主干课程教学的教师，应具有企业工作经验或从事过工程设计和研究的工程背景，了解本专业领域科学和技术的最新发展。

10.2 机械工程专业培养目标、毕业要求及课程体系

关于机械工程专业，教育部编写的《普通高等学校本科专业目录和专业介绍》中详细描述如下。

080201 机械工程

培养目标：机械工程是一个宽口径的机械类专业。本专业培养具有宽厚的机械工程基本理论和基础知识，能在机械工程领域从事工程设计、机械制造、技术开发、科学研究、生产组织管理等方面工作的复合型高级工程技术人才。

培养要求：本专业学生主要学习数学和其他相关的自然科学知识以及机械设计、机械制造、控制的基本理论和基本知识，接受机械工程师的基本训练，具备在机械工程领域里从事设计、制造、技术开发、科学研究、生产组织与管理的基本能力。

毕业生应获得以下几方面的知识和能力：

(1) 掌握从事机械工程工作所需的数学和其他相关的自然科学知识以及一定的经济管理知识；

(2) 掌握机械工程基础理论和专业知识，了解机械工程前沿发展现状和趋势；

(3) 具有综合运用所学科学理论和技术方法对于机械工程问题进行系统表达、建立模型、综合分析并提出解决方案的基本能力；

(4) 掌握在机械工程实践中基本工艺操作等各种技术、技能，具有使用现代化工程工具的能力；

(5) 具有较强的创新意识和对机械工业新产品、新工艺、新技术和新设备进行研究、开发和设计的初步能力；

(6) 具有较好的人文社会科学素养、较强的社会责任感、较强的语言文字表达能力、团队合作精神、一定的组织管理能力和良好的工程职业道德；

(7) 了解与机械工程相关的法律、法规，具有环境保护和可持续发展等方面的意识，具有一定的国际视野，正确认识机械工程对于客观世界和社会的影响；

(8) 具有终身教育的意识和继续学习的能力。

主干学科：机械工程、力学、动力工程及工程热物理。

核心知识领域：工程图学、工程力学、流体力学、传热学、工程热力学、电工电子学、控制工程基础、工程材料及成形基础、机械设计基础、机械制造工程与技术、机电传动与控制等。

主要实践性教学环节：金工实习、课程实验、课程设计、生产实习、科技创新与社会实践、毕业实习、毕业设计(论文)等。

主要专业实验：工程力学实验、机械设计基础实验、工程测控实验、电工与电子技术实验、传动与控制技术实验、机械制造基础实验、互换性测量技术基础实验、材料成形技术基础实验、制造装备和过程自动化技术实验。

修业年限：四年。

授予学位：工学学士。

以南京理工大学机械工程专业为例,需求牵引、能力导向、个性发展、多模式培养机械工程创新人才,构建了全面支持多模式人才培养的模块化课程体系,打造了多层次、模块化、可重构的实践教学平台。

10.2.1 培养目标

本专业培养具有宽厚的机械工程基本理论和基础知识,具有高度的社会责任感、良好的职业道德、人文素养、团队合作精神,身心健康,具有工程实践能力、创新能力和国际竞争力,能在机械工程及相关领域从事工程设计、机械制造、技术开发、科学研究、生产组织管理等方面工作的复合型高级工程技术人才。毕业后五年左右的预期目标:

(1) 有良好的社会道德和科学素养;

(2) 在机械工程及相关领域具有独立从事各种机械、机电产品及系统的研发、设计、制造、控制、检测及经营管理的能力;

(3) 具有继续学习能力,能够拓展自身能力适应不同的工作需要或进入研究生阶段学习;

(4) 具有可持续发展意识和职业道德;

(5) 具有与他人交流和合作的能力,能在一个团队中有效地发挥成员或领导者的作用;

(6) 具有社会责任感并有能力服务于社会。

专业的培养目标体现了对学生以下六个方面的要求。

(1) 道德修养:具有良好的社会道德、职业道德和人文素养。

(2) 工程能力:具有宽厚扎实的机械工程基本理论和基础知识,具备从事机电产品及系统的研发、设计、制造、控制、检测及生产管理的能力,有成为业务骨干的潜力。

(3) 就业竞争:具有工程实践能力、创新能力和国际竞争力,能在机械工程领域从事工程设计、加工制造、技术开发、科学研究、生产组织管理等方面的工作,具有较强的就业竞争和继续深造的能力。

(4) 终身学习:具有健康的身心素质,具备终身学习和不断发展的能力。

(5) 团队合作:具有团队合作的精神,在团队中具有与他人交流和合作的能力,具备承担领导角色的潜力。

(6) 服务社会:具有高度的社会责任感并有能力服务于社会。

10.2.2 毕业要求

以南京理工大学机械工程专业为例,根据认证标准中对毕业生的毕业要求,结合本专业多年人才培养的实践与积淀,本专业毕业生必须达到如下基本要求:

(1) 工程知识。能够将数学、自然科学、工程基础和专业知识用于解决机械工程领域的复杂工程问题。

(2) 问题分析。能够应用数学、自然科学和工程科学的基本原理,并通过文献研究分析,识别、表达机械工程领域的复杂工程问题,以获得有效结论。

(3) 设计/开发解决方案。能够设计针对机械工程领域复杂工程问题的解决方案，设计满足特定需求的机械系统、单元(部件)或工艺流程，并能够在设计环节中体现创新意识，考虑社会、健康、安全、法律、文化以及环境等因素。

(4) 研究。能够基于科学原理并采用科学方法对机械工程领域的复杂工程问题进行研究，包括设计实验、分析与解释数据，并通过信息综合得到合理有效的结论。

(5) 使用现代工具。能够针对机械工程领域的复杂工程问题，开发、选择使用恰当的技术、资源、现代工程工具和信息技术工具，包括对复杂机械工程问题的预测与模拟，并能够理解其局限性。

(6) 工程与社会。能够基于机械工程相关背景知识进行合理分析，评价专业工程实践和复杂工程问题解决方案对社会、健康、安全、法律以及文化的影响，并理解应承担的责任。

(7) 环境和可持续发展。能够理解和评价针对复杂工程问题的工程实践对环境、社会可持续发展的影响。

(8) 职业规范。具有人文社会科学素养、社会责任感，能够在工程实践中理解并遵守工程职业道德和规范，履行责任。

(9) 个人和团队。能够在多学科背景下的团队中承担个体、团队成员以及负责人的角色。

(10) 沟通。能够就机械工程领域的复杂工程问题与业界同行及社会公众进行有效沟通和交流，包括撰写报告和设计文稿、陈述发言、清晰表达或回应指令，并具备一定的国际视野，能够在跨文化背景下进行沟通和交流。

(11) 项目管理。理解并掌握工程管理原理与经济决策方法，并能在多学科环境中应用。

(12) 终身学习。具有自主学习和终身学习的意识，有不断学习和适应发展的能力。

本专业毕业要求从专业能力、工程素质和发展能力三个方面，制定了12条标准。其中，第1～5条毕业要求体现个人专业知识和能力，突出解决复杂工程问题所需要的专业工程知识和工程能力的培养；第6条和第7条培养学生理解社会对工程的规范要求、环境对工程的约束以及工程对环境的影响，第8条的职业规范主要培养学生人文修养和个人素质，这三条体现了机械工程师应具备的职业规范和道德修养；第9～12条标准培养学生基本的职业发展能力。

10.2.3 课程体系

根据教育部下发的《普通高等学校本科专业目录和专业介绍(2017年)》和机械类专业教学指导委员会组织编写的《中国机械工程学科教程》，结合南京理工大学的办学定位和机械工程学科特色，明确了机械工程专业的培养目标、培养要求、核心知识领域、课程体系、主要实践性教学环节以及专业实验等，设置了相应的课程体系。

以正在执行的2018版南京理工大学机械工程专业教学计划为例，机械工程专业课程按模块设置，包括通识教育课、学科教育课、专业基础课、专业方向课和专业选修课等。专业的课程体系如表 10.1 所示，先后修读关系如图 10.1 所示，课程体系对毕业要求的支撑关系如表 10.2 所示。

表 10.1　南京理工大学机械工程专业课程体系

课程编码	课 程 名 称	学分	总学时	讲课	实验	上机	实践
必修课程·通识教育课(38 学分)							
21020303	军事训练	2	80				80
06000201	计算思维	2	32	24		8	
07057201	创业教育	1	16	16			
14120601	通用英语(Ⅰ)	2	32	32			
15045304	毛泽东思想和中国特色社会主义理论体系概论	5	80	67			13
20000102	大学生职业生涯规划	0.5	8	8			
21020503	军事理论	2	32	16			16
21120101	体育(Ⅰ)	1	32	32			
14220601	通用英语(Ⅱ)	2	32	32			
15045602	思想道德修养与法律基础	3	48	42			6
21220101	体育(Ⅱ)	1	32	32			
14120701	进阶英语(Ⅰ)	2	32	32			
15042402	中国近现代史纲要	3	48	42			6
21320101	体育(Ⅲ)	1	32	32			
14220701	进阶英语(Ⅱ)	2	32	32			
15045203	马克思主义基本原理概论	3	48	42			6
21420101	体育(Ⅳ)	1	32	32			
20000301	就业指导	0.5	8	8			
88000001	科研训练	2	80				80
	形势与政策(Ⅰ～Ⅷ)	2	64	64			
必修课程·学科教育课(38 学分)							
01072301	机械工程导论	1	16	16			
01081501	C 语言程序设计	3	48	40		8	
11123302	高等数学(Ⅰ)	4.5	80	64			16
01081601	C 语言课程设计	1	40				40
05121704	工程图形学(Ⅰ)	3	48	48			
11120804	大学物理(Ⅰ)	3.5	56				
11120904	大学物理实验(Ⅰ)	1.5	24		24		
11223302	高等数学(Ⅱ)	5.5	96	80			16
05221704	工程图形学(Ⅱ)	2.5	40	27	5	8	
11031201	线性代数	2.5	40	40			
11220804	大学物理(Ⅱ)	3.5	56	56			
11220904	大学物理实验(Ⅱ)	1.5	24		24		
11022601	概率与统计	3	48	48			
03030404	工科大学化学	2	32	32			

续表

课程编码	课程名称	学分	总学时	讲课	实验	上机	实践
必修课程·专业基础课(54学分)							
23020105	金属工艺实习	4	160				160
11027802	理论力学	4	64	64			
16022803	工程材料及成形工艺	3	48	44	4		
01124103	机械设计基础(Ⅰ)	3	48	42	6		
04126403	模拟电路与数字电路(Ⅰ)	2	32	32			
05022701	互换性与测量技术	2	32	26	6		
10021301	电工学	3	48	40	8		
11020502	材料力学	4	64	64			
01124204	机械设计基础课程设计(Ⅰ)	1	40				40
11038102	工程力学实验	1	40				40
01023703	测试技术	2	32	24	8		
01075101	流体力学与热工基础	2	32	24	8		
01224103	机械设计基础(Ⅱ)	3	48	42	6		
01224204	机械设计基础课程设计(Ⅱ)	2	80				80
04026503	模拟电路与数字电路综合实验	1	40		40		
04226403	模拟电路与数字电路(Ⅱ)	2	32	32			
05029703	液压与气压传动	2	32	28	4		
05124205	机械制造基础(Ⅰ)	2.5	40	36	4		
01026302	控制工程基础	2.5	40	34	6		
01075001	机械工程实用计算方法	2	32	24		8	
01075201	企业生产和技术管理	2	32	28	4		
05224205	机械制造基础(Ⅱ)	2	32	28	4		
01049202	机械制造基础课程设计	2	80				80
必修课程·专业方向课【任选一个方向修读】							
方向一(机械设计)(17学分)							
01020501	单片机原理及应用	2	32	24	8		
01023402	机电传动控制基础	2	32	26	6		
01027623	毕业实习	2	80				80
01070702	机械系统设计综合实验	1	40				40
01074303	毕业设计	10	560				560
方向二(机械制造)(17学分)							
01020501	单片机原理及应用	2	32	24	8		
01058102	数字化设计与制造集成技术	2	32	32			
01027623	毕业实习	2	80				80
01070201	先进制造技术综合实验	1	40				40
01074301	毕业设计	10	560				560
方向三(机械电子)(17学分)							
01075501	机电与微机电系统设计	2.5	40	36	4		
01028207	微机原理及接口技术	2.5	40	32	8		
01027623	毕业实习	2	80				80
01074302	毕业设计	10	560				560
方向四(卓工)(21.5学分)							
01020501	单片机原理及应用	2	32	24	8		

续表

课程编码	课程名称		学分	总学时	讲课	实验	上机	实践
01023402	机电传动控制基础		2	32	26	6		
23020504	机械工程综合实习		2	80				80
01027693	毕业实习		2	80				80
01049203	机械工程专业综合实践		1.5	60				60
01075601	机械设计实作分析		2	32	32			
01074391	毕业设计		10	560				560
选修课程·专业选修课(82.5 学分)【选修 12 学分】								
01024503	机械系统设计	方向一必选	2	32	28	4		
01036704	机械创新设计综合实践		1.5	60				60
01049104	机械结构设计与分析		2.5	40	24	16		
01175401	先进制造工艺及装备(Ⅰ)	方向二必选	2	32	28	4		
01026104	模具设计与制造		1	16	16			
01070301	模具设计与制造综合实验		1.5	60				60
01275401	先进制造工艺及装备(Ⅱ)		2	32	26	6		
01023402	机电传动控制基础	方向三必选	2	32	26	6		
01070602	电液控制技术综合实验		1	40				40
01081701	机器人技术及应用		2	32	30	2		
05032102	机器人技术综合实验		1.5	60				60
01024503	机械系统设计	方向四必选	2	32	28	4		
01058102	数字化设计与制造集成技术		2	32	32			
01175401	先进制造工艺及装备(Ⅰ)		2	32	28	4		
01036005	机械工程新技术专题教授讲座		1	16	16			
01020501	单片机原理及应用		2	32	24	8		
01075501	机电与微机电系统设计		2.5	40	36	4		
01022102	逆向工程技术		2	32	28	4		
01028207	微机原理及接口技术		2.5	40	32	8		
010353E1	有限元基础及应用【英】▼		2	32	24	8		
01036801	液压与气压综合实验		1	40				40
01037001	机械零件三坐标测量及反求综合实验		1	40				40
01070501	电液控制技术		2	32	32			
01072501	Visual Basic 程序设计		2	32	32			
01075701	智能材料与结构		2	32	32			
05024705	数据库基础及应用		2.5	40	40			
05032502	质量管理与可靠性		2	32	28	4		
01023905	可靠性设计		2	32	32			
01024404	机械系统动力学建模与仿真		2	32	28	4		
01024702	机械优化设计		2	32	24		8	
01027501	人机工程学		2	32	32			
01031102	可编程控制器及应用		2	32	24	8		
01035201	机电系统仿真与虚拟技术		2	32	26		6	
010357E1	机械创新设计【英】▼		2	32	32			
01037101	机电系统综合实验		1	40				40
01048703	机械产品虚拟设计		2	32	27		5	
01048902	机电系统控制电路设计		2	32	24	8		
01075301	嵌入式单片机原理及应用		2	32	24	8		

续表

课程编码	课 程 名 称	学分	总学时	讲课	实验	上机	实践
01056101	机械设计学	2	32	32			
01070101	机床电气可编程控制技术	2	32	28	4		
01070201	先进制造技术综合实验	1	40				40
01070702	机械系统设计综合实验	1	40				40
010708E1	现场总线与网络化控制【英】▼	2	32	28	4		
01375401	先进制造工艺及装备(Ⅲ)	2	32	28	4		
05025803	机器人创新设计与制作基础	2	32	24	8		
方向一(Ⅰ)	必修课程汇总	147	3320	1754	175	32	1359
方向二(Ⅱ)	必修课程汇总	147	3320	1760	169	32	1359
方向三(Ⅲ)	必修课程汇总	147	3296	1772	173	32	1319
方向四(Ⅳ)	必修课程汇总	151.5	3452	1790	171	32	1459
	选修课程汇总	82.5	1572	1003	130	19	420
	说明:“形势与政策”课程学分未计入学期学分						

注:课程名称标有“▼”的为全英文授课课程,其余均为中文授课课程。

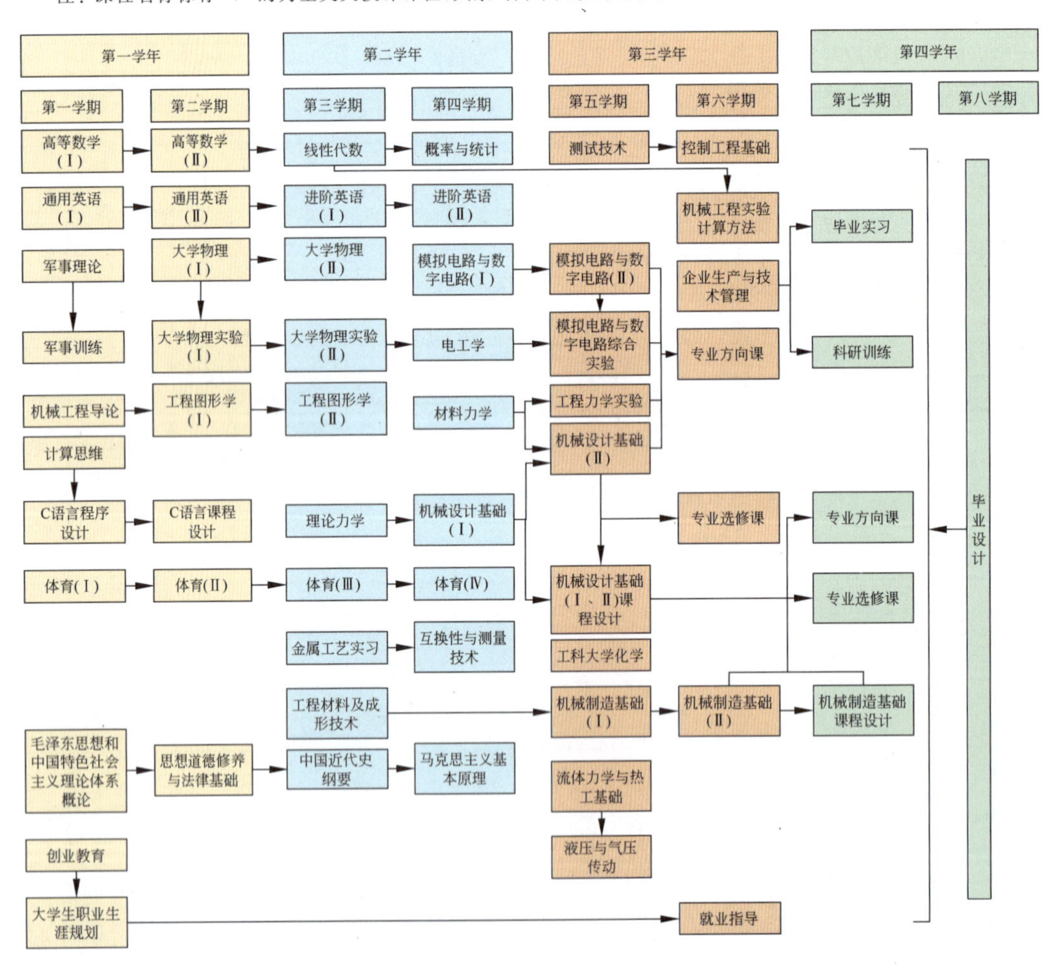

图10.1 南京理工大学机械工程专业课程体系流程图

表 10.2　南京理工大学机械工程专业课程体系对毕业要求的支撑关系(表中字母代表课程对毕业要求的支撑强度,H、M、L 分别表示强关联、关联、弱关联)

课程名称	毕业要求 1	毕业要求 2	毕业要求 3	毕业要求 4	毕业要求 5	毕业要求 6	毕业要求 7	毕业要求 8	毕业要求 9	毕业要求 10	毕业要求 11	毕业要求 12
高等数学	H											
线性代数	M											
概率与统计	M											
大学物理	M	M		M								
大学物理实验				H								
工科大学化学	L						H					
理论力学	H	M	L									
材料力学	H	M	L									
工程力学实验				H								
电工学	M											
模拟电路与数字电路	M											
模拟电路与数字电路综合实验				M								
流体力学与热工基础	M	H										
控制工程基础	H	M										
工程图形学	M		H		H							
机械设计基础	H		M	H								
机械制造基础	H		M	M							L	
C 语言程序设计					H							
C 语言课程设计					H							
工程材料及成形工艺	M			M								
测试技术				M	H							
互换性与测量技术	M				M	H						
科研训练		M	L		M				H	M	M	
毕业设计		H	H		H					H	H	
机械工程导论		L			L	H						H
机械设计基础课程设计		H	H		M					M	M	

续表

课程名称	毕业要求1	毕业要求2	毕业要求3	毕业要求4	毕业要求5	毕业要求6	毕业要求7	毕业要求8	毕业要求9	毕业要求10	毕业要求11	毕业要求12
机械制造基础课程设计		H	H		M					M	M	
金属工艺实习						H	M	H				
毕业实习						H	M					
液压与气压传动	H											
企业生产和技术管理						H					H	
机械工程实用计算方法	H			H	H							
计算思维					L							
创业教育						L	M					M
大学生职业生涯规划								M				H
就业指导												M
思想道德修养与法律基础								H	H			
形势与政策							L	H				
毛泽东思想和中国特色社会主义理论体系概论						M		M				
马克思主义基本原理								L				
中国近现代史纲要								L				
军事训练								M	L			
军事理论								M				
大学英语(通用英语和进阶英语)										H		
体育(Ⅰ～Ⅳ)								L	M			
单片机原理及应用	M	L										
机电传动控制基础	M	L										
机械结构设计与分析		M	M									
机械系统设计		L	M									
机械系统设计综合实验		L		M								

续表

课程名称	毕业要求 1	毕业要求 2	毕业要求 3	毕业要求 4	毕业要求 5	毕业要求 6	毕业要求 7	毕业要求 8	毕业要求 9	毕业要求 10	毕业要求 11	毕业要求 12
机械创新设计综合实践		L	M	M					M			
单片机原理及应用	M	L										
数字化设计与制造集成技术	M	L										
先进制造工艺及装备	M	L										
模具设计与制造	M	L										
先进制造技术综合实验		L		M								
模具设计与制造综合实验		L	M	M					M			
机电与微机电系统设计	L	M										
微机原理及接口技术	M	L										
机电传动控制基础	M	L										
机器人技术及应用	M	L										
机器人技术综合实验			M	M					M			
电液控制技术综合实验				M								
单片机原理及应用	M	L										
机电传动控制基础	M	L										
机械设计实作分析		M										
机械系统设计		L	M									
数字化设计与制造集成技术	M	L										
机械工程专业综合实践		L	M						M			
机械工程综合实习						M						

10.3 车辆工程专业培养目标、毕业要求及课程体系

以湖南大学车辆工程专业为例,湖南大学车辆工程专业建立了与产业界深度融合为基础、主动工程实践为特征的汽车设计、制造、试验一体化的人才培养模式,结合学科优势,形成了智能网联汽车、新能源汽车、汽车安全、汽车车身、汽车底盘5个专业研究方向。

10.3.1 培养目标

面向国家经济社会和科技发展需求,培养基础扎实、国际视野开阔、德才兼备、具备良好人文科学素养、科学精神和创新能力的新时代高素质人才,掌握车辆工程专业所需的基本原理和知识,具备扎实的车辆工程基础理论、设计、制造、研究和应用能力、工程实践能力和组织协调能力,能在车辆工程领域从事设计开发、制造、试验、研究、运行管理等方面工作的高级工程技术人才。

培养目标具体分解为以下四点:

(1) 工程知识:掌握车辆工程学科基础理论与专业知识。

(2) 工程素养:具有良好的科学、工程和人文素养,能够在工程实践中遵循工程伦理基本规范。

(3) 工程能力:具备车辆工程实践能力、研究应用能力、组织协调能力。

(4) 持续发展:具有良好的创新意识、团队合作精神、国际视野和较强的沟通交流、终身学习能力,具备可持续发展的工程观。

10.3.2 毕业要求

本专业毕业生要求具备以下12项核心能力:

(1) 工程知识。能够将数学、自然科学、工程基础和专业知识用于解决车辆工程领域的相关复杂工程问题。

(2) 问题分析。能够应用数学、自然科学的基本原理,并通过文献研究,识别、表达、分析车辆复杂工程问题,以获得有效结论。

(3) 设计/开发解决方案。能够设计针对车辆工程领域的复杂工程问题的解决方案,设计满足汽车特定需求的机械(电)系统、单元(部件)或工艺流程,并能够在设计环节中体现创新意识,考虑社会、健康、安全、法律、文化以及环境等因素。

(4) 研究。能够基于科学原理并采用科学方法对车辆专业复杂工程问题进行研究,包括设计实验、分析与解释数据,并通过信息综合得到合理有效的结论。

(5) 使用现代工具。能够针对车辆专业复杂工程问题,开发、选择与使用恰当的技术、资源、现代工程工具和信息技术工具,并能够理解其局限性。

(6) 工程与社会。能够基于车辆工程专业相关背景知识进行合理分析,评价车辆工程专业实践和车辆专业复杂工程问题的解决方案对社会、健康、安全、法律以及文化的影响,并

理解应承担的责任。

(7) 环境和可持续发展。能够理解和评价针对车辆复杂工程问题的工程实践对环境、社会可持续发展的影响。

(8) 职业规范。具有人文社会科学素养、社会责任感和工程职业道德。

(9) 个人和团队。具有在多学科团队中发挥作用的能力。

(10) 沟通。能够就复杂车辆专业工程问题与业界同行及社会公众进行有效沟通和交流，包括撰写报告和设计文稿、陈述发言、清晰表达和回应指令，并具备一定的国际视野，能够在跨文化背景下进行沟通和交流。

(11) 项目管理。理解并掌握工程管理原理与经济决策方法，并能在多学科环境中应用。

(12) 终身学习。具有自主学习和终身学习的意识，有不断学习和适应发展的能力。

10.3.3 课程体系

湖南大学车辆工程专业构建了符合学生认知的课程体系。课程设置包括通识教育课程、学门核心课程、学类核心课程、专业核心课程、个性培养和实践环节，具体课程体系如表 10.3 所示，先后修读关系如图 10.2 所示，课程体系对毕业要求的支撑关系如表 10.4 所示。

表 10.3　湖南大学车辆工程专业课程体系

课程编码	课程名称	学分	备注
通识教育课必修课程(34 学分) 通识选修课程 8 学分按《湖南大学通识教育选修课程管理办法》实施			
GE01150	毛泽东思想和中国特色社会主义理论体系概论	3	
GE01174	习近平新时代中国特色社会主义思想概论	2	
GE01152	思想道德修养与法律基础	3	
GE01155(-162)	形势与政策	2	
GE01153	中国近现代史纲要	3	
GE01154	马克思主义基本原理	3	
GE01151	思政实践	2	
GE01012(-015)	大学英语	8	实行弹性学分、动态分层、模块课程教学，总学分为 8 学分，设置 4、6、8 三级学分基本要求，不足学分可以通过相关外语水平等级测试或外语学科竞赛成绩获取
GE01173	计算与人工智能概论 A	4	
GE01089(-092)	体育	4	

续表

课程编码	课 程 名 称	学分	备　　注
学门核心课程(26 学分)			
GE03025(-026)	高等数学 A	10	
GE03003	线性代数 A	3	
GE03004	概率论与数理统计 A	3	
GE03005(-006)	普通物理 A	6	
GE03007(-008)	普通物理实验 A	2	
ME03001	工程化学	2	
学类核心课程(32 学分)			
ME04017、ME04002	机械工程图学	5	
ME04019	工程材料	2	
ME04033	理论力学 B	3.5	
ME04034	材料力学 B	3.5	
ME04035	热工学基础	2	
ME04036	机械原理	3.5	
ME04037	机械设计	3.5	
GE02059	电工电子学	3	
ME04027	控制工程基础	2	
ME06092	工程中的数值方法 B	2	
ME04022	流体力学	2	
专业核心课程(18 学分)			
ME05039	汽车构造及发动机原理	4	
ME05002	汽车理论	4	
ME05057	智能汽车设计	5	
ME05040	汽车电子技术	3	
ME05041	汽车制造工艺	2	
个性培养(18 学分) 其中 8 学分可在全校范围内跨专业选修			
ME06079	机械振动学	2	
ME06078	机械工程导论	1	
ME06112	新能源汽车基础	2	
ME06113	有限元分析	2	
ME06134	工程优化设计	2	
ME06064	汽车 NVH 技术	2	
ME06068	汽车结构 CAE 技术	2	
ME06115	汽车碰撞 CAE 技术	2	
ME05035	互换性与测量技术基础	2	
ME06175	汽车电驱动技术	2	
ME06176	汽车 CAD 技术	2	
ME06177	汽车产业政策与法规	2	
ME06178	运载装备的仿生人体测试技术	2	
ME06148	复变函数与积分变换	2	
ME06116	汽车试验学	2	限选(二选一)
ME07026	传感与测试技术	2	

续表

课程编码	课 程 名 称	学分	备　　注
ME06179	管理工程(限选) (授课内容含有：质量管理、生产管理、工程管理)	2	限选
ME06117	车身结构与设计	2	车身方向 10 学分
ME06002	车身制造工艺学	2	
ME06014	汽车空气动力学	2	
ME06015	汽车人机工程学	2	
ME06059	车身 CAD 技术	2	
ME06118	汽车系统动力学与控制	3	底盘方向 10 学分
ME06066	汽车悬架	2	
ME05036N	液压气压与电传动	3	
ME06061	汽车底盘性能仿真	2	
ME06119	汽车安全技术	2	安全方向 10 学分
ME06120	人体损伤生物力学	2	
ME06180	汽车安全实验设计与分析	2	
ME06067	智能车辆	2	
ME06062	汽车安全仿真理论与方法	2	
ME07030	电动车辆原理与构造	2	新能源汽车方向 10 学分
ME07031	电动车辆设计	2	
ME07032	电动汽车动力电池技术	2	
ME07035	汽车电力电子学	2	
ME07034	电动汽车性能仿真与实验	2	
ME06156	智能网联汽车概论	2	智能网联汽车方向 10 学分
ME06158	智能汽车环境感知技术	3	
ME06157	智能车辆决策规划与控制	3	
ME06159	智能网联汽车实践基础	2	
实践环节(36 学分)			
GE09048(-049)	军事理论与军事技能	3	
ME10050	专业认知实习	1	
ME10031(-032)	机械综合实验	1	
GE09057	金工实习	3	
GE09055	电工电子实训	2	
ME10055	机械设计综合训练	3	
ME10034	测绘与工程软件应用实践	1	
ME10056	汽车电子技术综合实践	2	
ME10057	汽车结构拆装实习	2	
ME10014	汽车制造工艺课程设计	2	
ME10002N	车辆专业综合课程设计	2	
ME10060	专业实习(车辆)	2	
ME10120	毕业设计(论文)	10	
ME10052	创新创业	2	课外科技实践活动(如学科竞赛等)经认定可计学分

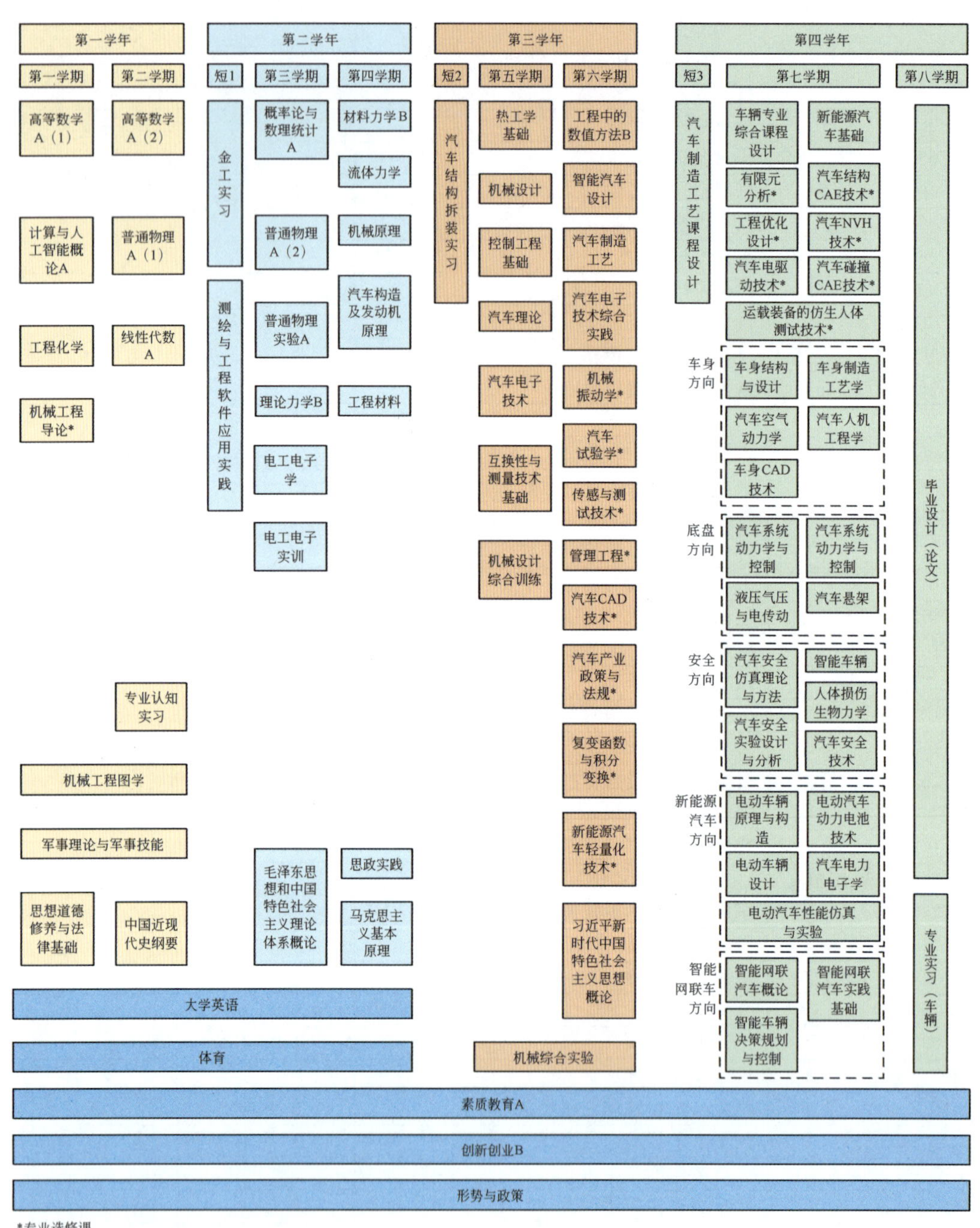

*专业选修课

A 分散进行，按《湖南大学通识教育选修课程管理办法》实施

B 分散进行，含创新创业实践和课程，按《湖南大学本科生创新创业教育实施方案》执行

图 10.2　湖南大学车辆工程专业课程体系流程图

表 10.4　湖南大学车辆工程专业课程体系对毕业要求的支撑关系(表中字母代表课程对毕业要求的支撑强度,H、M、L 分别表示强关联、关联、弱关联)

课程名称	毕业要求 1	毕业要求 2	毕业要求 3	毕业要求 4	毕业要求 5	毕业要求 6	毕业要求 7	毕业要求 8	毕业要求 9	毕业要求 10	毕业要求 11	毕业要求 12
毛泽东思想和中国特色社会主义理论体系概论						M	H	M	M			
思政实践								M	H	M		M
思想道德修养与法律基础						H	M	H				L
形势与政策						H						H
中国近现代史纲要								H				
马克思主义基本原理						M	M	H				
习近平新时代中国特色社会主义思想概论							H	M		M		
大学英语										H		
计算与人工智能概论					H							M
体育									H			
文化素质选修(公选课)								H			L	M
高等数学 A	H	M										
线性代数 A	H	M										
概率论与数理统计 A	H	M										
普通物理 A	H			M								
普通物理实验 A	H			M								
工程化学	H						M					
机械工程图学	H				M	M						
工程材料	H		M				L					
理论力学 B	H											
材料力学 B	H											
流体力学	H											
热工学基础	H	M	L									
机械原理	M	H	L									

续表

课程名称	毕业要求1	毕业要求2	毕业要求3	毕业要求4	毕业要求5	毕业要求6	毕业要求7	毕业要求8	毕业要求9	毕业要求10	毕业要求11	毕业要求12
机械设计	H	M	H	L								
电工电子学	H			M								
控制工程基础	H		M									
工程中的数值方法 B	H	L			M							L
汽车构造及发动机原理	H	H	L		M	L						
汽车理论	H	H	L	M								
智能汽车设计	H	M	H	L								
汽车电子技术	H	M	H	L			L					
汽车制造工艺	H	M	H			L						
汽车试验学	M		H	H								
选修课程群	M	H	H	H	H						H	H
军事理论与军事技能									H			L
专业认知实习	M											H
机械综合实验		L		H								
金工实习	H								L			
电工电子实训	H								L			
机械设计综合训练	L	H	M		L					L		
测绘与工程软件应用实践					H					L		
汽车电子技术综合实践	L	H	M		L					L		
汽车结构拆装实习	H					M		H	H			
汽车制造工艺课程设计	L	M	H	L	L				L	L		
车辆专业综合课程设计	L	M	H	L	L		H		H	L		
专业实习(车辆)				H				H		M	L	
毕业设计(论文)		M	H	M	M	H	M		M	H	M	M
创新创业		H	H		H					M	L	

参考文献

[1] 袁军堂,殷增斌,汪振华,等.机械工程导论[M].北京：清华大学出版社,2020.

[2] 中国机械工业联合会.机械工业“十四五”发展纲要[EB/OL].(2021-05-06)[2021-06-15].http://www.mei.net.cn/jxgy/202105/1620303069.html.

[3] 周济,李培根.智能制造导论[M].北京：高等教育出版社,2021.

[4] 李培根,高亮.智能制造概论[M].北京：清华大学出版社,2021.

[5] 李晓雪,刘怀兰,惠恩明,等.智能制造导论[M].北京：机械工业出版社,2019.

[6] 葛英飞,邱胜海,李光荣,等.智能制造技术基础[M].北京：机械工业出版社,2019.

[7] 邓朝晖,万林林,邓辉,等.智能制造技术基础[M].2版.武汉：华中科技大学出版社,2021.

[8] 郑力,莫莉.智能制造：技术前言与探索应用[M].北京：清华大学出版社,2021.

[9] 陈明,张光新,向宏,等.智能制造导论[M].北京：机械工业出版社,2021.

[10] WOLLSCHLAEGER M,SAUTER T,JASPERNEITE J.The Future of Industrial Communication：Automation Networks in the Era of the Internet of Things and Industry 4.0[J].IEEE Industrial Electronics Magazine,2017,11(1)：17-27.

[11] 张策.机械工程简史[M].北京：清华大学出版社,2015.

[12] 中国机械工程学会.中国机械工程技术路线图[M].2版.北京：中国科学技术出版社,2016.

[13] WICKERT J,LEWIS K.机械工程概论[M].盛忠起,谢华龙,刘永贤,译.北京：机械工业出版社,2017.

[14] 王洁,刘慧芳.机械控制工程基础[M].北京：机械工业出版社,2017.

[15] 封士彩,王长全.机电一体化导论[M].西安：西安电子科技大学出版社,2017.

[16] 罗庚合,李玲,王瑜.机电控制工程基础[M].西安：西安电子科技大学出版社,2016.

[17] 李景湧.机械电子工程导论[M].北京：北京邮电大学出版社,2017.

[18] 樊炳辉,袁义坤,张兴蕾,等.机器人工程导论[M].北京：北京航空航天大学出版社,2018.

[19] 戴勇,邓乾发.机械工程导论[M].北京：科学出版社,2014.

[20] 袁军堂.机械制造技术基础[M].2版.北京：清华大学出版社,2018.

[21] 殷增斌.高速切削用陶瓷刀具多尺度设计理论与切削可靠性研究[D].济南：山东大学,2014.

[22] 武帅.人工智能在机械电子工程中的应用研究[J].山东工业技术,2019(8)：176.

[23] 崔玉洁,石璞,化建宁.机械工程导论[M].北京：清华大学出版社,2013.

[24] 谢黎明,靳岚,刘芬霞.机械工程导论[M].北京：机械工业出版社,2013.

[25] 王晓军.机械工程专业概论[M].北京：国防工业出版社,2011.

[26] 王孙安.现代制造中的机电系统应用[M].北京：机械工业出版社,2011.

[27] 朱从容.机械工程概论[M].北京：中国电力出版社,2015.

[28] 刘永贤,蔡光起.机械工程概论[M].北京：机械工业出版社,2010.

[29] 张宪民,陈忠.机械工程概论[M].武汉：华中科技大学出版社,2014.

[30] 刘惠恩.机械工程导论[M].北京：北京理工大学出版社,2016.

[31] 宾鸿赞.机械工程学科导论[M].武汉：华中科技大学出版社,2011.

[32] 王晓军.机械工程专业概论[M].北京：国防工业出版社,2011.

[33] 王丽莉.机械工程概论[M].北京：机械工业出版社,2011.

[34] 陈刚,殷国栋,王良模.自动驾驶概论[M].北京：机械工业出版社,2019.

[35] 陈刚,王良模,杨敏,等.汽车新技术概论[M].北京：国防工业出版社,2016.

[36] 隋忠霞.浅谈机电一体化和人工智能[J].科技经济市场,2012(3):20-21.
[37] 张旭,李春雨.微机电系统(MEMS)的简介及应用[J].科技经济导刊,2019,27(22):43.
[38] 何璇.微机电系统技术及其应用[J].科技经济导刊,2019,27(15):98.
[39] 陈海霞.机械电子工程与人工智能的关系[J].智库时代,2019(15):266-270.
[40] 李泽蓉,李琴.工业工程概论[M].北京:科学出版社,2012.
[41] 蔡启明,张庆,庄品,等.工业工程导论[M].北京:电子工业出版社,2015.
[42] 王恩亮.工业工程手册[M].北京:机械工业出版社,2006.
[43] 罗振璧,朱立强.工业工程导论[M].北京:机械工业出版社,2009.
[44] 陈荣秋,马士华.生产运作管理[M].3版.北京:机械工业出版社,2009.
[45] 易树平,郭伏.基础工业工程[M].2版.北京:机械工业出版社,2014.
[46] 刘洪伟,齐二石.基础工业工程[M].北京:化学工业出版社,2011.
[47] 郝根平,袁瑞华.机械与环境的和谐发展[J].工程机械文摘,2008(3):2-4.
[48] 中国机械工程学科教程研究组.中国机械工程学科教程(2017年)[M].北京:清华大学出版社,2017.
[49] 中华人民共和国教育部高等教育司.普通高等学校本科专业目录和专业介绍[M].北京:高等教育出版社,2012.
[50] https://www.baidu.com/.